数字经济创新驱动与技术赋能丛书

U0185639

智能运维之道

基于AI技术的应用实践

钱兵 刘汉生 陆顺 马冲 赵龙刚/编著

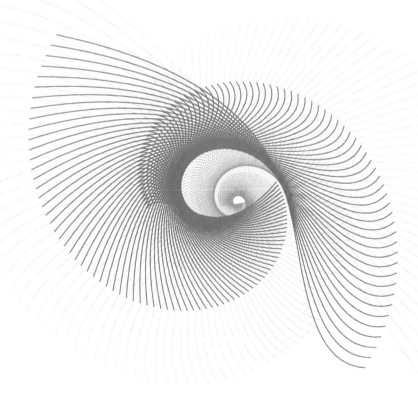

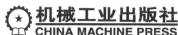

机械工业出版社
CHINA MACHINE PRESS

本书是一本介绍智能运维的实战指南，聚焦实际应用场景，通过十余个实战案例，详细讲解每个场景中的痛点、适用的算法、试验和最终方案，系统介绍了AI技术在运维工作中的应用。本书内容分为3部分，第1部分是智能运维、人工智能的概念和发展趋势，包括第1、2章；第2部分是智能运维中需要用到的人工智能技术和算法，包括第3、4、5章；第3部分是智能运维实战案例，包括第6~11章。

本书适合从事企业数字化转型建设工作的一线从业者、管理者，尤其适合在ICT领域从事运维工作的人员学习。

图书在版编目（CIP）数据

智能运维之道：基于AI技术的应用实践/钱兵等编著 . —北京：机械工业出版社，2021.10（2025.1重印）

（数字经济创新驱动与技术赋能丛书）

ISBN 978-7-111-69680-3

Ⅰ.①智…　Ⅱ.①钱…　Ⅲ.①智能系统-运行②智能系统-维修
Ⅳ.①TP18

中国版本图书馆 CIP 数据核字（2021）第 244235 号

机械工业出版社（北京市百万庄大街22号　邮政编码100037）
策划编辑：王　斌　责任编辑：王　斌　李晓波
责任校对：秦红喜　责任印制：刘　媛
涿州市般润文化传播有限公司印刷
2025 年 1 月第 1 版第 7 次印刷
184mm×240mm · 15.25 印张 · 385 千字
标准书号：ISBN 978-7-111-69680-3
定价：99.00 元

电话服务　　　　　　　　网络服务
客服电话：010-88361066　机 工 官 网：www.cmpbook.com
　　　　　010-88379833　机 工 官 博：weibo.com/cmp1952
　　　　　010-68326294　金 书 网：www.golden-book.com
封底无防伪标均为盗版　机工教育服务网：www.cmpedu.com

数字经济创新驱动与技术赋能丛书
编委会成员名单

推荐序一

国家的"十四五"规划纲要明确指出,"迎接数字时代,激活数据要素潜能,推进网络强国建设,加快建设数字经济、数字社会、数字政府,以数字化转型整体驱动生产方式、生活方式和治理方式变革"。其中,电信运营商在加快数字中国建设、推动全社会数字化转型的时代浪潮中必将担负着重要的角色。

一直以来,我国的高速宽带网络发展保持了持续加速的态势,为全社会提供了网络信息的普惠服务,有力地拉动了经济社会的发展。同时,随之而来的网络连接数量、网络流量规模的爆发式增长,以及用户对网络"按需供给"的需求变革,也为电信运营商的网络架构和运营方式提出了巨大的挑战。为了应对这一挑战,电信运营商网络需要进一步提升运营的自动化、智能化水平,以更加实时、灵活、敏捷地感知和响应网络业务需求,全面提升服务效率,改善用户体验。

作为国家信息化建设的主力军,中国电信很早就关注到了网络发展面临的问题,并采取了一系列的举措。我们在 2016 年提出了 CTNet 2025 网络重构计划,将云化、软件化的理念引入到网络基础设施中,打造基于云的随选网络。2019 年,我们又提出要在网络重构计划中引入人工智能等先进技术,使得云和网、5G 和传统网络能够更好地融合,助力从随选网络到随愿网络的演进。2020 年,为了适应数字经济的新形势、新变化,中国电信率先提出了打造"网是基础,云为核心,网随云动,云网一体"的新型信息基础设施的目标,加快推进"云改数转"转型升级战略。

在上述过程中,中国电信一直将以人工智能、大数据为代表的新一代信息技术作为主要的推动力。研究院 AI 研发中心的专家撰写的这部著作探讨了将人工智能技术应用在网络运维这一电信运营商核心工作领域的研发实践。电信运营商的网络具有专业多样、规模庞大、配置复杂、场景繁多等特点,仅凭传统的人工运维方式难以满足当前的高可靠性、高敏捷性等需求。因此,基于人工智能的 AIOps 理念应运而生。这部著作在讲解 AIOps 相关理论、技术体系的基础上,重点梳理了近年来中国电信在无线网、核心网、物联网、智慧家庭等重点领域的网络运维痛点,并对相应的 AI 技术研发和现网应用成效进行了全面、深入的论述。

特别难能可贵的是,书中的大部分内容都源自一线研发人员的实战经验总结,是现网运维岗位和算法研发岗位的各位同事密切协作、自主研发的共同结晶,是具有电信运营商特色的 De-vOps 成果,必将成为网络智能运维乃至电信运营商数字化转型领域的宝贵技术财富。

人工智能是时代发展的迫切需求。基于人工智能的网络运维是中国电信在将自身打造为"关键核心技术自主掌控的科技型企业,进入国家科技创新企业第一阵营"发展道路上的重点工作和典型代表。中国电信将坚定不移地落实网络强国和人工智能国家战略，从技术创新、产业合作等方面全力推动人工智能发展，使得人工智能在中国电信的云网体系、电信全行业以及全社会的发展中发挥更加突出的作用。让我们拭目以待！

中国电信集团有限公司 副总经理 刘桂清

2021 年 10 月

推荐序二

在各行各业纷纷推进数字化转型和新基建战略的背景下，云网融合已经成为通信基础设施、新技术基础设施和算力基础设施之间的黏合剂。特别是5G、云计算和AI等基础设施能力的提供，必须通过云网融合的协同才能够实现。作为新基建战略下的新型信息基础设施和企业数字化转型的底座，云网融合需要拥有更加灵活、按需的网络连接，更加优化、便捷的网络控制管理以及能够确保应用和数据安全的端到端的网络保障。

中国电信发布的《云网融合2030技术白皮书》中提出了"云网大脑"的理念。其中，云网大脑主要利用大数据和人工智能技术对于复杂的云网资源进行智能化的规划、仿真、预测、调度、优化，实现云网管理的自运行、自适应、自优化。秉承这一理念，中国电信积极探索了人工智能在运营商现网中的应用。在这一过程中，研发人员发现，电信行业的人工智能发展在基础数据、专业知识、专家经验等方面都存在短板，缺少可供借鉴、应用和推广的先进算法和成熟成果；同时，人工智能技术的引入事关电信网络的稳定可靠运行、服务质量保障等关键指标，具有非常大的挑战。因此，面向运营商网络的人工智能是运营商在云网融合推进过程中必须要自主研发、自主掌控的关键核心技术。

在这一背景下，中国电信股份有限公司研究院AI研发中心的同事们撰写了本书，它是中国电信在人工智能、大数据赋能运营商网络智能运维的过程中沉淀下来的一项重要成果。本书的内容涵盖了运营商网络智能运维领域的典型场景分析以及相关的AI算法、大数据分析、数据预处理、知识图谱等核心技术，重点论述了这些新技术在十几个实际的网络运维场景中的应用案例。其中，这些案例都是源自作者们多年来的实践探索，很多成果都获得了业界的广泛认可，例如：无线网领域的网元异常诊断、知识库、网络自治等技术，就曾获得了TM Forum（电信管理论坛）的最佳商业奖。

阅读完整本书，我有三方面的感触：第一是整个电信行业当前在人工智能领域的布局很广，例如网络智能化运维方面就有很多场景，但是已经开展深入研发的领域还不多，仍有很大努力和进步的空间；第二是以网络智能运维为代表的电信特色场景中的AI技术种类繁多、各有利弊，它的选择需要算法研发人员与现网运维人员一起在实践中反复尝试和优化，才能打磨得到最合适的技术方案，最终的方案并不一定"高大上"，但对于解决实际问题非常奏效；第三是这本书中对于每个案例分析的详尽程度是我在众多技术书籍中较少见到的，这与本书作者深入一线的研发经历以及精益求精的写作态度是密不可分的。

因此，我非常愿意把这本理论结合实际的好书推荐给业界同仁，它既可以成为了解AI技术的入门书籍，又可以成为网络智能运维领域的实践指导书。相信读者们在阅读本书之后，会对基于

AI 的网络运维以及电信行业的 AI 实践产生更全面的认识和更深刻的思考。

　　未来的十年将是技术和业务大变革的时代，电信运营商面临着无限的机遇与挑战。作为中国电信科技创新的主力军，研究院的同志们承担着更重的责任。本书是作者们结合近一阶段的自主研发工作，为业界分享的一些心得，相信它会对电信行业相关领域的发展起到指导和促进作用。期待作者们在未来能有更多、更好的研发成果落实在现网的智能化转型升级实践中，进而惠及整个产业，赋能千行百业、造福千家万户！

中国电信股份有限公司研究院　副院长　吴湘东

2021 年 10 月

前　言

起笔之时已踏入辛丑牛年，此时全球正在发生的科技变革有：

● 中国建成全球最大 5G 网络，5G 基站达 70 万个，占全球比重近七成，连接超过 1.8 亿个终端。

● MIT（麻省理工学院）与合作团队仅用 19 个类脑神经元就实现了控制自动驾驶汽车，而常规的深度神经网络需要数百万个神经元。

● 中国"祝融"号和美国"毅力"号火星车分别在火星成功着陆，它们将寻找火星上可能存在过的生命迹象。

● 2020 年全球电动汽车销量较 2019 年上涨 39%，达到 310 万辆。苹果、百度、小米等互联网科技公司纷纷加入造车新势力，车辆自动驾驶由单车智能迈向车路协同。

● 迄今为止，SpaceX 已为 Starlink 发射了 1000 多颗卫星，预计到 2021 年年底，Starlink 的服务将会覆盖全球大多数客户，并有望在 2022 年完全覆盖全球。

上面这些事件只是近期大大小小科技事件中很小一部分，而它们中绝大多数都涉及大数据、人工智能、物联网等新兴技术。这些新技术通过无数软硬件实现万物互联，背后离不开智能运维的辅助。

自 2016 年 Gartner 提出 AIOps（智能运维）概念以来，全球 AIOps 平台的市场规模预计在 2023 年将增长至 11.02 亿美元。加上受新冠疫情的影响，人们的生活方式发生了改变，除日常社交、支付外，买菜、行程预约等也都转为线上完成，大大加速了生活方式的自动化和智能化转变。

随之而来大量的软件系统运维工作也向自动化和智能化转变，智能运维应运而生。我进入这个领域是在几年前，由该领域的前辈王兵老师（中国电信集团云网运营部高级经理）引入，她富有前瞻性地认为大数据和人工智能技术可以解决几个运维难题，自此我走上了智能运维探索之路。

经过几年从预研、算法研发到系统上线的探索，我逐渐认清了该领域的痛点和难点。发现现有的资料中，在人工智能、传统运维两个领域的书籍很多很全面，但两者相结合的书籍鲜少有人整理出版，遂有了创作此书的想法。

在与一线运维人员深入沟通和技术研发中，我深知智能运维并非追求"高大上"的先进算法，而是强调算法本身的有效性和可解释性。基于此，本书重点阐述人工智能中哪些算法可以用于提升运维效率以及如何应用。在这里需要向读者明确的一点是，书名中智能运维的"智能"，不仅仅代表当前的人工智能，更多代表的是"算法"，因为人工智能是一个很宽泛的概念，真正要落地实施的，还是因地制宜地嵌入算法模型，改进运维效率。这个算法可能是比较"时髦"的神经网络 + 深度学习流派，也可能是"中规中矩"的统计算法 + 机器学习流派，或是"口口相传"的运维经

验 + 规则。

与现有相关书籍不同的是，本书通过十几个实际运维案例，详细讲解每个运维场景中的痛点、适用的算法、试验和最终方案。无论是当前已在该领域的从业人员，或是希望转型进入该领域的新人，亦或是管理人员，都能从中获得智能运维在算法研发过程中的实战经验和实操指南。

本书内容分为 3 部分，第 1 部分是智能运维、人工智能的概念和发展趋势，包括第 1、2 章，分别介绍如何从手工运维发展到今天的智能运维、智能运维未来的发展需要哪些新技术、人工智能当前有哪些技术；第 2 部分是智能运维中需要用到的人工智能技术和算法，包括第 3、4、5 章，分别介绍大数据技术、图像处理技术、自然语言处理技术、数据预处理技术，以及按照运维场景分别介绍相应各类算法的优劣势和应用趋势；第 3 部分是智能运维算法实战案例，覆盖事件分类、异常检测、趋势预测、知识图谱、根因分析、预见性维护共 6 大场景 13 个案例，由第 6 ~ 11 章组成。

本书选取了事件分类等 6 个场景是基于两方面考虑：应用在这 6 个场景的算法几乎是所有领域的运维都会涉及的；这 6 个场景涉及的算法均已成熟并在其他行业得到应用且证明有效。由于水平有限，书中难免存在错漏之处，恳请广大读者批评指正，如有疑问或发现错误，可以通过邮件（qiannyboy87@gmail.com）与我联系。

本书由钱兵负责整体内容和逻辑设计、修改和审核。刘汉生、陆顺、马冲共同完成第 2、3、4、5、7、10 章节的撰写，其他章节由钱兵撰写。

最后，在本书写作、修改和出版过程中，我需要重点感谢几个人。首先是我的家人，尤其是我的爱人常亚敏，感谢其为家庭的付出。在写作最后阶段，爱子的降生更为整个家庭带来了无限惊喜。接下来感谢不分先后（按姓氏拼音顺序）。

● 机械工业出版社策划编辑王斌，经常在周末和深夜时间加班，在内容撰写和修改上给予了大量诚恳的意见。

● 中国电信集团云网运营部高级经理王兵，感谢她带我进入该领域，并且耐心地分析运维需求并讲解专业知识，分享她在该领域的知识和经验，另外，在书稿内容上也给予了的宝贵意见。

● 中国电信研究院 AI 研发中心主任王峰博士，不仅给予我积极鼓励，还在书稿内容上给予很多修改意见。

● 高级设计师张艺潇，多次熬夜打磨修改作品，为本书绘制了多幅生动直观的插图，增加了内容的趣味性和可读性。

钱　兵

2021 年 10 月

目录

CONTENTS

第1章

智能运维概述

在当前数字化转型浪潮下，全世界无论是技术还是产业，都正在发生两大变局：无处不在的智能、无所不及的连接。

无所不在的智能反映的是这些年人工智能技术的发展已触及人们日常生活的方方面面。AI（人工智能）算力的提升、算法精度的增强、数字化水平的提高共同促进了人工智能技术的迅猛发展。人们从畏惧和怀疑这项技术，到试探性使用，再到如今体会到它带来的便捷和智能，并希望在各个领域都能使用人工智能技术。借用当下网络流行语就是两个字——"真香"。

无所不及的连接不仅反映在上面提到的硬件设备数量（手机、汽车）的剧大量增长，还包括网站、App（移动应用程序）、小程序等一系列软件数量巨幅增加。这些软硬件将人与人、人与物、物与物通过网络连接起来，即万物互联。

在万物数字化时代下，硬件和软件都承载着不计其数的数字化服务，这些服务背后需要大量的运维工作。这些工作的数量、难度、时效性离开人工智能技术是不可想象的。可以说智能运维是在运维工作难度和人工智能技术同时提升下诞生的产物。

本章将从以下几个方面详细阐述智能运维。

- 智能运维的概念，包括对比运维与运营、智能运维与 DevOps 的区别。
- 智能运维的应用场景。
- 智能运维的发展历程及趋势。

1.1 智能运维的概念

"AIOps（智能运维）是机器学习（ML）和数据科学在 IT 运营问题中的应用。AIOps 平台结合了大数据和 ML 功能，以增强和部分替代所有主要的 IT 运营功能，包括可用性和性能监控、事件关联和分析以及 IT 服务管理和自动化。

AIOps 平台会消耗并分析 IT 部门不断增长的数据量、多样性和速度，并以有用的方式进行呈现。"

——Gartner 2016

智能运维顾名思义是智能 + 运维。智能运维的概念是全球知名的 IT 研究与顾问咨询公司 Gartner 在 2016 年提出的。当初提出时的英文全称为 Algorithmic IT Operations，意指基于算法的 IT 运维。随着人工智能技术的发展，近两年该英文全称逐渐演化为 Artificial Intelligence for IT operations，突出了人工智能算法在 IT 运维中的应用。现在，这两种英文全称都能在不同文档中见到，同时并存。

AIOps 中的 AI 指的是人工智能，包含统计学、机器学习和深度学习等知识，在第 2 章将着重对其进行阐述。

运维的字面之意为运行和维护。广义上，维持任一事物持续正常运转的工作都可以称为运维，如车辆定期保养、给书本包上书皮纸、定期清理抽油烟机的油渍，甚至人们的一日三餐等。而专指维持 IT 系统正常运行的工作则为狭义上的运维。

行业内，运维是指从拿到开发的代码包开始，进行资源环境准备、环境搭建、应用发布，以及一系列的运维支撑保障工作，从技术栈层面大致可分以下 3 类。

1）IDC（Internet Data Center，数据中心，又称机房）运维：提供稳定的网络、存储和服务器服务，围绕操作系统及以下的运维支撑工作，通常包括信息统计、主机监控、硬件维护、系统和网络维护等工作。

2）系统管理员（System Administrator，SA）：负责操作系统以上、代码以下的运维管理工作，部分公司由于中间件的运维支撑与应用关联紧密，很多时候 SA 只负责操作系统和数据库两个内容。

3）应用运维：核心职能是确保进程和服务可用，同时响应研发、运营人员的诉求，维护新版本的稳定运行，以及提供数据和服务给运营人员。应用运维在各行业里都非常重要。

相对于运维，很多人经常分不清运维和运营的区别，认为两者是一回事，两个名词被混用的现象经常能见到。相对于 AIOps，另外还有一个名词 DevOps（开发运维），两者同为借助自动化方法提高运维效率，而这些方法有时难以区分是否为人工智能方法，人们对这两者的认识更为模糊。接下来，将通过说明运维与运营的区别、智能运维和开发运维的区别两个角度来介绍 AIOps 的概念。

1.1.1 运维与运营的区别

运维与运营这两个概念对于在这两个领域的从业人员来说，其实区分起来并不困难。运维是为了维护系统正常运行，运营是为了产品更好地服务用户。前者偏向技术的后端工作，后者偏向业务的前端工作。运营人员通常做不了运维的工作，而运维人员可以做一些运营工作，但不一定擅长和喜欢做。

下面说明一下运维与运营两者的主要区别。

1. 工作职责不同

广义上的运维可以泛指为了维持任何事物正常运作的工作，而广义上的运营也可以泛指围绕任何产品进行的人工干预工作，两个概念确实容易让人混淆。

在狭义上，两个概念在工作职责上的差异则非常明显。在计算机软、硬件应用越来越集中（即物理和业务逻辑越集中）的企业，运营的核心职责是将各类复杂业务进行管理，实现流程规范化、标准化，明确定义各流程的目标和范围、成本和效益、运作步骤、关键成功因素和绩效指标、有关人员的责权利，以及各流程之间的关系。

运营的主要目标是实现用户增长，获取最大利润。即常说的互联网用户生命周期海盗模型（AARRR 模型）：获取用户（Acquisition）、激活用户（Activation）、用户留存（Retention）、用户营收（Revenue）、用户推荐（Referral）。实现运营主要目标的措施如下。

- 提供以业务为中心的用户服务。
- 通过规范化、标准化流程降低服务成本，提高服务效率和质量。
- 服务付费满足个性化和规范化。

不同的运营工作领域在职责上也有较大差异，如在当前互联网背景下，运营工作主要分为用户运营、内容运营、新媒体运营、产品运营等。具体工作职责和内容见表1-1。

表 1-1　不同运营岗位负责的工作内容

岗 位 名 称	工作职责及内容
用户运营	主要围绕用户需求开展工作，也包含一部分社区运营的内容： ● 促进用户活跃度，如主动与用户聊天、制定激励积分策略 ● 增加用户黏性 ● 保持和提高用户忠诚度
内容运营	围绕内容的生产、整理、推广等工作，核心是输出高质量内容，吸引用户
新媒体运营	主要是针对新媒体（如公众号、微博、短视频等）开展的用户和内容运营工作
活动运营	围绕活动的策划、宣传推广、效果评估等工作
商务运营	以与企业、媒体开展商务洽谈、沟通合作为主，与销售、公关等岗位的职责重合较多，因此大多公司不单独设立这类岗位
产品运营	上述所有运营工作内容其实都属于产品运营，在不同规模公司，该岗位的职责内容细分程度会有所不同

相对应的，运维工作的主要目标是：维持和提升服务质量（提质）、通过工具或算法增强处理故障等问题的响应效率（增效）、通过技术或资源优化等手段降低运维成本，提高投入产出率（降本）。

在服务等级协议（Service-Level Agreement，SLA）中定义了 3 个定量指标，主要针对运维工作的前两个主要目标进行客观的评估，分别如下。

（1）平均故障间隔时间

平均故障间隔时间（Mean Time Between Failure，MTBF）是指相邻两次故障发生的平均间隔时长。该指标一般会定义一段时间，将多次故障的间隔时间求出一个均值，均值越大表示系统越可靠。与提质相对应。

（2）平均修复时间

平均修复时间（Mean Time To Repair，MTTR）是指一段时间内，多次故障从发生到修复的平均间隔时长，与 MTBF 相反，该指标越小表示系统越可靠。与增效相对应。

（3）可用性

可用性（Availability）是通过 MTBF、MTTR 两个指标生成的综合指标，计算公式为 $A = MTBF/(MTBF + MTTR)$。从公式中可以看出，可用性是 MTBF 的单调递增函数，即平均故障时间越大，可用性越高；是 MTTR 的单调递减函数，随着平均修复时间的增加，可用性逐渐降低；反映的是系统在规定时间内处于可用状态的能力。行业内一般根据三西格玛（3σ）质量控制标准，认为可用性达到 99.9% 可称作高可用系统，即全年系统处于不可用状态的时间不高于 8.8 小时。相应的六西格玛（99.9999%）的标准更高，全年不可用状态的时间只有不到 31 秒。

可用性并不与降本直接对应，企业根据人力和物力两方面的成本对可用性进行评估。人力成本主要是运维人员的薪酬奖金等费用，如果运维工作全部外包给第三方，则按照外包总费用除以运维团队人数再乘以系统所需运维人数得到；物力成本主要指系统所需要的服务器资源、数据中心资源、付费软件等费用。

运维工作的职责主要与系统研发处于不同阶段有关，主要表现见表 1-2。

表 1-2　不同研发阶段的运维工作内容

研 发 阶 段	工作职责及内容
研发前期	参与并评估系统架构、资源的合理性和可运维性，确保系统上线后可以正常、安全、高效运转
研发阶段	资源、系统环境准备工作，配合开发人员的开发需求
测试部署阶段	从系统架构适用性、资源合理性角度进行评估，与测试人员进行配合提出开发需求
正式上线阶段	这部分是运维工作的主要内容，也是重点内容： ● 日常指标监控，确保系统 7×24 小时稳定运行 ● 故障诊断和根因分析，针对系统出现的故障随时进行分析，找出原因，并及时处理 ● 优化升级，根据业务变化，对系统进行架构和资源的优化配置，以更好使用不断升级中的业务

从运维工作内容可看出，运维工程师们都是和系统打交道，不用与用户直接接触。

2. 岗位技能要求不同

通过梳理招聘网站在这两个领域发布的 100 多个岗位描述，归纳出如下结论（详见表 1-3）。

运营工作需要的技能中，除数据分析能力属于硬实力外，其他能力主要为软实力。当前运营相关的岗位对具有数据分析能力的人才需求越来越多，这类人才的作用也越来越突出，但真正具备较强数据分析能力的运营人员当前仍非常少。与之鲜明的对比，运维工作技能中除了一个抗压能力属于软实力外，其余都是实打实的硬实力。

目前已经开展智能运维业务的企业中，人工智能研发任务主要依赖于算法工程师等技术研发人员。由于对运维工程师是否掌握人工智能技术基本不做限制，因此在运维岗位技能要求上，基本没有硬性限制应聘者需要具备这项技能。但已经有较多运维从业人员开始通过自学或参加外部培训提升人工智能技术的能力，以适应未来智能运维领域的技能要求。

顺便说一句，由于技能要求的显著差异，运营领域的从业人员多以文科专业、女生为主，而运维领域刚好相反，理工科占绝大多数，且基本是男性。

表 1-3　运营和运维岗位的技能要求

运 营 岗 位	运 维 岗 位
• 具备方案策划能力 • 具备沟通协作能力 • 具备内容创造能力 • 具备数据分析能力 • 具备逻辑分析能力 • 具备文案撰写能力 • 具备项目管理能力	• 熟练使用 Python/Shell • 熟悉运维相关知识 • 精通 Linux、Windows 系统管理 • 熟悉 MySQL、SQL Server、Oracle 等数据库 • 熟悉 Java、JavaScript、Python 等编程语言 • 了解 Subversion、Git、Maven、Jira、Confluence 等工具链 • 熟悉大数据 Hadoop、hbHBase、Kafka、Hive、Spark、Flink 等常见组件 • 熟悉 Docker、LXC 等容器技术 • 熟悉 CI/CD 和 DevOps 流程 • 具有 Kubernetes 部署及维护等经验 • 具有一定的抗压能力

3. 岗位名称不同

从招聘网站的职业分布来看，运营工作的岗位名称比较清晰，基本上为表 1-1 中提到的 6 种岗位。而运维工作的岗位名称多且杂，以运维工程师最为普遍，其次是 IT 运维工程师、系统运维工程师，而安全运维工程师、网络运维工程师、信息化运维工程师、SRE 运维工程师、终端运维工程师、桌面运维工程师等这些岗位名称出现频率相对较低。

虽然运维类的岗位名称较多，但工作内容上的一致性较高；而运营类岗位虽较少，但工作内容差异非常大。这导致了运维类从业人员可以在不同名称岗位之间较顺畅地流动，而运营类不同岗位间流动的门槛反而相对更高。

最后，招聘网站上依然存在将这两类岗位的职责描述和技能要求混淆的情况。在运营工程师岗位里发布运维工作的要求，在运维工程师岗位里发布运营相关工作的内容。

1.1.2　智能运维与开发运维的区别

"DevOps（Development 和 Operations 的组合词）"是一种重视"软件开发人员（Dev）"和"IT运维技术人员（Ops）"之间沟通合作的文化、运动或惯例。透过自动化"软件交付"和"架构变更"的流程，来使得构建、测试、发布软件能够更加快捷、频繁和可靠。"

——维基百科

DevOps 这个词来源于 2009 年在比利时根特市举办的首届 DevOpsDays 大会，近几年它在业界受重视程度和应用率越来越高。

传统运维工作的重点是各种技术管理工作，如机房管理、服务器管理、网络管理和系统软件管理等。DevOps 是由开发＋运维组成，AIOps 是由 AI＋运维组成，如图 1-1 所示。但具体分析可知这两种"＋"并不是一回事，前者是通过自动化工具将开发人员、运维人员协同起来，打破两类人群的合作壁垒，实现在敏捷开发情况更能适应产品或系统的快速迭代上线，两类人依然在各自做着自身所负责的工作，并没有谁帮谁工作、谁减少谁的工作、谁替代谁的工作。而后者是 AI 算法工程师辅助，或者说帮助运维工程师提升工作效率，算法工程师和运维工程师属于不同部门，双方明显是一方帮助另一方。

DevOps 与 AIOps 的不同主要体现在以下 3 点。

1）参与人员不同。

2）工作方式不同。

3）工作内容不同。

关于第 3 个不同点，两种运维在工作内容上存在明显的差异。但实际中存在软件开发＋人工智能＋技术运维 3 部分重叠的工作，这部分工作应该属于哪些人来做，就会产生职责不清的问题（见图 1-1），下面进行重点分析。

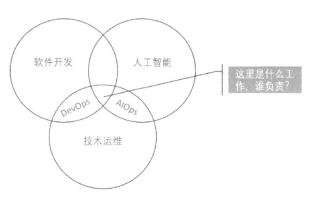

图 1-1 DevOps 与 AIOps 的关系图

DevOps 是基于一套开发管理工具将研发工程师和运维工程师组织在一起协同工作，两类人员是在这套开发管理工具上进行协同交流工作，并不是融合在一个实体部门里。他们依然做着原来各自的职责内容，研发工程师做系统开发类相关工作，运维工程师做运维相关工作，只是由于他们双方均在这套开发管理工具上开展工作，增加了沟通、提升了研发效率。具体来说，可实现项目统筹管理、资源协同多共享、效率多质量提升的目标，具体见表 1-4。

表 1-4 DevOps 实现的目标

项目统筹管理	资源协同与共享	效率与质量提升
<ul><li>全生命周期管理</li><li>过程与成果可视化</li><li>项目质量量化评估</li><li>集约管控</li><li>成果固化</li><li>客观评判</li></ul>	<ul><li>科研基础设施的开放共享</li><li>项目成果统一入库与共享</li><li>研发资源的协同，避免浪费</li><li>共享与复用</li></ul>	<ul><li>实现敏捷开发的规范流程</li><li>统一研发团队运转模式</li><li>提供代码执行和部署能力</li><li>提高研发、部署、测试质量和效率</li><li>稳定团队文化</li></ul>

　　这类开发管理工具可以做到将运维人员的意愿 100% 地通过自动化实现。而在自动化运维的推进过程中，一些较为简单的运维工作，如单指标异常检测、指标漂移引起的数据波动等问题，可通过动态门限方法来诊断识别。这种动态门限的阈值可通过 Z-score 等方法通过自动化运维工具实现，这类工作有时通过研发人员开发的 Java 程序直接在产品中实现，有时通过运维人员在开发管理工具中实现，均不需通过算法工程师。那么这类的工作是属于 DevOps 还是属于 AIOps？因为它既涉及一定算法又未通过算法工程师来实现，而是基于自动化运维工具实现的，因此属于 AIOps。

　　随着 DevOps 在企业不断被成熟应用，这类软件开发 + 人工智能 + 技术运维混合的工作会越来越多。DevOps 其实是 AIOps 的必经之路，随着企业的算法团队日益成熟，运维相关的智能算法会逐渐独立出来由专业的算法工程师来实现（在运维发展阶段的章节中会具体介绍）。前期由研发工程师或运维工程师借助开发管理工具代劳的算法工作，将逐渐独立化、专业化、体系化、平台化，即从 DevOps 过渡到 AIOps。

1.2　智能运维的发展历程及趋势

1.2.1　推动运维工作发展的内外部力量

　　运维工作如今已经发展到智能运维阶段（AIOps）。经历了人工运维、自动化运维两个阶段后，推动运维工作发展主要有两种力量：内部驱动力、外部牵引力，如图 1-2 所示。

图 1-2　推动运维向前发展的内部和外部力量

　　内部驱动力是指随着业务越来越繁杂，传统的人工运维方式逐渐到达其生产力的极限，内部逐渐增加的运维需求越来越得不到满足而产生的矛盾，产生一股强大的倒逼力量，促使运维人员进行创新，通过提高技术水平来增加生产力。业务的繁杂主要表现在运维需求的复杂多变、调用关系的错综复杂、频繁地变更发布、运维数据的剧增、运维专家经验的主观性等 5 个方面。

　　外部牵引力是指刺激运维工作向前发展的外部力量，主要有以下 3 种。

　　1）国家宏观政策。比如当前国家"十四五"规划正在大力推进企业数字化转型、新基建、人工智能等战略，会指导吸引市场资本进入这些领域，进行人才和技术的产业升级，推动行业的发展。

　　2）企业战略。企业会紧随国家政策和产业变革不断升级企业 IT 战略，应用前沿技术，实施企业数字化转型，升级传统运维生产力。

3）技术进步。前两种力量属于宏观非技术力量，它们需要依托第 3 种技术力量。没有技术力量，或者技术还未发展到可用的程度，前两种力量也无法产生效果。好比没有 AI 算力的提升，大规模深度模型的训练迭代是不可能在多个领域成熟落地的。

外部牵引力和内部驱动力对传统运维工作均具有正向推动作用，但外部牵引力并不像内部驱动力那样，每时每刻都表现出百分百的正向作用。例如，外部牵引力中的技术进步这一力量中的，在现有的各种运维场景中，并不都适用。但在如今各类技术名词铺天盖地出现一项：人工智能算法时，投资人关心企业是否有前沿技术、企业领导觉得使用高端算法更能体现企业科技含量、研发人员觉得高级算法更能体现自己的技术水平等，这些因素会促使算法人员花费使用深度学习模型解决一些运维问题。

在不考虑模型精度和研发成本的情况下，各类算法模型单就解释性就让运维人员抓狂并逐渐被放弃使用，回到传统运维方法。这阻碍了运维工作的技术创新。这种现象在企业中十分常见，以至于笔者在对企业进行技术指导时，往往会根据企业发展周期和需求做出两套不同的技术升级方案，一份对内一份对外。本书将在异常检测的案例中提到这两种技术升级方案的选择。

1.2.2　智能运维的发展历程

经过数十年的技术发展，如今部分企业已经进入智能运维阶段。2019 年年底，Gartner 预测到 2023 年，有 40% 的 DevOps 团队通过人工智能为 IT 运营（AIOps）平台功能扩展应用程序和基础架构监视工具，即有 40% 的团队从 DevOps 进入到 AIOps。

1. 智能运维发展的 3 个阶段

在综合各方观点的基础上，本书认为智能运维的发展分 3 个大阶段 6 个小阶段，分别是人工运维、自动化运维、智能运维 3 大阶段，其智能等级参考 TM Forum 自动驾驶网络从 L0 ~ L5 逐级递增，如图 1-3 所示。

（1）人工运维阶段

该阶段分 L0 手工操作与维护、L1 辅助运维两个小阶段。该阶段完全或大部分依靠运维专家的经验规则进行故障定位、根因分析和配置下发等管理任务的制定和执行。进入辅助运维的阶段，通过对重复性典型事件预先在系统中配置触发和调度策略，达到提高运维效率和减少人力成本的作用。

（2）自动化运维阶段

该阶段分 L2 部分自治、L3 条件自治两个小阶段。在 L2 部分自治小阶段，业内提出了 ITIL（Information Technology Infrastructure Library）、DevOps 等理念，强调流程管理质量和打破开发、运维的边界。在这个阶段业内逐渐达成 IT 研发和运维一体化的共识，但仍未规模化使用 DevOps 工具，主要依靠在系统中定制编写自动化脚本，实现简单数据分析、可视化、参数配置等初始功能，类似早期 BI（商业智能）系统。到 L3 条件自治小阶段，企业已经认可自动化运维的价值，开始停止自己开发脚本，转而使用市场上开源和付费的 DevOps 工具。从 OpenStack 时代，再到现在的容器时

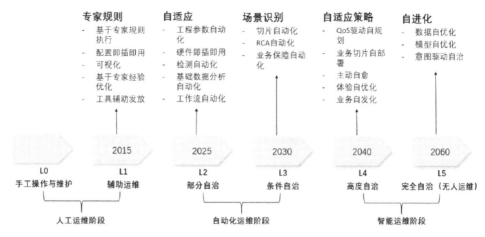

图 1-3　运维发展各阶段示意图（以电信运营商为例）

代，借用工具出现了很多自动化运维的高级模式，如网络可用性工程 SRE（Site Reliability Engineer）、聊天机器人 ChatOps 等。前者是在保证用户满意度的前提下，平衡系统功能、服务及性能多方因素，是涵盖 DevOps 运维思想、组织架构和具体实践的完整体系。后者通过插件或脚本实时执行团队成员在会话中输入的每一行命令，将过去成员在各工具输入的命令前端化、透明化，以进一步提升自动化程度。

（3）智能运维阶段

该阶段分 L4 高度自治（又称智能运维前期阶段）和 L5 完全自治（即无人运维阶段）两个阶段。当在某个领域自动化程度达到一定极限时，必然会被人们个性化需求推动着往智能化方向发展。

L3 和 L4 两个阶段从功能定义上来看，两者必定会在长期共存的状态下进一步演化，预估会共存 10 ~ 15 年，即在此期间内自动化和智能化程度均会逐渐提高。在智能运维早期，AI 从单点应用着手，如 KPI 单指标的异常检测和趋势预测，逐步实现在单点应用上的自主发现问题、诊断问题、解决问题和性能优化。并在各垂直领域中，将专家经验积累成知识库，形成可重复利用的结构化知识点。

在各单点应用逐渐智能化的前提下，将底层各维度数据打通，建立中间通用和专用能力层，灵活应用于上层服务。在每个应用中都能实现从数据自主采集、自主预处理到自优化，模型上实现自主选择、调参、优化及部署。人们的需求将通过语音、姿态、神情等特征进行控制和调度，系统也会自主发现、诊断和优化问题。

在时间维度上，由于各行业自动化和智能化发展速度参差不齐，即使自动化运维和 DevOps 概念已提出多年，但自动化运维工具在企业中的使用依然普及率不高，预计到 2030 年超过 50% 企业会普及使用 DevOps 工具。同理，即使从 2016 年开始，已有企业开始尝试在单点应用上借用 AI 技术，但要大多数企业能达到高度自治的水平，依然至少需要 20 ~ 30 年时间的探索和发展。而要实现无人运维需要研发和搭建以算力网络、数字孪生、千脑感知网络、边缘智能等技术为基础的"运维大脑"，在高度自治的智能运维阶段基础上，至少还需要 20 ~ 40 年时间。

随着人工智能技术的不断深入，运维管理中，人的角色越来越主动，对数据和工具的掌控力越来越灵活。运维人员收集原始数据后，经过数字孪生和可视化后，再进行打标、模型预训练、结构化知识的提取，最终将专家的经验和数据衍生为应用知识，进而实现工具的自动化和智能化升级，如图 1-4 所示。

图 1-4　不同运维阶段中人、数据、工具 3 种角色功能和关系演化图

2. 实现智能运维的必要条件

无论是从已经进入 AIOps 阶段的企业技术架构图（如图 1-5 所示）中，还是从 Gartner 的定义中，都可以清晰地看出：数据是智能运维的基础。准确地说，具备数据能力是一家企业进入智能运维的必要条件。

根据 Gartner 的定义，AIOps 产品或平台主要包括以下 5 类技术要素。

- 数据源：来自各 IT 基础设施的底层记录数据。
- 大数据平台：用于处理、分析静态和动态实时数据。
- 计算与分析：数据预处理、数据标准化等清洗工作。
- 算法：用于计算和分析，以产生 IT 运维场景所需的结果。
- 机器学习：包括无监督、有监督和半监督学习。

数据是企业的核心资产，随着数据量、数据维度的爆发式增长，现有的监测分析工具在处理这类数据时压力很大，且现有的 BI 或数据分析工具只能满足简单的数据分析和可视化功能，如 Tableau，其无法自动化地在企业跨越多种数据类型采集、洞察数据，进而给出决策。

目前所有的 AIOps 平台需能够提取静态数据（历史数据）和动态数据（实时、流式传输数据）。这些平台允许事件数据、用户数据、日志数据以及图形和文档数据的提取、索引和存储。

数据能力，具体包括数据采集、数据存储、数据治理、数据服务 4 项核心能力，即以数据中台/大数据平台/数据湖等形式存在的数据底座，至于这几种数据底座的名称之间的细微差别，读者可

应用	智慧工单	智慧家庭	物联网智能保障	无线智慧运营	...
云网AI通用能力	回单规范性校验	工单多轮智能交互	接入网群障定段定位	NB水表质差识别	
	无线网流量预测	运维工单质检　Trace的OCR识别	设备网管异动监测	接入网质差设备预测	
	智能客服	基于LSTM+DNN的流量预测	基站异常诊断	无线网KPI指标异常诊断	
AI技术栈	定制算法	图像识别　模型训练	NLP能力开发	知识图谱　多轮对话	
算法框架	Bert　ALBert　XGBoost	BiLSTM　Tess4j	XLNet	TextCNN　GBDT　...	
数据处理	数据标注平台		数据特征提取		
	半监督　自动打标　多人协同　分布式		专业关键词	词向量　三元组　图像特征	
训练数据	工单	日志　作业	告警	Trace 截图　...	
多源异构计算平台	CPU	GPU(训练)　GPU(推理)	算力调度	存储调度　...	

图 1-5　某企业 AIOps 技术架构图

暂时理解为同一种事物。

每天数据量在 1TB 以上、底层平台超过 5 个以上的企业，建立一个可用的数据底座至少需要 3 年时间。而且这 3 年中需要一边建设数据底座一边将其与运维业务紧密结合，在试错中建设。构建统一监控平台，实现 IT 资源的统一管控。利用大数据的手段，采集、分析基础设施、网络、日志等 IT 监控数据，通过海量 IT 数据的实时处理分析，消除数据孤岛，实现统一的告警，提升运维管理效率。

上述提到的 4 项数据能力，在第 3 章、第 4 章将会重点阐述大数据采集、计算和处理的技术，在此只重点强调数据治理的难度和重要性。由于采集的数据集依然是按照业务逻辑从各平台取出后按表存储的，与后期各类运维场景使用的数据结构相差甚远，因此，需要在数据底座上针对每种运维场景（当然场景的数量是慢慢积累的），建立企业自身运维的数据标准，并通过自动化程序和配置采集程序来采集标准数据。在数据底座上建立一个个标准化的数据模型，每种运维场景需要的数据可以是一个数据模型中的数据，也可以是多个数据模型组合的数据。这种数据模型后期将在无人运维阶段，通过数据孪生技术从大数据平台中自动生成。数据将通过统一接口服务于智能运维。

1.2.3　智能运维未来发展趋势

智能运维最终必然会进化为无人运维，类似汽车、飞机的无人驾驶，只有在人为需求变更条件下主动干预才会影响机器的正常决策。要想实现无人运维，背后一定需要类似人脑的"运维大脑"的实时支撑。

从图 1-6 所示的基于无人运维技术体系架构来看，首先需要解决数据来源安全、分布式算力整合调度、人机智能融合、智能免疫系统、信任体系价值网络和脑机操作接口等重大难题，进而实现主动任务求解、自适应强化学习、虚拟场景重建、认知整合、数据应用闭环统一和价值交互模式。

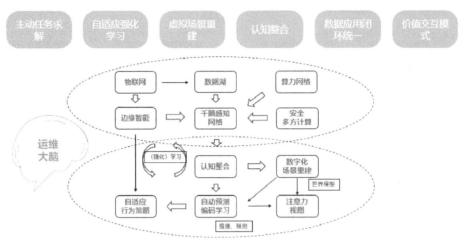

图 1-6　基于无人运维技术体系架构

要解决上述难题，实现"运维大脑"，提升其知识泛化能力，很可能是以区块链技术建立分布式可信价值网络生态，加上联邦学习，实现从数据提取、算法选择、算力和存储资源的使用，到数据在使用方的分析应用和优化，在每一次反馈中不断积累价值，形成知识。基于区块链技术运维大脑数据计算流程示意图如图 1-7 所示。

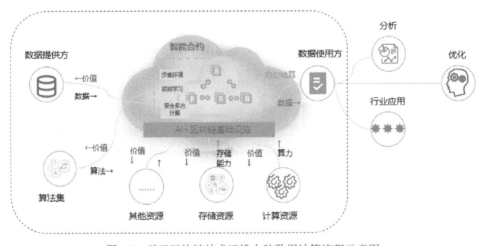

图 1-7　基于区块链技术运维大脑数据计算流程示意图

要实现上述目的，在可预见的未来至少需要以下核心技术。

- 数据聚合和价值交换：数据多方计算与隐私保护。
- 数据的关联与重构：数字孪生与注意力机制。
- 千脑感知网络：算力网络、边缘智能、分布式决策。

- 认知整合：知识图谱、基于场景的模仿学习。
- 面向任务的自动机器学习（Auto-ML）：自动超参优化编码学习、大规模图卷积学习。
- 认知智能混合技术：基于自动特征工程的认知特征提取、基于深度学习的视觉问答 VQA（Visual Question Answering）技术。
- 基于强化学习的决策智能：基于图的决策智能推理。
- 数字化场景重建：基于 GAN 的视频压缩和重建。
- 人机协同与脑机接口。
- 安全免疫机制。
- 多方协同智能：区块链价值网络。

实现"运维大脑"涉及的领域和基础技术如下。

- 大数据平台。
- AI 赋能平台。
- 区块链数据多方计算。
- 数字孪生技术。
- 容器云平台。
- 图数据库引擎。
- 大规模图关联模型。
- 算力网络。
- 混合现实技术。
- 自动机器学习。
- 知识图谱。
- 价值网络。
- 自然语言处理。

1.3　智能运维应用场景

AIOps 平台拥有 11 项能力，包括历史数据管理（Historical Data Management）、流数据管理（Streaming Data Management）、日志数据提取（Log Data Ingestion）、网络数据提取（Wire Data Ingestion）、算法数据提取（Metric Data Ingestion）、文本和 NLP 文档提取（Document Text Ingestion）、自动化模型的发现和预测（Automated Pattern Discovery and Prediction）、异常检测（Anomaly Detection）、根因分析（Root Cause Determination）、按需交付（On-premises Delivery）和软件服务交付（Software as A Service）等。

——Gartner

传统运维从发现问题、分析问题、定位问题到解决问题的角度，将应用场景分为问题发现与处置、服务管理与日常工作、业务与 IT 集中管控、运维数据治理、IT 分层监控、指标管理体系建设、服务管理体系建设、配置管理、运维自动化等场景。而智能运维的应用场景，根据 Gartner 列出的 11 项能力可知，增加了很多数据提取和场景预测的业务。

从图 1-8、图 1-9 所示可以清晰看出，传统运维模式和智能运维模式存在很大区别。首先是在智能化水平上，在传统运维的检测、分析、发现（告警）、处置 4 个步骤中，都未涉及智能技术；而智能运维每个步骤都加入了人工智能算法，将发现和解决问题的时间大大缩短。

其次体现在知识积累、提炼和泛化应用上。当传统运维解决完一个问题，运维流程就结束了，一个问题或一个系列问题用一份报告记录发生时间、起因、处理方案等一系列完整过程后，这些报告将长期保存在企业数据库中，后续基本不会有人再翻开过问了；而智能运维将每个场景发生的问题、原因、处置方案、效果评估等内容进行分类、知识实体抽取、关系建立，形成初步的知识，再应用到问题预测、根因分析、处置策略的智能推荐中，根据每一次算法的优化反复迭代修改知识内容，最终沉淀为企业在该领域独有的运维理论。

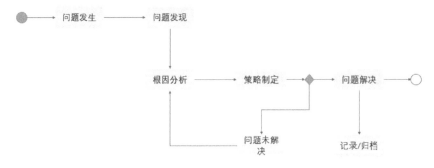

图 1-8　传统运维工作模式

按照智能运维的工作模式，将当前各领域通用的智能运维场景分 6 类：异常检测、根因诊断、故障自愈、事件预警、效能优化和随愿自治（见表 1-5）。在运维过程中，通常这 6 类按时间排序，先有异常检测，再做根因诊断。这两个阶段梳理充分了再实现故障自愈和事件预警，做到预见性维护。另外，效能优化是辅助解决前期发现的异常和故障，在事件预警的支持下，预防下一次异常的发生。

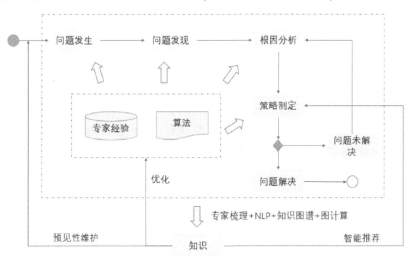

图 1-9　智能运维工作模式

在工作复杂度上，异常检测和根因诊断更多是基于日常运维中的专家经验，通过算法学习专家经验实现由规则向模型转变的方式进行运维。而故障自愈、事件预警则偏向临时多变的事件进行预测。效能优化涉及的场景非常庞杂，既有对历史事件的 CPU 使用率优化和数据库优化，又有对未来事件的智能扩缩容和智能调度等。运维场景在时间和工作复杂度的分布如图 1-10 所示。

接下来重点阐述前 5 类场景，随愿自治部分本书暂不讨论。

表 1-5　智能运维场景

异 常 检 测	根 因 诊 断	故 障 自 愈	事 件 预 警	效 能 优 化	随 愿 自 治
• 指标异常波动诊断 • 单指标异常诊断 • 多指标异常诊断 • 磁盘异常诊断 • 网络异常诊断	• 智能机器人 • 定界定段 • 调用链 • 瓶颈分析	• 智能机器人 • 智能调度 • 智能重启 • 自适应配置	• 容量预测 • 异常预测	• 智能扩缩容 • 智能调度 • 低碳节能 • 设备优化 • CPU 使用率优化 • 数据库优化	• 数据关联与重构 • 千脑感知网络 • 认知整合 • 数字化场景重建 • 人机协同与脑机接口

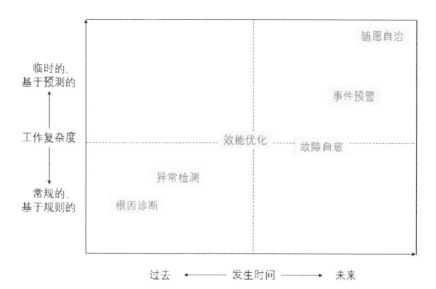

图 1-10　运维场景在时间和工作复杂度的分布

1.3.1　异常检测

异常检测又称异常发现、异常诊断等，主要指找出设备、系统、网络环境等关键性能指标（Key Performance Indicator，KPI）的历史数据什么时候发生了异常，这类异常既可能是故障也可能不是。在数据分析中，异常是一个相对概念，是相对正常而言的。正常是指大多数表现出的特征。例如，企业 100 名员工中，99 人的年龄在 20 ~ 40 岁之间，只有 1 个人年龄在 50 岁以上，这个人在年龄上则属于异常；反之，该企业被某大型企业收购合并后，90% 员工年龄变成在 30 ~ 50 岁之间，20 ~ 30 岁的员工则属于年龄异常。

运维上的异常，既有上述所说的"相对异常"，也有专家定义的"绝对异常"。主要是通过 KPI 指标数据的时序变化，找出那些不符合规律的数据。传统运维是专家根据单个指标的数值分布或多个指标的组合分布确定一个阈值，不在阈值范围内的则被认为是异常。这种策略对于稳定的、规律的运行环境非常有效，稍微复杂多变的场景则会失灵。这时就需要机器学习算法学习更长历史时间的数据规律，进行判断和预测。

单指标的异常从类型上可以分 3 类：异常孤立点、异常周期、异常集合。不同异常的示意图如图 1-11 所示，如果单个数据点相对于其他数据可以被认为是异常的，则该数据被称作异常的孤立点；如果数据在特定的周期性序列中是异常的，但在其他非周期序列中不是异常，则该数据被称作异常周期数据；如果数据所在的集合和该集合同处于一个数据集的其他兄弟集合不一致，则该集合为异常集合，如同一套系统在 10 个地区部署，9 个地区呈现出白天访问量高晚上低的特点，1 个地区没有表现出明显高低特点，则该地区为异常集合。

对单指标的异常较容易理解，多指标异常相对复杂。这方面需要通过机器学习算法来挖掘多维数据背后的信息，又增加了算法的难度，更加难以解释了。在第 3 章和第 7 章会对解释性较弱和较强的算法和案例进行介绍。

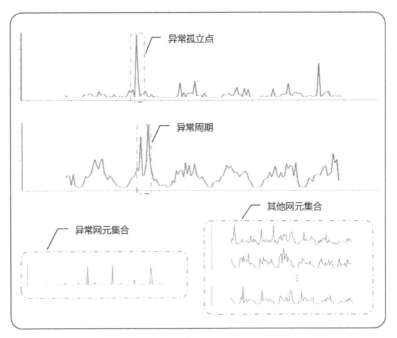

图 1-11　不同异常的示意图

从复杂程度上来看，企业通常先做单指标的异常诊断、异常波动（指标漂移），再做多指标的异常诊断。多指标异常诊断往往是针对某一事物的异常诊断，该事物由多个 KPI 指标组成，比如电信运营商的网元、磁盘、网络等，又被称为网元异常诊断、磁盘异常诊断、网络异常诊断等。又因指标数据多是随时间而变化的时序类数据，因此，在实际工作中，这类异常诊断，被描述成对 N 个事物、M 维指标、T 时刻的数据进行异常诊断，需要同时对比不同事物之间的差异、不同指标之间的关联性、不同时刻数据的周期性 3 个角度来判断每个事物是否存在异常。

目前在单指标异常诊断上的算法较为成熟，而在多指标异常诊断上的算法由于场景和数据较为复杂，暂没有很好的算法模型，在本书第 6 章将介绍已有相关算法的研究和成效。

1.3.2　根因诊断

1. 根因诊断的概念

根因诊断，又叫根本原因分析（Root Cause Analysis，RCA），在心理学上称为归因分析，医学上则被称为病因学研究。字面意思是指通过结构化分析，一步步找出问题的根本原因。在运维领域，是基于发现的异常问题，再进一步分析其发生的原因，进而预防下一次再发生类似的异常问题。

这类的智能运维场景主要有定界定段、调用链追踪分析、瓶颈分析，另外智能机器人可在该领域辅助运维人员和算法工程师进行上述 3 个应用分析。

定界定段是指根据 KPI 指标的分布特征，判断事件发生问题的特定分布，进而作为发生异常问题的原因，如在物联网质差设备根因分析中，发现 T 时刻 KPI 指标发生异常，通过关联的网络性能指标分布发现，某几个指标在 T 时刻也发生异常，则这几个指标很可能是引起 KPI 指标异常的原因。

调用链追踪分析是指对调用链信息过滤，或查看应用拓扑、实时聚合链路表和调用链瀑布图，找到与问题相关的关键指标，即作为已发异常的原因；瓶颈分析是通过相关分析、协方差分析、回归分析等方法找出影响某个性能的多个维度指标及取值范围。

2. 根因诊断的方法

当前这种场景的分析思路主要有两种。一种是通过算法对外部维度的指标进行分析，找出相关性高的指标，再通过运维人员确认这类指标与发生的问题在业务上存在的因果关系，则这些指标被当作原因，如瓶颈分析。另一种是通过算法在内部维度的指标中，采用不断下钻的方式，找到影响上层指标发生异常的指标作为原因，如调用链分析。这种不断下钻的方式，在很多领域都通用。例如在分析互联网 APP 活跃用户数下降时，第一步下钻到新增活跃用户数、已有活跃用户数这两个指标哪个发生下降，如果发现只有已有活跃用户数发生下降，接着第二步再继续下钻分析已有用户数、老用户留存率哪个指标发生下降，这样逐级下钻找到最底层发生下降的指标，从而找到根本原因。活跃用户数的指标组成如图 1-12 所示。

活跃用户数 = 新增活跃用户数　　　　　　　+ 已有活跃用户数

　　　　　= 下载用户数×注册用户比例　　　　+ 已有用户数×老用户留存率

　　　　　= 下载量×注册率×搜索比例×下单比例 + 已有用户数×持续登录比例×持续下单比例

图 1-12　活跃用户数的指标组成

这种下钻的分析思路，类似于"打破砂锅问到底"的逻辑。再如下面的例子。

A：为什么这个设备的性能数据为空？

B：因为那个时段，这个设备的网络断了。

A：为什么网络断了？

B：因为那时突然断电了。

A：为什么那时会断电？

B：因为机房外的路段被一辆大货车发生事故时压断了。

A：为什么大货车会在那里发生事故？

B：…

其实，上面两种根因分析的思路，严格意义来说并不是因果推断的方法。2018 年 2 月，图灵奖得主、贝叶斯网络之父 Judea Pearl 在他的论文《Theoretical Impediments to Machine Learning With Seven Sparks from the Causal Revolution》中提出了判断因果关系的 3 层逻辑。

1）第 1 层是关联：即两个事件是因果关系，前提是两者必须存在关联性，即相关关系。

2）第 2 层是干预：X 发生增长了，Y 也发生增长了；如果改变 X 的变化，Y 会如何变化？还会继续增长吗？

3）第 3 层是反事实推断：比如某人吃了一种药物，十分钟后血压恢复正常了，那如果十分钟前他不吃这种药呢？血压会恢复正常吗？

第 3 层逻辑在实际生活中不可能对同一个人或事物收集到正事实和反事实的两组数据进行分析，这点在统计学家们的努力下通过大量随机抽样、倾向得分匹配、双盲实验等方案得以实现。上面的 3 层逻辑，在统计学的分析中做了稍微变动，因果关系成立的 3 个条件如下。

1）两个事件存在相关性。

2）原因发生在结果之前：这点符合人们常识，很容易理解，先出现原因，才发生结果。但先发生的事件不一定是原因，这在日常生活中也非常普遍，如吹空调不是第二天感冒的原因。

3）排除混淆因素：X 发生，Y 也发生；那 X + A 一起发生，Y 会发生吗？X + A + B 一起发生呢？A + B 一起发生呢？Y 是否还会发生？如经常见到的例子：如常见的例子：公鸡打鸣与太阳升起、儿童身高与掌握单词的数量，表面都存在正相关关系，但当没有公鸡打鸣时，太阳依然升起；儿童身高不变，但读书时间增长时，单词量也会增加。前者并不是后者真实的"原因"。

由于当前在整个机器学习和深度学习领域，因果推断的逻辑和算法仍未得到充分认可，多数学者认为只关注事物的相关关系就已足够，暂不能对运维领域在该场景内的逻辑要求那么苛刻，够用即可。在第 3 章，将详尽介绍因果推断的算法，期望读者看后有所启发，以及在所在领域内尝试使用，希望在不久的将来能看到改变。

1.3.3 故障自愈

自愈原本为生物学概念，相对于"他愈"而言，专指生命体在遭遇内部变异和外部侵害时，自身会自动排除危害、修复受损组织、维持生命体健康的一种自我恢复和调节机制。智能运维领域的故障自愈，相对应的是指系统遭遇内外部干扰而产生的故障后，自我恢复和调节的机制。

这里提到的故障自愈是一种无人介入、依靠机器自我修复的运维机制，与无人运维（随愿自治）仍有本质区别。故障自愈倾向通过规则、算法实现单点应用故障的自我修复，而无人运维是指从数据采集、治理、建模、异常检测、根因定位、优化等全流程都是无人参与的运维。两者在技术等级上差了一个数量级。

在保证异常检测和根因分析的结果准确前提下，故障自愈可以依据专家规则，通过专家系统实现自动化修复，也可以通过 AI 算法实现自我修复。前者是传统运维常用的方法，后者则是智能运维的方式。

故障自愈是一整套严谨的故障自动化处理服务，通过和作业调度平台、配置管理中心、告警单据系统等诸多周边系统自顶向下的全流程打通，实现发现告警、关联配置信息、智能告警收敛分析、自动执行恢复操作、自动流程结单等功能。其中智能自愈机器人辅助人工进行根因分析、收敛分析等；自适应配置、智能调度和智能重启是故障自愈过程中的一种智能化恢复手段。

通常，故障自愈的核心过程有如下 3 步。

1）自主发现异常/故障，在告警下发时可以主动分析和处理告警信息。

2）收敛分析：针对每时每刻收到的大量告警信息，需要对同类型告警进行收敛分析，不能对每个告警都做处置，可以分为以下几个方面。

- 单一告警可直接自愈处置。
- 多个关联告警收敛为同一事件，对关键告警执行自愈处置。
- 发现异常告警，需人工确认后执行自愈处置。
- 特殊极端告警，拒绝自愈处置，并发送运维人员。

3）流程闭环。包含如下几个方面。

- 自愈成功：触发告警处理单自动结单。
- 自愈失败/超时：转运维人员人工处理。
- 未接入自愈的告警：转运维人员人工处理。
- 后自愈分析：对自愈成功和失败的告警，定期进行总结评估，并辅助运维人员进行跟踪和优化自愈方案。

需要指出的是，故障自愈实现的价值将会越来越大，将其实现离不开专家知识库和智能推荐系统。只有通过算法、知识图谱将历史中无数次的人工故障处置经验和故障自愈作为知识积累下来，才能通过智能推荐算法泛化到更多运维领域，让人工参与程度越来越低，进而实现从 KPI 指标自动异常检测、自动根因分析到自动推荐处理方法，再到系统自动评估处理效果，实现全流程自动化和智能化的无人运维模式。某电信运营商无线网优知识库如图 1-13 所示。

图 1-13　某电信运营商无线网优知识库

1.3.4　事件预警

本书将事件预警定义为：基于 KPI 指标、告警、日志、感知等一系列历史数据，预测未来将要发生某特定事件的行为，包括异常预测（如根据 IPTV 历史播放的数据，预测第二天哪些设备会发生卡顿)、容量预测（如 IT 采购部门要对来年服务器进行采购规划，需要预知明年各业务对服务器资源的需求情况，这时则需要通过对各业务的容量变化进行长期预测）等。其中容量预测又包括中长期预测和短周期预测，将在第 9 章详细介绍这两类容量预测的案例。

无论是容量预测还是异常预测，目的是未来下一步效能优化。根据容量的短、中、长期的预测，分别对不同时期的容量制定有针对性的扩缩容和优化方案，确保系统可以随着时间的推移得到完善和增强，实现可预期的管理风险和期望，即科学容量规划。容量规划过程中，需要协助运维人员考虑如下问题。

- 历史容量是如何变化的，为什么呈现这样的变化？
- 未来短期的容量如何变化？
- 何时达到容量极限，为什么？
- 未来中长期容量如何变化，如何规划容量？
- 不同容量规划方案，后果分别怎样？

同理，异常预测又叫故障预测、质差预测、突变预测，是基于大量历史 KPI 指标数据，预测未来可能发生的异常、故障等问题，实现系统预见性维护。异常预测与异常检测唯一的不同是，异常检测是针对过去已发生的数据进行分析诊断，而异常预测是用过去的数据预测未来可能发生的问题。两者所使用的数据、算法基本一致，在所选用模型训练数据和模型参数上会有细微差别。由于异常预测所使用的数据源通常为时序类的 KPI 指标数据，因此该场景下使用的算法更倾向时序预测模型，如 ARIMA、Holt-Winter、LSTM 等，关于算法上的差异将在第 3 章详细阐述。

1.3.5　效能优化

效能优化是基于上述异常检验、根因分析、故障自愈、事件预警每个步骤都做充分且准确的情况下，进一步对资源、系统性能进行优化配置，目的是精准控制企业成本，达到 IT 成本态势感知、成本科学规划，进而提升成本管理效率。

效能优化包括但不限于智能扩缩容、智能调度、低碳节能、设备优化、CPU 使用率优化、数据库优化。其中，智能扩缩容、智能调度、低碳节能属于建立在容量预测下的资源规划和优化配置；设备优化、CPU 使用率优化、数据库优化等属于建立在系统和设备异常预测下的性能优化。

- 智能扩缩容：分为智能扩容（扩充容量）、智能缩容（缩小容量）。相对而言，智能扩容更加重要一些。因为当已有容量超过业务需求量时，即使不做相应的缩容，对系统性能也没有影响，主要是造成成本上的浪费。而扩容如果规划不好，则会与系统性能紧密挂钩。在企业中，扩容和缩容通常是一起进行规划的，因此经常合称为智能扩缩容。
- 智能调度：泛指任何运维资源的优化配置，甚至包括运维人员的调度。
- 低碳节能：目前主要指数据中心（Internet Data Center，IDC）机房和电信运营商基站设备，另外也指其他物联网设备，通过人工智能算法达到节省电能的目的。
- 设备优化：主要指根据设备资源（如物理机和虚拟机）的使用率、使用时间，通过人工智能算法进行优化配置。
- CPU 使用率优化：特指通过人工智能算法针对服务器利用率的性能进行优化。
- 数据库优化：特指通过人工智能算法针对数据库的性能进行优化。

第2章

人工智能技术概述

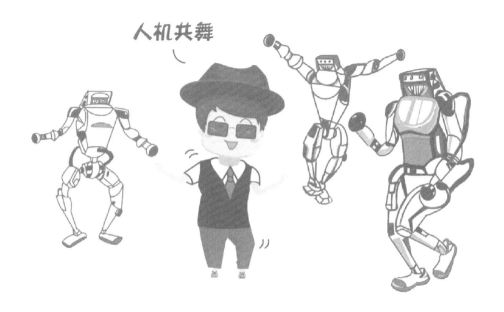

人工智能技术自1956年诞生以来，逐渐从实验室理论研究演变为推动人类经济社会发展的新动力引擎，其涵盖了计算机视觉、机器学习、自然语言处理、自动推理、常识认知等广泛的技术领域，目的是使机器能与人一样认知、思考和学习。

本章结合人工智能发展历程，聚焦人工智能核心技术及应用演进趋势，详细阐述人工智能概念及相关技术。

本章将从以下几个方面阐述人工智能技术。

- 什么是人工智能？
- 人工智能经历了哪些阶段？
- 人工智能有哪些核心技术？
- 人工智能应用领域及发展趋势。

2.1 人工智能的概念及发展历程

人工智能尽管有很多定义，不同的学者对它也有不同的理解，但是目前较普遍的一种认识是：人工智能是计算机科学的一个分支，它的任务是研究与设计智能体（Intelligent Agents）。智能体是指能感知周围环境（Perception），经理性思考（Rational Thinking）后，采取行动（Action），使其达到目标的成功率最大化。人工智能技术发展历程如图 2-1 所示，自人工智能技术诞生以来，其发展道路跌宕起伏，根据发展历程可以分为奠基时期、瓶颈时期、重振时期、低迷时期、成型时期和爆发时期。

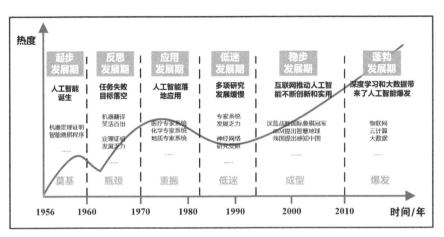

图 2-1　人工智能技术发展历程

1. 奠基时期

1950 年，艾伦·麦席森·图灵发表了《计算机器与智能》论文，提出通过图灵测试验证了计算机是否具有智能的思维。图灵测试指出，将人与机器在隔开的情况下展开对话，如果超过 30% 的人无法确定对话的是机器还是人，则被测试的机器就通过测试，认定其具备人类智能。

1952 年，IBM（国际商业机器公司）科学家亚瑟·塞缪尔，基于填鸭式学习，通过计算机程序记录历史的优秀走法，开发出跳棋程序，并创造了"机器学习"这一术语，将其定义为："可以提供计算机能力而无须显式编程的研究领域"。

1956 年，约翰·麦卡锡、马文·闵斯基、克劳德·香农等科学家在达特茅斯会议第一次提出人工智能的概念，人工智能时代拉开帷幕。

2. 瓶颈时期

人工智能概念提出后，取得了一系列突破性成果，如计算机神经网络——感知机模型的提出、机器定理证明等。但从 20 世纪 60 年代中期开始，人工智能技术发展进入瓶颈时期。理论研究的停滞和硬件资源的制约，使得人工智能领域进入低潮。截止到 20 世纪 70 年代末，出现了大量的失败实验，如机器翻译漏洞百出、神经网络理论存在缺陷效果不佳等。

3. 重振时期

20 世纪 70 年代末后，人们从学习单概念延伸到学习多概念，逐渐探索各种学习策略和方法，人工智能领域慢慢开始复苏。1981 年伟博斯在 BP（Back Propagation，神经网络反向传播）算法中具体提出多层感知器模型，让 BP 算法开始真正发挥作用，并且直到现在依然是神经网络架构的重要组成部分。在另外一个派系中，1986 年昆兰提出著名的决策树模型算法，与黑盒神经网络不同，决策树模型可解释性较强，可以清晰地看到算法的决策过程。在决策树模型被提出后，很多的衍生模型（如分类与回归树算法）不断被探索发现，很多至今依然活跃在实际应用中。

4. 低迷时期

随着落地项目的规模不断扩大，人工智能应用存在的知识获取困难、推理方法单一、缺乏分布式功能、难以与现有数据库兼容等问题逐渐暴露出来，人工智能进入低迷期。

5. 成形时期

受益于互联网技术的进步，人工智能的创新研究得到了快速发展。典型事件是 1997 年 IBM 公司研发的深蓝超级计算机第一次在国际象棋领域战胜人类世界冠军，人工智能应用逐渐成形。

同期，在理论研究中 SVM（Support Vector Machine，支持向量机）算法的发明是人工智能的又一重大突破。自从支持向量机被提出后，人工智能技术研究逐渐发展为神经网络和 SVM 两个主流方向。自从 2000 年带核函数的支持向量机被发明后，在很多应用场景中取得了突破性的效果，在很多学科中得到了快速应用。

6. 爆发时期

2006 年，神经网络之父 Geoffrey Hinton 和他的学生 Ruslan Salakhutdinov 在顶级学术期刊《科学》上发表了一篇论文，提出了深层网络训练中梯度消失问题的解决方案，开启了深度学习发展的新浪潮。之后，神经网络方向各项新突破如雨后春笋般涌现出来：2011 年 RELU 函数的提出、2012 年基于 CNN 网络的 AlexNet 在 ImageNet 图像识别比赛中性能和效果碾压 SVM、2016 年 AlphaGo 在围棋比赛中战胜世界冠军李世石……深度学习的快速发展，让图像、文本、语音等感知类问题在实际应用中取得了真正意义上的突破，人工智能技术迎来新时代。

2.2　人工智能的核心技术

随着人工智能技术的蓬勃发展，科技巨头纷纷把人工智能作为新时代的战略支点，通过搭建人工智能服务生态系统，实现制造业动能转换，进而创造新的发展机遇。人工智能是一门典型的多领域交叉学科，其核心包括机器学习、深度学习、自然语言处理、知识工程、机器人等多项技术，下面分别对这些概念做简要介绍。

2.2.1 机器学习

对机器学习的理解可以有多个方向,"全球机器学习之父"汤姆·米切尔将其定义为:假设采用性能度量指标 P 来评价计算机程序在某项任务 T 的性能,如果程序基于经验 E 在 P 指标上实现了提升,那么对于性能度量 P 和任务 T,就称程序从经验 E 进行了学习。这个定义较为抽象,实际上随着对机器学习理解的不断深入,可以观察到随着技术突破和应用发展,机器学习的内涵和应用范围也在不断发生变化。

普遍认为,机器学习是人工智能技术的一个重要子方向,其计算处理过程和算法主要通过寻找数据里隐藏的规律进而做出准确回归或分类的识别模式。

机器学习涉及多领域专业知识,涉及线性代数、统计学、概率论、凸优化分析、复杂度计算等多门学科。机器学习基本过程如图 2-2 所示,其基于已有的数据知识,不断迭代更新模型结构、提升识别准备率,最终达到模拟或者实现人类行为操作的目的。

机器学习算法有多种分类方法,按照拟合函数的不同,可以分成线性模型和非线性模型;按照基础模型的不同,可以分成统计算法和非统计算法;按照有无标签可分为有监督学习、半监督学习和无监督学习。

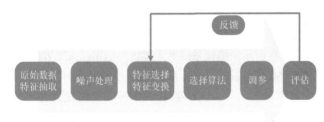

图 2-2　机器学习基本过程

2.2.2 深度学习

深度学习是近些年机器学习领域发展最迅猛的一个分支。由于深度学习的重要影响,号称深度学习三巨头的 Geoffrey Hinton、Yann Lecun、Yoshua Bengio 获得 2018 年的图灵奖。

近年来,深度学习在语音、图像、文本等多个领域都有突破性进展,其通过模拟人脑神经连接结构,在处理输入信号时,通过多层网络对数据特征进行抽象,最终得到对数据的理解模型。以图片数据为例,人类视觉系统的处理过程为:目标边缘检测→形状结构初步形成→复杂视觉处理;深度学习与此类似,通过组合浅层特征逐渐计算形成更加复杂抽象的高层特征,最终训练出图像的分层表示方法。

深度学习之所以"深",是相对于支持向量机、最大熵方法、马尔可夫模型等"浅层学习"算法而言的。浅层学习依靠专家经验提取样本特征,模型学习后是没有层次的单层结构;而深度学习则是通过对原始数据的逐层线性和非线性变换,将原始特征映射到新的高维特征空间,自学习得到多层级特征表示方法,从而更精准地提取数据特征,达到分类或回归的效果。

2.2.3　自然语言处理

自然语言包括汉语、英语、日语等各种人们日常生活使用的语言，是随着人类发展而逐渐演变的语言，是人类生活学习的重要工具。处理则是包括理解、转换、生成等步骤。自然语言处理是指利用人类日常生活的自然语言与计算机进行交互通信的技术。通过机器对自然语言的音、形、义进行识别、理解、转换、生成，实现人机自由通信，是目前计算机科学、语言学所共同研究的课题。

自然语言处理具体应用包括舆情监测、文本翻译、实体抽取、问题问答、语义对比、机器客服、语音识别等多种形式。所有的自然语言处理都包括两个流程：语义理解和语言生成。语义理解是指机器能够感知语言文本的含义，语言生成则是机器通过自然语言文本的形式表达计算的结果和意图。

自然语言处理是一个层次化的过程，语言学家将其分为语音分析、语法分析、句法分析、语义分析、语用分析 5 个层次，很好地体现了语言本身的结构。
- 语音分析是依据音位规则、音位形态等找到音节及其对应的词素或词。
- 语法分析是对各词素进行分析，进而获得语言学信息。
- 句法分析是找出短语结构剖析，进而找到词、短语之间的相互关系。
- 语义分析主要是找到词义、结构含义及相结合的含义，从而得到语言所表达的准确含义。
- 语用分析主要是研究外界场景语境对语言产生的影响。

2.2.4　知识工程

图灵奖获得者费根鲍姆给知识工程做出如下定义："将知识集成到计算机系统从而完成只有特定领域专家才能完成的复杂任务。"现阶段随着技术的进步和数据的积累，目前对知识工程的需求，已经从简单的数据采集整理升级到自动化知识服务。需要对海量数据进行准确的语义提取，完成数据到知识的自动化转变，并输出到生产应用，达到数据洞察、决策辅助的作用。目前知识工程在以下应用中已经逐步显现出重要的实际应用价值。
- 知识融合：目前大数据大多呈现多源异构的特点，基于知识工程能快速对数据资源实现语义标注和关联，进而搭建以知识为中心的融合集成服务。
- 语义搜索：基于知识图谱、自然语言处理等技术，利用文本相似度算法，将用户检索的关键词映射到图谱的实体和关系，得到准确的关联结果。
- 基于专家知识的分析决策：基于专家的业务知识和已有的先验数据积累，获得大数据的洞察解析能力，支撑决策分析。
- 智能问答：智能问答是对语义搜索的升级，通过识别用户提问的意图，匹配推送用户所需的答案。

2.2.5　机器人

机器人在广义上包含一切模拟人类及其他生物操作或思想的设备。在狭义上有较大的分歧，比如部分计算机程序（如客服机器人）也被称为机器人。ITU（国际电信联盟）采纳了美国机器人协会的定义，"一种可编程和多功能的操作机；或是为了执行不同的任务而具有可用计算机改变和可编程动作的专门系统。一般由执行机构、驱动装置、检测装置、控制系统和复杂机械等组成。"

目前智能机器人已经成为人工智能的热点研究技术方向之一，是衡量国家工业水平的重要标尺。机器人早先主要应用在工业领域，但随着计算机技术和通信技术的快速发展，目前机器人在生物工程、娱乐教育、医疗诊断、矿物勘探等领域快速发展，大大推动了人类智能化进程。

2.3　人工智能技术的应用领域及发展趋势

2.3.1　人工智能应用领域

目前人工智能技术进入爆发时期，在农业、通信、交通、公安、医疗、教育等领域均有广泛的应用。下面以几种与运维关联较紧密的领域为例进行阐述。

1. 智慧通信

人工智能技术可以应用于电信网络实现智能部署，如智能网络参数配置和智能资源配置；智能运维，如故障归因分析和网络异常检测；智能优化，如网络业务稳定保障和智能设备节能等；智能管理，如智能网络切片和智能负载均衡等。

从 2017 年起，全球运营商开始探索在网络规划-建设-维护-优化全生命周期引入人工智能和大数据技术，来辅助 5G 时代的网络运维。中国移动发布了人工智能基础平台"九天平台"，全线孵化系列 AI 能力和应用服务能力。中国联通于 2019 年 6 月发布《中国联通网络人工智能应用白皮书》，推出网络智能化发展引擎智立方 CubeAI 平台，构建网络 AI 共赢生态和开放合作体系，并与华为、百度、科大讯飞、烽火等公司均有 AI 项目合作。中国电信牵头产业界共同编制发布了《网络人工智能应用白皮书》，并基于自身在数据、算法、通用算力和渠道方面的优势，从面向客户与网络运营两大切入领域发展人工智能，目前已在移动基站节能和运维智能化等方面落地部署了人工智能应用。

2. 智慧农业

智慧农业是现代农业与信息科学结合的产物。随着人工智能与农业技术的深度融合，在农业生产过程中不仅可以通过数据采集技术实时观测农作物生产情况，还可以基于智能决策方法分析农作物生产信息，进而提高生产智能化水平。

其应用方向主要有以下 3 点。

1）农产品生产智能管理：利用无人机等手段实现农业自动化，基于 AI 技术分析农作物/牲畜生长发育情况，结合农业专家系统实现生产智能监控。

2）质量与可信溯源：在农产品运输管控过程中，利用图像识别、区块链、信息系统等手段，实现产品可追踪、安全可溯源。

3）农产品销售推荐服务：基于大数据及 AI 智能分析技术，掌握全网需求状态，精准把握产品需求。

3. 智慧公安

目前知识图谱、大数据分析技术在公安领域发挥的作用越来越明显。基于知识图谱分析嫌疑人关联关系，推理潜在案例，辅助案情侦破。分析历史电信诈骗样本特征，结合 AI 模型精准定位骚扰欺诈电话，有效保障人民财产安全。

4. 智慧交通

人工智能技术目前已经在交通领域涌现出很多典型应用，如交通流量预测、导航拥堵路线规避、自动驾驶等。同时，随着车联网技术的发展，在未来"人车路网一体"的车路协同体系中，人工智能技术在交通场景融合感知、交通路况态势认知、车路决策规划中扮演更加重要的角色。

2.3.2　人工智能发展趋势

尽管现阶段基于深度学习的人工智能技术在很多领域取得了突破性的成果，但是通过深度学习构建的系统往往具有这些缺陷：需要大量数据支撑、可解释性差、容易被欺骗等。这些缺陷使得人工智能应用只能在有限的环境下使用：如限定领域、确定性信息、按确定规律演变或静态的场景等。但受制于深度学习本身的学习机制，依靠自身发展很难产生质的飞跃。

郑南宁院士 2019 年发表的《人工智能新时代》一文中指出："人类面临的许多问题是具有不确定性、脆弱性和开放性的，人类是智能机器的服务对象和最终价值判断的仲裁者，因此，人类智能与机器智能的协同是贯穿始终的。"无论人工智能发展到何种程度，都无法完全替代人类。这就需要将人的认知和判断与人工智能系统结合，形成混合智能形态。这种形态目前在学术界有两种基本的实现方法：基于认知计算的混合增强智能、人在回路的混合增强智能。基于认知计算的混合增强智能主要与脑认知技术相结合，通过模拟生物大脑提供认知、推理和决策能力。人在回路的混合增强智能中人是系统的一部分，通过人去辅助介入智能决策系统，使得人机高度协同。

从目前来看，从脑认知和神经学科领域，寻找发展新一代人工智能的新思路，推动人工智能的学科交叉研究已成为必然的趋势。最终形成可解释的、健壮的人工智能新理论与新方法，发展安全可靠的人工智能新技术，进而推动人工智能产业应用的发展。

第3章

智能运维中的关键技术

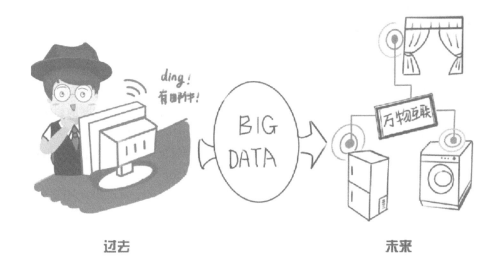

过去   未来

　　智能运维包括数据采集、数据处理、数据分析、应用落地多个环节，涵盖大数据处理、异常检测、知识图谱、自然语言处理等多项新兴技术。本章首先总结智能运维的数据处理技术，介绍大数据采集、批处理、实时处理等各项技术方案，然后介绍在智能运维领域中知识图谱与自然语言处理技术的理论基础，为后续章节的案例实操提供必要的技术背景知识。

　　本章将从以下几个方面阐述智能运维中的关键技术。

- 智能运维中使用的数据处理技术。
- 智能运维中使用的算法和技术。
- 知识图谱在智能运维中可以发挥的作用。
- 知识图谱的构建与使用过程。
- 智能运维中相关自然语言处理的算法与技术。

3.1　数据处理技术

如果说 AI 是智能运维的心脏，那么数据则是推动智能运维的"粮食"和"血液"。企业每天如何从各种线上系统采集太字节（TeraByte，TB）级甚至拍字节（PetaByte，PB）级的海量数据，采集完成后如何完成这些数据的计算，计算结果如何快速准确地反馈到生产系统中，是企业智能运维亟待解决的问题。

随着数字技术的发展，数据采集、存储及计算方案已逐渐成熟，为异常检测、根因诊断等智能运维场景提供有力的数据支撑。图 3-1 所示为智能运维通用数据处理技术方案，其包括数据汇聚层、数据存储层、数据计算层和数据应用层 4 层架构。

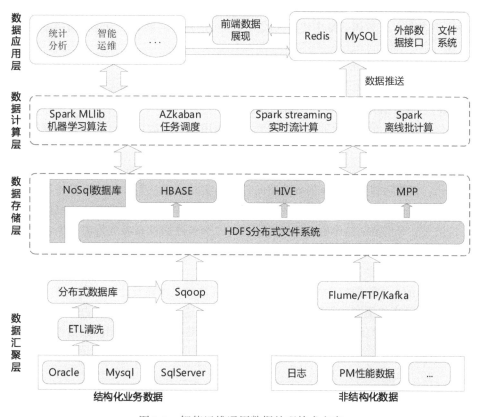

图 3-1　智能运维通用数据处理技术方案

数据汇聚层在智能运维中主要扮演数据采集的角色，负责汇聚结构化业务数据和非结构化数据。结构化数据通常已存储在关系型数据库中，使用 Sqoop 等数据迁移技术完成业务向分布式存储架构升级。非结构化数据则是业务生产过程中的日志及性能数据，如微服务根因诊断中原始性能指标、网站异常检测中访问日志均属于此类。

数据存储层为智能运维应用的原始数据、中间数据、结果数据提供存储服务。根据数据量的规模及读写性能需求可选用不同类型数据结构。对于访问日志、业务流程等数据量较大的原始数据，通常存在分布式文件系统中；对于异常检测识别结果、根因定位诊断结果等数据量较小且上层应用直接访问的数据，基本会选用内存数据库或关系型数据库存储。

数据计算层包括离线计算和实时计算两大部分，同时又涉及任务调度和算法调用。在智能运维中对时效性要求不高且数据量又较大的场景，如全量数据的根因诊断模型迭代、运营商网络低覆盖小区优化分析等，适合用于 MapReduce/SparkSQL 等离线计算技术实现。而对于基站节能策略下发、网络扩缩容策略调度、入侵访问异常检测等需要实时响应反馈的场景，采用 Strom/Spark Streaming/Flink 等实时计算组件更适用。

数据应用层为承载的智能运维应用，如流量预测、质差识别、根因诊断等。

本节主要结合数据处理技术在智能运维中的场景，首先以离线计算和实时计算两条主线介绍其前后环节涉及的计算、存储、资源管理技术，然后统一概括了数据采集、数据迁移、任务调度涉及的技术方法，并总结了在智能运维中使用大数据技术可能存在的挑战，为实操应用提供理论支撑。

3.1.1 数据离线技术及数据存储技术

智能运维中要处理的数据具有大数据的 4V 特性，即多样化（Variety）、海量化（Volume）、高速化（Velocity）、低价值化（Value），具体介绍如下。

1）多样化：智能运维中包含的数据类型繁多，如用户信息数据、流量日志数据、设备监控状态数据等。

2）海量化：智能运维中数据在连续的生产场景中不间断生成，每天都会积累大量待处理数据。

3）高速化：智能运维要求数据的处理时间较快，实时调度、实时扩缩容等场景需要在几秒内反馈至生产系统，分析报表类实时性要求不高的场景一般时间滞后期也要在一天以内。

4）低价值化：海量数据的价值密度普遍偏低，即很多数据没有参考价值，少量数据会发挥巨大价值。如网络智能运维监控无线资源控制层连接成功率一般均在 95% 以上，大多无实际意义，少数情况出现低成功率就会很好地起到预警的作用。

由于智能运维的上述数据特性，单台计算机已经无法满足存储及计算性能的要求，需要搭建多节点的分布式计算及存储集群进行计算和存储。如上文所述，对于智能运维中计算规模较大、时效性要求较低的应用，采用离线计算技术较为合适。接下来将对企业中常用的数据离线计算组件及数据存储系统进行简要介绍。

1. 分布式文件系统

在物理结构上，分布式文件系统（Distributed File System，DFS）由计算机集群中多个节点组成，分布式文件系统结构图如图 3-2 所示。其中节点分为两种类型，一类称为 NameNode（管理节点），主要起到管理和维护文件系统的作用；另一类称为 DataNode（数据节点），主要用来存放数据资源。

Hadoop 分布式文件系统（Hadoop Distributed File System，HDFS）是 Hadoop 自带的文件系统，具有存储量大、成本低、数据一致性强、容错率高等优势，是最为常见的一种分布式文件系统，在智能运维中得到广泛应用。Hadoop 集群搭建配置完成后，HDFS 和 MapReduce 即可使用。本节将简单介绍 HDFS 的一些操作命令，如上传文件、读取文件、建立目录和复制文件等，具体如下。

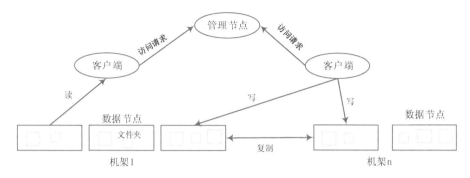

图 3-2　分布式文件系统结构图

- 查看 HDFS 文件目录信息。

hadoop fs -ls ＜ args ＞

- 上传文件到 HDFS。

hadoop fs -put　＜ localsrc ＞ ... ＜ dst ＞

- 从 HDFS 下载文件到本地。

hadoop fs -get ［-ignorecrc］［-crc］＜ src ＞　＜ localdst ＞

- 删除文件。

hadoop fs -rm URI［URI …］

- 查看文件信息。

hadoop fs -cat URI［URI …］

- 创建目录。

hadoop fs -mkdir ＜ paths ＞

- 复制文件。

hadoop fs -cp URI［URI …］＜ dest ＞

2. 分布式协调服务

　　在承载智能运维应用的分布式集群中，下属的节点经常由于网络环境、软硬件故障等原因，出现上下线的情况。集群中的其他节点需要感知到上述变化，并对其做出调整。以上文的分布式文件系统为例，当主管理节点 NameNode 出现故障时，就需要启动备用 Standby Namenode，而其中的状态监控及主备切换就是基于 Zookeeper 实现的。此外，在智能运维应用升级和迭代时，一般要更新多台服务器部署的代码和配置，手动修改不仅费时费力，而且一致性和可靠性也难以保证。Zookeeper 提供了一种集中管理配置的服务，只要集中在一个地方修改配置，所有与此配置关联的都会进行变更。同时，为了保证数据一致性和读写速度，其还引入了全新的 Leader、Follwer 和 Observer 3 种角色概念。其中 Leader 主要用来发起投票和决议，更新状态信息；Follwer 用于处理客户端发起的请求并返回结果，参与主节点选举的投票；Observer 不参与投票，只同步状态信息，提高客户端的读取速度。

在 Zookeeper 安装完成后，利用 "zkServer. sh start" 命令即可启动 Zookeeper 服务。然后利用 Shell 脚本建立客户端连接，基于 Zookeeper/bin 目录下的 zkCli. sh 命令，通过 "zkCli. sh -server IP：port" 创建客户端连接。建立 Zookeeper 客户端主要是对其节点进行操作，其数据结构如图 3-3 所示，主要操作包括创建节点、获取节点数据、更新节点内容和删除节点等。

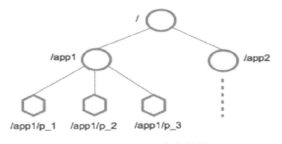

图 3-3 ZooKeeper 数据结构

3. 分布式离线计算组件

Hadoop 两个最重要的组件，其中一个为上文介绍过用来存储数据的 HDFS，另外一个就是用来计算数据的 MapReduce。MapReduce 和 Spark 非常适合离线批处理场景（Spark 不仅能实现离线计算，其 Spark Streming 组件还能实现实时计算）。所谓 "离线批处理" 可以理解为处理大批量数据，规模可达 TB 甚至 PB 级别，但计算完成时间往往比数据生成时间会延迟几分钟或几个小时。虽然离线计算具有一定的时延，但其还具有高容错、可扩展、易开发和大数据的特点，在搜索引擎的索引建立、网站流量分析等场景扮演重要角色。

结合基础的单词计数来详细分析 MapReduce 的执行流程。图 3-4 所示为单词计数 Map Reduce 执行流程分为 split、map、shuffle 和 reduce 4 个环节。split 环节是将大文件进行分解并行处理，本例是假设分为 3 份进行计算；map 环节的个数与 split 的个数是对应的，本例中 map 操作用来分割单词，并标记个数为 1；shuffle 环节又称 "洗牌"，起到承接 map 和 reduce 的作用，map 处理完成后的数据以键值对形式存储在缓冲区，在缓冲区即将溢出时会进行分区（partition）和排序（sort）操作存入磁盘，分区方法开发者可以自定义（本例是基于 key 的 hash 值），基于分区之后的数据会发送到对应的 reduce 上；reduce 对分区后的数据进行合并完成计数功能。

MapReduce 能很好地完成大规模数据计算，但由于其执行多步计算时，迭代结果都会存入磁盘，这样会非常影响处理速度。Spark 在工作数据集存储方向做了重大改进，将任务之间的结果集缓存在集群内存中，大大降低了任务的整体运行时间。Spark 不仅能完成离线批处理，其还包括 Spark Streaming 实时计算框架，能够完成实时计算。为满足将过程结果缓存在内存中的需求，Spark 提出弹性分布式数据集（Resilient Distributed Dataset，RDD）的概念。每个 RDD 可以包含多个分区，且可以存储在集群不同节点上，但其数据内容不可修改。相比 MapReduce 的单词计算流程，单词计数 Spark 执行流程如图 3-5 所示。Spark 通过多个 RDD 算子完成计算，其首先读取文本文件，然后基于 flatMap 算子根据空格将句子分割为单词，然后基于 map 算子对每个单词赋值为 1，最后利用 reduceBykey 算子实现单词计算统计。

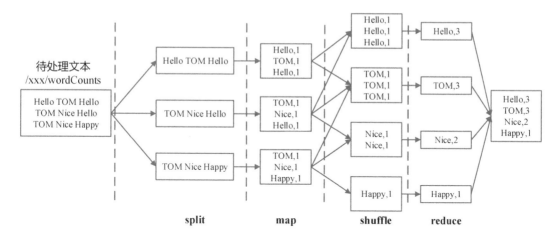

图 3-4　单词计数的 MapReduce 执行流程

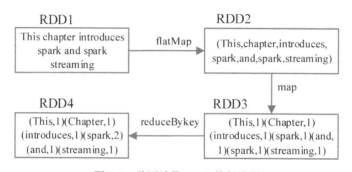

图 3-5　单词计数 Spark 执行流程

4. 资源管理系统

上文介绍了计算框架，不论是 MapReduce 还是 Spark 都会将大任务拆分成若干子任务来完成。任务的调度和管理就需要规范化的组件来引导，而 YARN 在大数据运算中就承担了该项角色。YARN 的核心思路是将功能分离，通过两部分来实现。通过 ResourceManager 来实现集群资源管理功能，通过 ApplicationMaster 来执行应用程序相关事务，如容错、状态监控和任务调度等。

由于 YARN 集群具有良好的容错性，在日常智能运维开发中，一般只需指定提交任务处理方式为 YARN 集群即可，因此本节对 YARN 的底层机制也不再赘述。

3.1.2　数据实时计算及快速响应技术

谈起实时计算，一般都会和上一节介绍的离线计算进行比较。

离线计算主要包括批量获取数据、批量传输数据和周期性批量计算数据。其代表技术有 Sqoop

（批量导入数据）、HDFS（批量存储数据）、MapReduce 与 Spark（批量计算数据）、Hive（批量计算数据）、Azkaban/oozie 任务调度等。

实时（流式）计算主要包括数据实时产生、数据实时传输、数据实时计算和实时展示。其代表技术有 Flume（实时获取数据）、Kafka/Metaq（实时消息队列）、Storm/Jstorm/Spark streaming/Flink（实时数据计算）、Redis（实时结果缓存）等。

一句话总结实时计算：源源不断产生的数据实时收集并实时计算，尽可能快地得到计算结果。而从智能运维角度来看，实时计算主要有以下 4 类典型应用场景。

- 用户感知：实时预测用户感受，如哪些用户网络不畅或视频卡顿。
- 安全预警：实时感知业务安全态势，快速响应输出威胁情报，完成资产精准防护。
- 精准营销：实时感知用户兴趣变化、环境/位置变化、商家优惠策略变化，从而实现精准营销推送。
- 运维监控：实时感知每台机器、每个业务的运行状态，实现秒级监控告警

1. 实时计算的挑战

面对海量实时流数据，为保证高可用与低延时，在日常开发过程中主要面临以下几个挑战。

- 数据聚合：数据以日志、数据库文件等多种形式、多种格式散落在各业务服务器上，如何做到高效聚合？
- 数据复用：同一份数据可能承载多份业务，如何实现多份业务的并发执行并保证数据的一致性？如何去承载洪峰流量？
- 数据计算：实现业务的实时计算，如何做到数据无丢失、高容错性？
- 数据存储：实时流计算会频繁读写操作数据库，选择什么样的方式，才能保证高频读写效率？
- 数据展现：计算汇聚后的结果怎样能高效展现，让数据说话，让运维者迅速读懂计算情况？

面临这么多棘手的问题，开发人员很难从头开始一步步做起，可以借助业界较为成熟的中间件，结合业务场景进行定制化开发，实现图 3-6 所示的实时计算总体框架。目前较具有代表性的实时计算框架有以下几个。

- Flume（数据聚合）：Flume 是 Cloudera 提供的一个高可用的、高可靠的、分布式的海量日志采集、聚合和传输的系统，解决数据聚合的问题。
- Kafka（数据分发）：Apache Kafka 由 Scala 写成，是由 Apache 软件基金会开发的一个开源消息系统项目。
- Storm/Spark streaming/Flink（实时计算）：用来实时处理数据。特点：低延迟、高可用、分布式、可扩展、数据不丢失。提供简单容易理解的接口，便于开发。
- Redis（k-v 数据库）：Redis 是一个 key-value 存储系统。
- ECharts（图表呈现）：ECharts 是使用 JavaScript 实现的开源可视化库，可以流畅运行在个人计算机和移动设备上，兼容当前绝大部分浏览器，底层依赖矢量图形库 ZRender，提供直观、交互丰富、可高度个性化定制的数据可视化图表。

由于 Flume 属于数据采集技术，在实时与离线场景中均有涉及，在接下来的章节笔者会进行详

细介绍。实时计算组件目前较多，在本节将选择较具有代表性的 Storm 进行介绍。

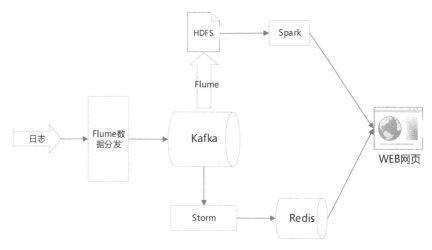

图 3-6 实时计算总体框架

2. 实时消息队列

可能你会好奇，实时计算与消息队列有什么关系。其实消息队列和蓄水池一个原理：在平时，河道完全能承载上游水量，但在雨季，河道无法负载入水量，就会出现决堤河水泛滥的情况；在实时计算中也是如此，当遇到尖峰流量时，下游的计算资源难以负载，需要上游拥有一个组件扮演蓄水池的功能，而消息队列恰恰满足上述要求。

以一个业务系统为例，介绍消息队列在日常开发的应用。传统做法如图 3-7 所示，在网络流量日志汇聚以后，立刻调用质差识别系统实时监测网络运行情况。该做法在实际应用中有以下几个问题。

- **耦合强**，采集系统与处理系统之间互相调用，模块间耦合性太强。
- **响应慢**，需要识别系统处理完成后，再返回给客户端，即使用户并不需要立刻知道结果。
- **并发低**，一般识别系统并发上限较小，很难应对突发尖峰流量的冲击。

图 3-7 传统业务系统调用示例

改用消息队列后如图 3-8 所示。该示例有以下改进：网络流量汇聚系统请求先接入消息队列，而不是由业务处理系统直接处理，消息队列做了一次缓冲，极大地减少了质差识别系统的压力；每个质差识别子系统对于消息的处理方式可以更为灵活，可以选择收到消息时就处理，可以选择定时处理，也可以划分时间段按不同处理速度处理；发送者（网络流量汇聚系统）和接收者（质差识别系统）间没有依赖性，发送者发送消息之后，不管有没有接收者在运行，都不会影响发送者下次发送消息。

图 3-8　基于消息队列的业务系统调用示例

上述简单介绍了消息队列的作用，目前常见的消息队列有 Kafka、RabbitMQ、ActiveMQ 与 RocketMQ 等，由于本书重点介绍智能运维算法，仅选取目前在智能运维中使用较广泛的 Kafka 进行介绍，让读者对此有一个粗略的认识。

Kafka 作为一个分布式消息队列，其消息保存时按照 Topic 进行归类，一个 Topic 可以看作是消息的集合。每个 Topic 下又包括一个或多个分区 Partition（图 3-9 中的 P_1、P_2、P_3、P_4），Partition 可以理解为 Topic 的子集，这里说的是多个分区，一个分区就代表磁盘中一块连续的位置，不同分区也就是磁盘上不同的区域块。发送消息方被称为 Producer，其数据写入与读取分别如图 3-9 和图 3-10 所示。多个不同的生产者（图中 Producer client1 与 Producer client2）可以彼此独立地发布新事件，具有相同主键（图中由颜色区分）的事件会被写入同一分区 Partition。每个 Partition 都是一个有序并且不可变的消息记录集合。当新的数据写入时，就被追加到 Partition 的末尾。如图 3-10 所

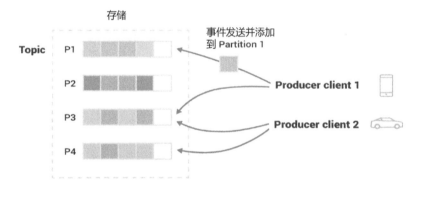

图 3-9　Kafka 写操作示例图

示，在每个 Partition 中，每个分区中的记录都会被分配一个顺序的 ID 号作为每记录的唯一标识，这个标识被称为 offset，即偏移量。每个消费者（Consumer A 和 Consumer B）保留的唯一元数据就是消费者在分区中的偏移位置。一般情况下消费者会在读取记录时提高偏移，按照相应顺序消费数据；但也可以重置为之前的偏移量，重新处理过去的数据；也可以配置直接跳过最近的记录，并从当前位置开始消费数据。

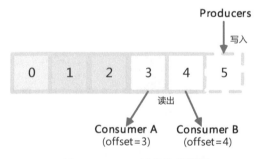

图 3-10　Kafka 读操作示例图

3. 实时计算组件

上面介绍的消息队列 Kafka，其在实时计算扮演蓄水池的角色，起到削峰限流的作用。而本节介绍的 Storm 主要是如何快速泄洪，让数据计算快速且有效。Storm 是一个分布式流式计算应用，其基本原理也可类比水利工程。如果上游堤坝汇聚了多条支流，堤坝下游只有一条主干河流泄洪，对主干河流的硬件设施要求就会很高，如果有多条支流协同处理就简单许多。实时计算也是借鉴了这种思路，其通过（spout、bolt）组合的方式，实现快速水平扩展。

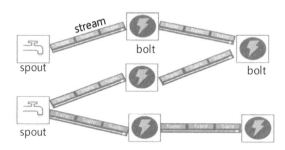

图 3-11　Storm topology 组成结构图

Storm 的计算结构称为 topology（拓扑），如图 3-11 所示，其包括 spout（数据流生成者）、tuple（数据处理单元）、bolt（运算）、stream（持续的 tuple 流）。

spout 是单个 topology 的数据入口，扮演数据采集器的角色，其连接到上游数据源，将数据源转换为 tuple，并将 tuple 数据流发送到下游运算单元。

tuple 为一个包含若干个键值对的列表，它是 Storm 的核心数据结构。若干个 tuple 组成的序列被称为 stream。类比火车，其中每节车厢中人与座位一一对应构成的元素集合就是 tuple，所有车厢连在一起的火车就是 Storm 的 stream。

bolt 可以理解为其中的计算单元，其接收数据流输入后，通过设定的一系列运算结果，输出为新的数据流。bolt 的上游可以是 spout 转换的数据流，也可以是 bolt 产生的数据流，通过 bolt 的级联，就可以构成复杂的数据流计算网络。

在之前的离线计算中，本书一直以单词计算为例，在实时计算中也以此为例。在之前的场景中，单词计数批量读取文本文件，对时延要求不高，如果上游持续有新的文本加入，要求实时输出各单词的数目，离线计算就不再适用了。图 3-12 所示为 Storm 单词计数流程图，Strom 基于 spout 会接入动态数据源并将其转变为 tuple 发送下游。例如接收到一条语句 "hello Tom"，将其转变为一个单条 tuple 的数据流，键值若设定为 statement，则数据流为｛"statement"："hello Tom"｝；之后执行语句分割运算，bolt 通过键值获取对应的语句，根据空格将句子分割为一个单词，组成向下游发送的数据流｛"word"："hello"｝｛"word"："Tom"｝；然后执行单词计数功能，bolt 接收到一个 tuple 后，会将对应单词数目加 1，并上报相应的统计结果，例如收到上游 tuple｛"word"："hello"｝后，单词数加 1 后输出为｛"word"："hello"，"count"："4"｝。

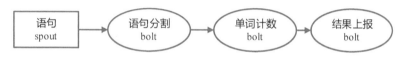

图 3-12　Storm 单词计数流程图

上述实时单词计数与离线计算的最大区别在于：上游数据源实时生成、实时计算、实时更新，能够最大限度保证业务的实时性。但在上述单词计数过程中也会发现,计算中会频繁地更新数据,对数据库读写性能有很大的挑战,传统的关系型数据库很难满足需求,这里就需要下文介绍的 key-value 数据库 Redis。

4. 内存数据库

Redis 是一个高性能的 key-value 内存数据库,其以键值对的形式存储,且数据都缓存在内存中,具有出色的读写能力,拥有以下 3 个特点。

- 支持数据的持久化,可以将内存中的数据保存在磁盘中,重启的时候可以再次加载进行使用。
- 不仅仅支持简单的 key-value 类型的数据,同时还提供 list、set、zset、hash 等数据结构的存储。
- 支持数据的备份,即 master-slave 模式的数据备份。

Redis 包括字符串、散列、列表、集合等数据类型,主要描述如下。

- 字符串类型:最基本的存储类型,可以存储任何字符串,包括二进制数字、json 对象和图片。
- 散列类型:存储字段和字段值的映射,适合存储对象。
- 列表类型:存储一个有序的字符串列表,常用操作是向两端添加元素(类比双向链表)。
- 集合类型:常用于向集合中加入或删除元素、判断元素是否存在。
- 有序集合类型:常用于计算 topN。

3.1.3 数据采集及辅助处理技术

在一个完整的生产系统中(如图 3-1 所示),除了上述离线及实时数据处理核心模块外,还需要数据采集、任务调度、数据迁移导出等辅助模块,而这些辅助模块均有相应的开源工具。在智能运维系统中这些工具依然通用,本节将对各工具使用方法做简要介绍。

1. 数据采集

数据采集是将智能运维所需的业务数据转存至智能运维平台,所接入的数据一般包含性能指标数据、业务日志数据、用户行为数据、网络探针数据、运维流程数据、监控预警数据等。

数据采集目前应用较为广泛的组件是 Flume,Flume 可以高效地将多个服务器采集的日志信息转移到下游消息队列或文件系统中去。Flume 中最核心的角色是 Agent,图 3-13 所示每个 Agent 由 Source、Sink、Channel 3 部分组成。Agent 在采集过程中扮演传递者的角色。图 3-14 所示为 Flume 集群模式,多个 Agent 组合连接构成分布式采集系统。

- Source:采集源,对接数据源,获取上游数据。
- Sink:下沉目标,数据采集后的目的地,连接下一级 Agent 或者落入存储系统。
- Channel:数据传输通道,将数据从 Source 传输到 Sink。

Flume 可以单 Agent 模式,也可以多 Agent 集群部署。在开发过程中,只需要编写配置文件指定各环节的采集源、下沉目标及数据传输方式,就能很容易地实现数据采集系统。

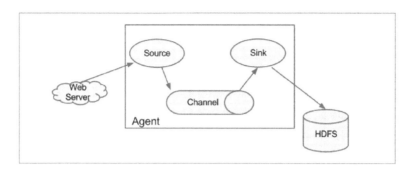

图 3-13　Flume 单机模式

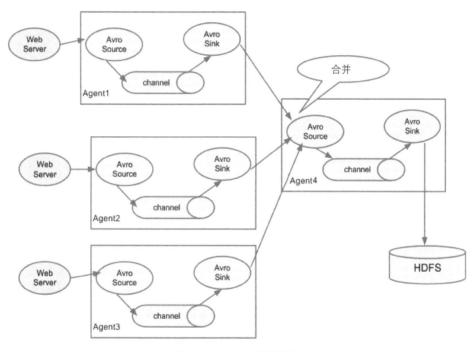

图 3-14　Flume 集群模式

2. 任务调度

一个完整的智能运维系统通常会包含大量的子任务单元，而任务单元间常常会存在先后的依赖关系。为了高效串联起各子任务，就需要一个任务流调度组件来分配调度子任务。在业务简单、时效要求低的场景下，可以直接使用 Linux 系统自带的 Crontab 来完成；在业务较复杂的情况下，就需要如 Azkaban、Ooize 的开源任务调度组件来实现。

Azkaban、Ooize 等任务调度组件提供了 Web 用户界面便于用户操作，用户可以自定义任务间的依赖关系。当前置任务失败时，可以设置任务自动重启，同时提供了工作流的日志记录和审查功能，能有效降低系统的运维工作量。

3. 数据迁移

在传统的业务系统中，常用关系型数据库如 MySQL 或者 Oracle 存储数据。在系统升级到分布式计算或想利用 Hadoop 生态组件实现计算时，原有的数据就涉及迁移和传送。

Sqoop 是一种提供 Hadoop 与关系型数据库高效传输的工具，其底层原理是 Hadoop 的 MapReduce 任务。图 3-15 展示了 Sqoop 将数据从关系型数据库导出到 HDFS 的流程图。在导入 HDFS 之前，Sqoop 会查询表中各列的数据类型，运行的 MapReduce 程序则根据原有的数据类型来保存相应的值。

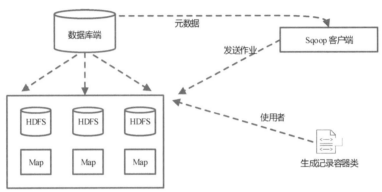

图 3-15 Sqoop 数据导入机制

3.1.4 大数据技术在智能运维领域面临的挑战

在智能运维领域，大数据技术的核心价值体现在于打造智能运维底座，构建以数据为核心、以场景为导向的运营支撑系统。目前，已有的大数据技术已能完成多源数据的采集、实时高效的数据计算、稳定可靠的数据存储。但是由于企业分散的数据存储、多口径的数据计算、无监督的数据质量等原因，目前企业使用大数据技术实现智能运维普遍面临以下几个问题。

1）数据系统重复采集、重复存储。由于企业缺乏统一的数据管理维护，各业务部分重复采集，造成严重的硬件和人力成本浪费。以电信运营商 DPI 数据为例，其拥有 3 套 DPI 采集存储系统，存在多次分光、分流、存储的情况，且不同采集系统采用不同的数据规范，跨域间调用困难，难以发挥数据价值。

2）分散的数据缺乏一套安全可靠的共享机制。目前由于数据泄露类安全事件频发，企业对数据保密及安全的重视越来越高。但这样限制了外界窃取企业商业秘密的同时，也存在数据管理一刀切的现象，部门间数据调用层层审批且数据流常常无法打通，妨碍了跨专业跨部门的多源数据融合分析。

3）缺乏一套行之有效的数据价值体系，数据价值密度低、处理环节长。随着数据的价值被企业不断认可，越来越多的生产数据留存在企业大数据平台。同时，由于部分企业设计了分层分级的大数据采集架构，海量原始数据需要跨地跨省传输，会占用大量带宽资源，不仅成本较高而且时延较大。海量数据固然有很高的分析研判价值，但随着数据的爆炸式增长，找准数据分析价值与降低存储传输成本显得越来越重要。因此，合理规划数据价值体系，有针对性地筛选存储数据势在必行。

4）分级数据标准不统一，数据质量缺乏有效监督管理。在智能运维中，由于企业采集处理环节众多，下游暴露数据质量问题后难以溯源，数据质量提升困难。为构造稳定可靠的智能运维系统，数据质量监控环节必不可少。构建统一的数据标准，各环节设置数据质量抽样监控，是在搭建智能运维数据处理系统前需要首先完善的工作。这点在 4.1 节中会以案例形式介绍相关技术。

随着企业智能运维改革的不断深入，数据业务的精细化管理显得越来越重要。上述大数据应用的困境，主要还是在运营过程中规范和标准的欠缺。在使用大数据运维技术前，需要对整体系统有长远的规划，方能更好地支撑上层应用。

3.2　知识图谱

近年来，随着科技的进步，人工智能技术得到了飞速的发展。人工智能技术已经从运算智能、感知智能跨越到了认知智能阶段，如图 3-16 所示。在运算智能时代，IBM 的深蓝系统在国际象棋大赛上战胜了世界冠军卡斯帕罗夫，这标志着计算机凭借快速的运算能力和海量信息存储能力在计算速度上已经远超越人类。进入 21 世纪，随着 CPU、GPU 和 FPGA 等芯片运算力的进一步提升，以及神经网络和深度学习技术的快速发展，人工智能技术进入了感知智能阶段，在这一阶段，凭借深度神经网络模型以及大数据的积累，机器在视觉、听觉等感知能力方面已经越来越接近人类，在某些特定领域甚至已经反超人类。

运算智能　　　　　感知智能　　　　　认知智能

图 3-16　从运算智能到感知智能到认知智能

在认知智能时代，如何将感知智能与常识知识结合起来，实现认知推理与逻辑表达，仍然面临着很大的挑战。因为不仅要从感知智能的角度学习数据的分布，还要从认知的角度表述数据的语义。因此，构建以认知推理为核心的知识图谱技术成为下一代人工智能技术的发展方向，知识图谱也成为当前热点技术之一。

知识图谱不仅能为常识概念建立百科知识图谱，在不同行业不同场景下依靠专业领域知识建立起的知识图谱又推动了行业的进一步发展。例如智能问答机器人、金融风控、个性化推荐等。对于智能运维，从网络运维、故障溯源等方面与知识图谱进行结合，解决智能运维中的推理演绎问题。

3.2.1　知识图谱的基本概念

知识图谱（Knowledge Graph）在维基百科的词条中有两种含义：一是指科学知识图谱，多见于图书情报领域，是用于展示学科知识的发展进程与结构关系的可视化图谱；二是指 Google 知识图谱，多见于计算机科学领域，是 Google 提出的语义化知识库表现形式。维基百科之所以将 Google 知识图谱单独拿出来释义，是因为知识图谱是由 Google 公司在 2012 年提出的一个新概念，是 Google 为了优化搜索引擎返回的结果，增强用户搜索质量及体验而提出的。图 3-17 所示为 Google 搜索中的知识图谱，在 Google 搜索引擎中输入"伊丽莎白二世的年龄"，可以看到在搜索的第一位序就是想要的查询结果"94years"，同时在页面的右侧还有悬浮的知识卡片来显示与"伊丽莎白二世"相关的其他信息。这就是 Google 知识图谱在发挥作用，通过 Google 建立的知识图谱，可以直接返回用户想要的结果，并推荐出其他相关联的信息。这很大程度上提高了人们获取信息的效率，消除了以往需要依次单击网页浏览内容获取结果的烦琐。

实际上，知识图谱并不是一个全新的概念，知识图谱的早期理念来自语义网（Semantic Web），其最初理念是把基于文本链接的万维网转化为基于实体链接的语义网。知识图谱技术的出现正是在前人研究的基础上对语义网标准和技术的一次扬弃与升华。随着智能化服务应用的不断发展，知识图谱在智能问答、自然语言理解、个性化推荐、物联网设备互联、可解释人工智能等多个领域展现出巨大的应用价值。现在的知识图谱是一种用图模型来描述知识和建模知识单元之间关联关系的技术方法，侧重于以可视化的方式来表示知识单元的联系。

图 3-17　Google 搜索中的知识图谱

知识图谱较为常见的表示是基于图的表示方式，图模型作为知识图谱的逻辑表达模型，也是人们最容易理解的一种表示形式。在图模型中，知识图谱的基本组成单位是"实体—关系—实体"三元组，以及实体及其相关属性的键值对。实体间通过关系相互联结，构成网状的知识结构，通过建立实体之间相互关联的语义网络，对现实世界的事物及其关系进行形式化的描述。

知识图谱的三要素包括实体（Entities）、关系（Relations）和事实（Facts）。其中实体与关系构成知识图谱中重要的组成部分，实体与关系共同构成一个事实。例如在图 3-18 的网络安全相关

的知识图谱中，实体类型有 4 种：网络攻击类型、网络漏洞、攻击工具、使用参数；关系有 3
种：攻击、使用和参数。其中"SQL 注入"属于网络攻击类型，容易被注入感染的 SQL 代码属
于网络漏洞，网络攻击类型和网络漏洞之间是"攻击"关系。在该图谱中，"SQL 注入"需要使
用"SQLMAP"等工具进行漏洞扫描，不同的工具又具有不同的使用参数。

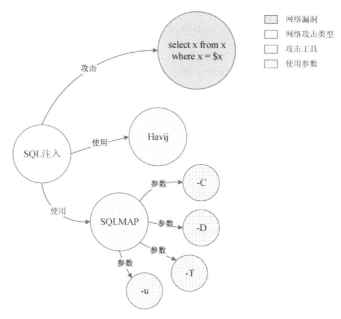

图 3-18　网络安全相关的知识图谱

3.2.2　一般知识图谱的构建流程

大多数学者将知识图谱的构建方式分为自顶向下（Top-Down）和自底向上（Bottom-Up）两种。
其中自顶向下的构建方式需要事先定义好本体或者数据模式（Schema），然后将实体加入到知识图
谱中，这种构建方式一般用于知识体系发展较为成熟的领域，而且需要借助该领域已有的高质量结
构化数据进行构建。自底向上的构建方式则是先从开放的非结构化数据中提取实体，然后构建实体
间的关系，这种构建方法适合没有完备知识体系的领域，与通用知识图谱的构建较为相似。

自顶向下的构建方式是在知识图谱发展早期被广泛使用的，目前这种构建方式更加适合小而精
的单一领域，该领域内的知识已经形成闭环，且不会大幅增加。而自底向上的方式适合知识体系尚
不完备或者知识体系涵盖较广的领域，例如维基百科。近年来随着不同领域之间互相融合发展，逐
渐产生一些新兴领域，这些领域的知识体系既包括原有较为完备的部分，又包含尚未发展成熟的部
分。因此，在现实中往往会采用自顶向下与自底向上相结合的方式进行构建。图 3-19 所示为知识
图谱的构建流程，自顶向下的构建方式是先构建本体，再抽取知识进行填充；而自底向上是先抽取
知识，在知识抽取时本体的概念并不清晰，需要在知识抽取后进行多次归纳与分析逐渐细化进而形
成本体的概念。不论哪种构建方式，需要完成的基础任务是相似的。

在图 3-19 中，知识图谱的构建主要包含 4 个步骤：本体构建、知识抽取、知识融合以及知识存

储。其中，本体构建是指构建出知识图谱的本体结构，即知识图谱的数据模型。本体构建过程相当烦琐，其构建过程受到专业知识和工程可行性两个方面的影响，需要领域专家与知识图谱工程师共同协作商讨。知识抽取是从不同类型的数据源中提取出实体、实体属性以及实体间的关系，知识抽取是整个过程中最基础也是最重要的一环，抽取信息的质量直接影响最终构建结果的优劣。知识融合是对不同数据源抽取出的三元组信息进行合并，包括链接或者消歧。融合后的知识在完成质量评估之后，需要存储到相应的数据库来完成知识图谱的构建，构建完成后就可以根据实际的需求进行知识的查询和应用了。

下面对本体构建、知识抽取、知识融合、知识存储以及知识应用等知识图谱构建任务所涉及的相关方法进行介绍。

1. 本体构建

"本体"一词是对概念模型精确化、形式化的规格说明。本体主要是用来描述某个领域中概念和概念之间的关系，在领域内具有大家共同认可、明确以及唯一的定义，具有共享化、明确化、概念化和形式化的特征。在知识图谱的构建流程中，本体构建往往因为不同领域中具体工程的不同而过程各异。但目前公认的是本体的构建需要在相关领域专家的指导下进行。一般而言，本体构建有手工、自动和半自动3种方式。

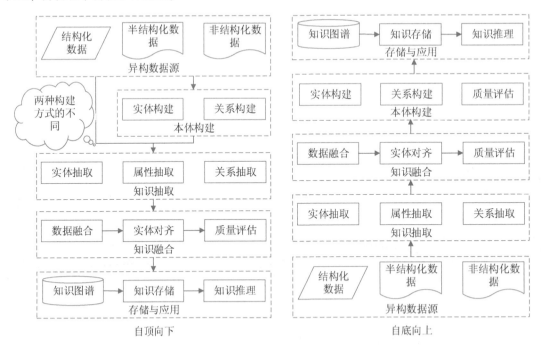

图 3-19　知识图谱的构建流程

1）手工进行本体构建一般是由企业内部的多位领域专家通过协作完成的，可遵循的方法有TOVE 法、骨架法、IDEF-5 法、METHONTOLOGY 法、SENSUS 法、KACTUS 工程法、7 步法等。

2）自动化方式是通过机器学习、NLP 或者数据分析、统计分析技术从已有的文本中提取概念与关系，并通过聚类等方法自动构建领域本体体系。但是目前自动化的方式很难得到覆盖率和准确率都表现良好的本体。

3）半自动方式是借助已有的术语库或结构化概念表，在人工的指导下，部分使用自动化方式进行本体的构建。

图 3-20 所示为使用 Protégé 软件构建的简单本体构建案例。

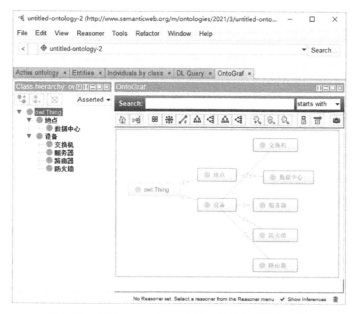

图 3-20　使用 Protégé 软件构建的简单本体构建示例

2. 知识抽取

知识图谱构建的首要工作即是知识抽取。知识图谱中的知识来源于图 3-19 所示的结构化，半结构化和非结构化的异构数据源，其中的关键问题是如何运用知识抽取技术从获得的信息资源中提取出计算机可理解和计算的结构化数据，以进行下一步的分析及利用。知识抽取任务细分为实体抽取，属性抽取，关系抽取 3 大部分。

（1）实体抽取

实体抽取包括命名实体抽取与事件抽取。命名实体识别（Named Entity Recognition）是将专有名词（如机构名、地名、人名、时间等）或有意义的名词性短语从获得的语料库中进行识别提取。例如图 3-21 中，"2016 年 8 月"是时间实体，"易建联"和"NBA"是人名和机构名。事件抽取是从文本中抽取事件的各元素及识别出发生的事件。事件组成元素可以分为主体、触发词、事件类型。图中"并发访问过多"与"内存暴涨"均属于事件。实体抽取问题的研究开展得比较早，该领域也积累了大量的方法。总体上，可以将已有的方法分为基于规则的方法、基于统计模型的方法和基于深度学习的方法。

图 3-21　实体抽取举例

1）基于规则的方法。

早期的命名实体识别方法主要采用人工编写规则的方式进行实体抽取。这类方法首先构建大量的实体抽取规则，一般由具有一定领域知识的专家手工构建。然后，将规则与文本字符串进行匹配，识别命名实体。这种实体抽取方式在小数据集上可以达到很高的准确率和召回率，但随着数据集的增大，规则集合的构建周期变长，并且移植性较差。

2）基于统计模型的方法。

基于统计模型的方法利用完全标注或部分标注的语料进行模型训练，主要采用的模型包括隐马尔可夫模型（Hidden Markov Model，HMM）、条件马尔可夫模型（Conditional Markov Model，CMM）、最大熵模型（Maximum Entropy Model，MEM）以及条件随机场模型（Conditional Random Fields，CRF）。该类方法将命名实体识别作为序列标注问题处理。与普通的分类问题相比，序列标注问题中当前标签的预测不仅与当前的输入特征相关，还与之前的预测标签相关，即预测标签序列是有强相互依赖关系的。从自然文本中识别实体是一个典型的序列标注问题。基于统计模型构建命名实体识别方法主要涉及训练语料标注、特征定义和模型训练 3 个方面。

- 训练语料标注。为了构建统计模型的训练语料，一般采用 Inside-Outside-Beginning（IOB）或 Inside-Outside（IO）标注体系对文本进行人工标注。

- 特征定义。在训练模型之前，统计模型需要计算每个词的一组特征作为模型的输入。这些特征具体包括单词级别特征、词典特征和文档级别特征等。单词级别特征包括是否首字母大写，是否以句点结尾，是否包含数字、词性、词的 n-Gram 等。词典特征依赖外部词典定义，例如预定义的词表、地名列表等。文档级别特征基于整个语料文档集计算，例如文档集中的词频、同现词等。

- 模型训练。隐马尔可夫模型和条件随机场模型是两个常用于标注问题的统计学习模型，也被广泛应用于实体抽取问题。HMM 是一种有向图概率模型，模型中包含了隐藏的状态序列和可以观察的观测序列。每个状态代表了一个可观察的事件，观察到的事件是状态的随机函数。HMM 模型结构如图 3-22 所示，每个圆圈代表一个随机变量，随机变量 X_t 是 t 时刻的隐藏状态；随机变量只是 t 时刻的观测值，图中的箭头表示条件依赖关系。

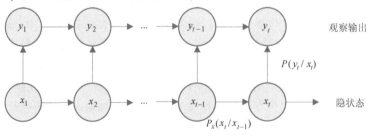

图 3-22　HMM 模型结构

3）基于深度学习的方法。

随着深度学习方法在自然语言处理领域的广泛应用，深度神经网络也被成功应用于命名实体识别问题，并取得了很好的效果。与传统统计模型相比，基于深度学习的方法直接以文本中词的向量为输入，通过神经网络实现端到端的命名实体识别，不再依赖人工定义的特征。目前，用于命名实体识别的神经网络主要有卷积神经网络（Convolutional Neural Network，CNN）、循环神经网络（Recurrent Neural Network，RNN）以及引入注意力机制（Attention Mechanism，AM）的神经网络。一般来说，不同的神经网络结构在命名实体识别过程中扮演编码器的角色，它们基于初始输入以及词的上下文信息，得到每个词的新向量表示，最后再通过 CRF 模型输出对每个词的标注结果。

（2）属性抽取

属性抽取的目标是根据已知的实体找出该实体所拥有的属性信息。例如对于某个公司实体，可以从网络公开信息中得到公司的创建日期、注册资金、位置等信息。属性主要是针对实体而言的，以实现对实体的完整描述，也可理解为属性对于实体而言是一种另类的关系，因此可将属性抽取任务转化为实体与属性之间的关系抽取任务。尽管目前所研究的方法可从百科类网站得到属性信息，但在互联网中充斥着大量的非结构化信息，且非结构化信息包含丰富的属性知识，因此如何从庞大的非结构化数据中找到实体属性信息为目前主要的研究方向。一种解决方案是将解决半结构化数据的方法直接应用至非结构化数据中；另一种方案是采用数据挖掘方法，提取实体与属性之间的某些特征进行属性抽取。

（3）关系抽取

关系抽取最终要达到的目标为根据数据信息得到实体与实体存在的某种联系，从而将离散的实体联系起来获得原始数据完整的语义信息。目前，关系抽取方法可以分为基于模板的关系抽取方法、基于监督学习的关系抽取方法和基于弱监督学习的关系抽取方法。前期所提出的关系抽取方法多是针对特定领域语料的关系进行抽取的，需要自行预先对语料中的关系进行定义。

针对特定领域关系的抽取，最早采用的是基于模式匹配方法，该类方法通常首先对文本进行分割，然后利用分词、词性标注以及与句法及语义分析的相关技术结合制定的模板规则进行规则的抽取。此类方法依赖于自然语言处理工具，对结构性强的语料较为适用，拥有较高的精度，但泛化能力不高。随着机器学习的应用，上述缺点得到了有效解决，根据标注数据的不同，可以分为有监督关系抽取、半监督关系抽取以及无监督关系抽取 3 种。

1）基于模板的关系抽取方法。

早期的实体关系抽取方法大多基于模板匹配实现。该类方法基于语言学知识，结合语料的特点，由领域专家手工编写模板，从文本中匹配具有特定关系的实体。在小规模、限定领域的实体关系抽取问题上，基于模板的方法能够取得较好的效果。

例如根据以下关系模板。

- 模板 1：［X］导致［Y］…
- 模板 2：［X］是因为［Y］…

利用上述模板在文本中进行匹配，可以获得具有"因果"关系的实体。为了进一步提高模板匹配的准确率，还可以将句法分析的结果加入模板中。基于模板的关系抽取方法的优点是模板构建简单，可以比较快地在小规模数据集上实现关系抽取系统。但是，当数据规模较大时，手动构建模板需要耗费领域专家大量的时间。此外,基于模板的关系抽取系统可移植性较差,当面临另一个领域的关系抽取问题时,需要重新构建模板。最后,由于手动构建的模板数量有限,模板覆盖的范围不够,基于模板的关系抽取系统召回率普遍不高。

2)基于监督学习的关系抽取方法。

基于监督学习的关系抽取方法将关系抽取转化为分类问题,在大量标注数据的基础上,训练有监督学习模型进行关系抽取。利用监督学习方法进行关系抽取的一般步骤包括:预定义关系的类型、人工标注数据、设计关系识别所需的特征(一般根据实体所在句子的上下文计算获得)、选择分类模型(如支持向量机、神经网络和朴素贝叶斯等)、基于标注数据训练模型、对训练的模型进行评估。在上述步骤中,关系抽取特征的定义对于抽取的结果具有较大的影响,因此大量的处理工作围绕关系抽取特征的设计展开。

3)基于弱监督学习的关系抽取方法。

基于监督学习的关系抽取方法需要大量的训练语料,特别是基于深度学习的方法,模型的优化更依赖大量的训练数据。当训练语料不足时,弱监督学习方法可以只利用少量的标注数据进行模型学习。基于弱监督学习的关系抽取方法主要包括远程监督方法和 Bootstrapping 方法。

● 远程监督方法。远程监督方法通过将知识图谱与非结构化文本对齐的方式自动构建大量的训练数据,减少模型对人工标注数据的依赖,增强模型的跨领域适应能力。远程监督方法的基本假设是如果两个实体在知识图谱中存在某种关系,则包含两个实体的句子均表达了这种关系。

● Bootstrapping 方法。Bootstrapping 方法利用少量的实例作为初始种子集合,然后在种子集合上学习获得关系抽取的模板,再利用模板抽取更多的实例,加入种子集合中。通过不断地迭代,Bootstrapping 方法可以从文本中抽取关系的大量实例。

3. 知识融合

经过知识抽取任务后获得了数据中的实体、属性及实体间的关系信息,但抽取过程采用的是自动化抽取方式,抽取的知识可能包含错误信息,如一词多义的词语信息等。因此,有必要进行知识整理和融合。

知识融合从融合层面划分可以分为数据层知识融合与概念层知识融合。数据层知识融合主要包括实体链接、实体消歧,是面向知识图谱实例层的知识融合;概念层知识融合主要包含本体集成与本体映射。

(1)数据层知识融合

实体链接(Entity Linking)是指在已有知识库中找到从文本信息中抽取的实体对象,防止出现实体错误链接。初期的实体链接研究仅考虑采用技术将某一实体链接至知识库中的实体对象。但在同一篇文档中,多个实体之间有存在语义联系的可能性或者同一个含义可能会有多种实体表示。因此,学者们开始考虑实体上下文环境的共现问题,提出在同一时间内将多个实体进行知识库实体链接,这种方法称为集体实体链接(Collective Entity Linking)。

实体消歧(Entity Disambiguation)是用于解决同一词语含有多义的技术。实体消歧主要采用的方法是聚类法。聚类法是以某一实体对象为中心,聚类后的同一类别是指同时指向同一中心的所有实体。聚类方法消歧的关键问题是如何判断实体对象与另一实体指称项的相似度,常用的方法有空间向量模型（词袋模型）、语义模型、社会网络模型、百科知识模型等。

（2）概念层知识融合

本体集成是指直接将多个本体合并为一个大本体，本体映射则是指寻找本体间的映射规则。这两种方法最终都是为了消除本体异构，达到异构本体间的互操作。图 3-23 所示为本体映射和本体集成的示意图，图中不同的异构本体分别对应不同的信息源。为了实现基于异构本体系统间的信息交互，本体映射的方法在本体之间建立映射规则，信息借助这些规则在不同的本体间传递。而本体集成的方法则将多个本体合并为一个统一的本体，各异构系统使用这个统一的本体，这样一来，它们之间的交互可以直接进行，从而解决了本体异构问题。

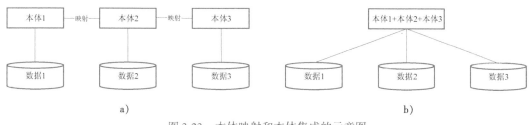

图 3-23　本体映射和本体集成的示意图

a）本体映射　b）本体集成

4. 知识存储

知识存储，顾名思义为针对构建完成的知识图谱设计底层存储方式，完成各类知识的存储，包括基本属性知识、关联知识、事件知识、时序知识、资源类知识等。知识存储方案的优劣会直接影响查询的效率，同时也需要结合知识应用场景进行良好的设计。

目前，主流的知识存储解决方案包括单一式存储和混合式存储两种。在单一式存储中，可以通过三元组、属性表或者垂直分割等方式进行知识的存储。其中，三元组的存储方式较为直观，但在进行连接查询时开销巨大。属性表是指基于主语的类型划分数据表，其缺点是不利于缺失属性的查询。垂直分割是指基于谓词进行数据的划分，其缺点是数据表过多，且写操作的代价比较大。

对于知识存储介质的选择，可以分为原生（Neo4j、AllegoGraph）和基于现有数据库（MySQL、MongoDB）两类。原生存储的优点是其本身已经提供了较为完善的图查询语言或算法的支持，但不支持定制，灵活程度不高，对于复杂节点等极端数据情况的表现非常差。因此，有了基于现有数据库的自定义方案，这样做的好处是自由程度高，可以根据数据特点进行知识的划分、索引的构建等，但增加了开发和维护成本。

所以，目前尚没有一个统一的可以实现所有类型知识存储的方式。因此，如何根据自身知识的特点选择知识存储方案，或者进行存储方案的结合，以满足针对知识的应用需要，是知识存储过程中需要解决的关键问题。

5. 知识计算与应用

知识计算是知识图谱能力输出的主要方式，通过知识图谱本身能力为传统的应用提升服务效率和质量。其中，图挖掘计算和知识推理是最具代表性的两种能力，如何将这两种能力与传统应用相结合是需要解决的一个关键问题。

知识推理一般运用于知识发现、冲突与异常检测，是知识精细化工作和决策分析的主要实现方式。知识推理又可以分为基于本体的推理和基于规则的推理。一般需要依据行业应用的业务特征进行规则的定义，并基于本体结构与所定义的规则执行推理过程，给出推理结果。知识推理的关键问题包括：大数据量下的快速推理、记忆对于增量知识和规则的快速加载。

知识图谱的挖掘计算与分析是指基于图论的相关算法，实现对图谱的探索与挖掘。图计算能力可辅助传统的推荐、搜索类应用。知识图谱中的图算法一般包括图遍历、最短路径、权威节点分析、族群发现最大流算法、相似节点等，大规模图上的算法效率是图算法设计与实现的主要问题。

知识应用是指将知识图谱特有的应用形态与领域数据和业务场景相结合，助力领域业务转型。知识图谱的典型应用包括语义搜索、智能问答以及可视化决策支持。如何针对业务需求设计实现知识图谱应用，并基于数据特点进行优化调整，是知识图谱应用的关键研究内容。

其中，语义搜索是指基于知识图谱中的知识，解决传统搜索中遇到的关键字语义多样性及语义消歧的难题，通过实体链接实现知识与文档的混合检索。语义检索需要考虑如何解决自然语言输入带来的表达多样性问题，同时需要解决语言中实体的歧义性问题。

而智能问答是指针对用户输入的自然语言进行理解，从知识图谱或目标数据中给出用户问题的答案。智能问答的关键技术及难点如下。

- 准确的语义解析，如何正确理解用户的真实意图。
- 对于返回的答案，如何评分以确定优先级顺序。

可视化决策支持是指通过提供统一的图形接口，结合可视化、推理、检索等，为用户提供信息获取的入口。对于可视化决策支持，需要考虑的关键问题包括：如何通过可视化方式辅助用户快速发现业务模式；如何提升可视化组件的交互友好程度，例如高效地缩放和导航；如何提高大规模图环境下底层算法的效率。

3.2.3 知识图谱在智能运维中的应用

在智能运维之前，不同应用或者设备产生的海量运维数据如孤岛一般独立存在，智能运维借助现有的大数据以及机器学习技术将监控、自动化以及应用服务连接起来，解决了以往从业务角度或者单一业务、单一规则无法解决的运维问题。智能运维的实施需要依托人工智能技术，那么身为认知智能时代基础设施的知识图谱自然不可或缺。

从目前智能运维的发展方向来看，知识图谱在智能运维中主要有以下应用。

- **异常事件根因分析**。一个智能运维系统从流程上可以分为 3 个部分：监控、分析和推送。监控是通过对单一或者多维时序指标、日志等记录进行分析，感知系统运行状态，挖掘异常事件，根据监控规则产生告警；分析是负责对各类监控系统的告警信息进行汇总并格式化处理，并根据建立的知识图谱推理进行故障根因定位推理，定位最终告警原因，确定故障根源；推送是根据定位出的故障根因进行故障信息通告。
- **异常告警收敛**。基础设施的复杂性导致告警事件频繁推送，面对海量的运维监控数据，系统和指标间关联关系越来越复杂。一个节点出现故障，极易引发告警风暴，波及更广的范围，导致定位问题费时费力。通过知识图谱对告警的传播路径和影响范围进行分析，可以对告警进行收敛，减少无用告警数目，以缓解告警风暴。

- **ChatBot 式运维知识库**。通过对以往运维案例库的梳理，还可以对异常事件进行解决方案的推荐等。图 3-24 所示为知识图谱在 AIOps 中的应用，通过打造问答式知识图谱，可以做到在 AIOps 中通过机器来解答一些专业的运维问题。例如一个电信核心网络运维专家可以回答和解决的一些专业领域问题，通过案例库建立知识图谱后机器也能做到，甚至可以进行更为深刻的理解和推理演绎，进而让机器能辅助人达到提高运维效率、降低运维成本和节省时间的目的。未来演进到网络自动驾驶的高级阶段，可以减少甚至消除网络运维工程师和网络专家的运维值守压力，提供更精准更人性化的智能服务。

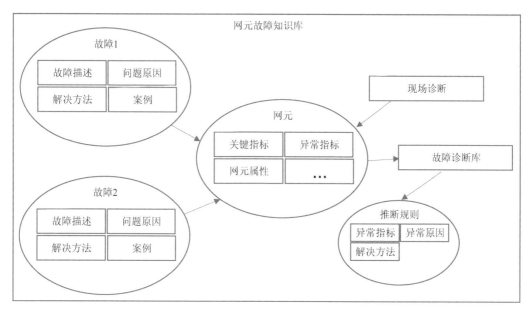

图 3-24　知识图谱在 AIOps 中的应用

3.3　自然语言处理

在智能运维中，通过在以往的 Ops 或者 DevOps 阶段积累的案例库来建立知识图谱，并以此建立专业运维领域问答知识库，可以让机器代理运维人员进行更为深入的推理演绎，达到让机器辅助人来提高运维效率、降低运维成本和节省时间的目的。而在这些原始的文本案例库中，大部分的知识是半结构化或者非结构化的，为了从海量的原始文本中提取出有用的信息，往往需要借助一些自然语言处理的手段与算法清洗数据，来帮助提取出建立知识图谱所需的实体与关系。不仅仅是在知识抽取阶段，在知识融合阶段，也是需要用到自然语言处理的相关算法来进行实体的消歧。

3.3.1　领域短语挖掘

短语挖掘一般应用于构建某一垂直领域的知识图谱，用于发现领域相关的短语，进而找到其中垂直领域下相关的实体。本节将围绕领域短语挖掘展开，首先介绍领域短语挖掘的定义以及与相关任务，接着介绍领域短语挖掘的两类方法：无监督学习方法和监督学习方法。

1. 领域短语挖掘的定义

领域短语挖掘的输入是领域语料，输出是领域短语。早期这项工作称为词汇挖掘（Gosary Extractio），现在也使用短语挖掘（Phrase Mining）来描述。这里的短语指一个单词（Single-word Phrase，如 USA）或多个连续的单词（Multi-word Phrase，如 support vector machine）组成的单词序列。与英文通过单词和空格进行连接不同，中文直接通过多个字组成序列。

领域短语挖掘和关键词抽取的区别在于，关键词抽取是从语料中提取最重要、最有代表性的短语，抽取的短语数量一般比较少，比如，写论文的时候在摘要下面一般会附上五六个关键词。领域短语挖掘和新词发现的区别在于，新词发现的主要目标是发现词汇库中不存在的新词汇，而领域短语挖掘不区别新短语和词汇库中已有的短语。新词发现可以通过在领域短语挖掘的基础上进一步过滤已有词汇来实现。

2. 领域短语挖掘的方法

早期的短语挖掘主要基于规则来挖掘名词性短语。最直接的方法是通过预定义的词性标签（POS Tag）规则来识别文档中的高质量名词短语。但规则一般是针对特定领域人工定义的，存在一定的局限性。一方面，人工定义的规则通常只适用于特定领域，难以适用于其他领域。另一方面，人工定义规则代价高昂，难以穷举所有的规则，因此在召回率上存在一定的局限性。为了避免人工定义规则的高昂代价，可利用标注好词性的语料来自动学习规则，如使用马尔可夫模型来完成这一任务。但是，词性标注不能做到百分百的准确，这会在一定程度上影响后续规则学习的准确率。

近年来，利用短语的统计指标特征来挖掘词汇成为主流方法之一。基于统计指标的领域短语挖掘方法可以分为无监督学习和监督学习两大类方法。无监督学习适用于缺乏标注数据的场景，监督学习适用于有标注数据的场景。

无监督学习方法主要通过计算候选短语的统计指标特征来挖掘领域短语，主要流程如图 3-25 所示，包括以下几步。

1）候选短语生成：这里的候选短语就是高频的 N-Gram（连续的 N 个字/词序列）。首先设定 N-Gram 出现的最低阈值（阈值和语料的大小成正比，语料越大，阈值越大），通过频繁模式挖掘得到出现次数大于或等于阈值的 N-Gram 作为候选短语。

2）统计特征计算：根据语料计算候选短语的统计指标特征，如 TF-IDF（频率-逆文档频率）等。

3）质量评分：将这些特征的值融合（如加权求和等）得到候选短语的最终分数，用该分数来评估短语的质量。

4）排序输出：对所有候选短语按照分数由高到低排序，通常取前 k 个短语或者取根据阈值筛选出的短语作为输出。

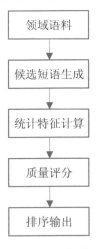

图 3-25　无监督学习
领域短语挖掘流程

基于监督学习的领域短语挖掘在无监督学习的基础上增加了两个步骤，如图 3-26 所示，样本标注和分类器学习。前者负责构造训练样本，后者根据样本训练一个二元分类器以预测候选短语是否为高质量短语。

（1）样本标注

样本标注可以是人工标注或者远程监督标注。人工标注是指由人手动标注候选短语是否为高质量的。远程监督标注一般用已有的在线知识库作为高质量短语的来源，如果候选短语是在线知识库的一个词条，则其被视作高质量短语，否则被视作负样本。

（2）分类器学习

根据正负样本学习一个二元分类器。分类器模型可以是决策树、随机森林或者支持向量机。对于每个样本，使用统计指标（TF-IDF 等）构造相应的特征向量。

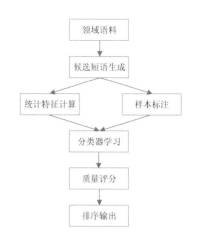

图 3-26　监督学习领域短语挖掘流程

上述方法根据原始词频的相关统计特征来判定候选短语的质量，因此词频统计的准确性会对最终的打分产生显著影响。直接的统计方法会从文本中枚举所有的 N-Gram 并统计其相应的出现次数作为词频。这就导致了子短语的词频一定大于父短语，比如在人工智能语料中"向量机"和"支持向量"的词频一定大于或等于"支持向量机"。但事实上"支持向量机"的质量更高，因此基于原始词频的质量估计有偏差，不足以采信。导致这一估计偏差的根本原因在于，一旦认定某个父短语（比如"支持向量机"）是高质量短语，那么它的一次出现就不应该重复累积到其任何子短语上。

因此，基于 N-Gram 的原始频次统计方法需要修正与优化。考虑到在构建了高质量候选短语的判定模型之后，可以尝试利用模型来识别高质量短语。再根据已经发现的高质量短语对语料进行切割，在切割的基础上重新统计词频，改进词频统计的精度。

基于监督学习的领域短语挖掘方法经过优化后，采取迭代式计算框架，在迭代的每一轮先后进行语料切割和统计指标更新。由于切割可以提升频次统计的精度，基于相应统计特征构建的高质量短语识别模型也就更加精准，从而能更好地识别高质量短语。而高质量短语的精准识别又可以进一步更好地指导语料切割。语料切割与高质量短语识别两者之间相互增强。经过多次迭代，直至候选短语得分收敛。最终，依据每个候选短语的最后得分识别语料中的高质量短语。这一迭代式短语挖掘过程如图 3-27 所示。在图 3-27 所示的过程中，语料切割后通常还会根据切割出的短语词频对候选短语进行过滤。

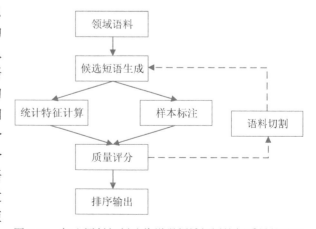

图 3-27　加入语料切割迭代增强领域短语挖掘质量的过程

3. 统计指标特征

词频-逆文本频率（Term Frequency-Inverse Document Frequency，TF-IDF）是一种统计方法，用以评估一个词对于一篇文章的重要性。字词的重要性随着它在文件中出现的次数成正比增加，但同时会随着它在语料库中出现的频率成反比下降。它由两部分组成，TF 和 IDF。

词频（Term Frequency，TF）表示一个给定词语 t 在一篇给定文本 d 中出现的频率。TF 越高，则词语 t 对文本 d 来说越重要；TF 越低，则词语 t 对文本 d 来说越不重要。对于在某一文本 d_j 里的词语 t_i 来说，t_i 的词频可表示为：

$$TF_{i,j} = \frac{n_{i,j}}{\sum_k n_{k,j}} \qquad (3\text{-}1)$$

其中 $n_{i,j}$ 是词语 t_i 在文本 d_j 中的出现次数，分母则是在文本 d_j 中所有词语的出现次数之和。

逆文件频率（Inverse Document Frequency，IDF）的主要思想是：如果包含词语 t 的文本越少，则 IDF 越大，说明词语 t 在整个文本集层面上具有很好的类别区分能力。某一特定词语的 IDF，可以由总文本数除以包含该词语的文本数，再将得到的商取对数得到：

$$IDF_i = \log\left(\frac{|D|}{|\{j : t_i \in d_j\}|}\right) \qquad (3\text{-}2)$$

其中 $|D|$ 是语料库中所有文本总数，分母是包含词语 t_i 的所有文本数。

有了 IDF 的定义，就可以计算某一个词的 $TF\text{-}IDF$ 值：

$$TF\text{-}IDF = TF \times IDF \qquad (3\text{-}3)$$

大多数情况下文本共有词汇越多越有可能是重复问题，$TF\text{-}IDF$ 更是代表了单词在文本中的重要程度，可以帮助排除"is"这种无意义共有单词的影响。

3.3.2 同义词匹配

同义词是指意义相近或者相同的词。同义词主要特征是它们语义上相同或者相似，但是同义关系非常复杂，例如以下情况。

- 词语在不同语言中的翻译，例如"深度学习"和"Deep Learning"。
- 具有相同含义的词，例如"高请求量"和"高并发"。
- 简称或者别名，例如"信息技术"和"IT"、"人工智能"和"AI"

对于缩略的简称，一般是保留全称的字符。关于挖掘同义词有各种各样的方法，每种方法都有自己的优缺点，具体采用哪种方法或者哪些方法的组合主要依据如何更好地降低人力成本。本节将列出了一些常见的方法，读者可以在使用中根据实际需求进行选择和取舍。

1. 词袋模型

词袋模型（Bag of Words，BoW）是一种用机器学习算法对文本进行建模时表示文本数据的方法。词袋模型假设不考虑文本中词与词之间的上下文关系，仅仅只考虑所有词的权重，而权重与词在文本中出现的频率有关。词袋模型首先会进行分词，在分词之后，通过统计每个词在文本中出现的次数，就可以得到该文本基于词的特征。如果将各文本样本的这些词与对应的词频放在一起，就是向量化。向量化完成后一般也会使用 TF-IDF 进行特征的权重修正，再修正后再对特征进行标准化，就可以通过计算特向量距离来表示词语间的相似程度了。

2. Jaccard 系数

假设给定两个集合 A、B，Jaccard 系数定义为 A 与 B 交集的大小与 A 与 B 并集的大小的比值，公式如下。

$$J(A,B) = \frac{|A \cap B|}{|A \cup B|} = \frac{|A \cap B|}{|A| + |B| - |A \cap B|} \tag{3-4}$$

当集合 A、B 都为空时，$J(A,B)$ 定义为 1。与 Jaccard 系数相关的指标叫作 Jaccard 距离，用于描述集合之间的相似度。Jaccard 距离越大，样本相似度越低。公式定义如下。

$$d_i(A,B) = 1 - J(A,B) = \frac{|A \cup B| - |A \cap B|}{|A \cup B|} = \frac{A \triangle B}{|A \cup B|} \tag{3-5}$$

其中对称差（Symmetric Difference）$A \triangle B = |A \cup B| - |A \cap B|$。一般 Jaccard 距离可以用来计算两段文本提取出词汇集合之间的相似性。

3. Glove 模型

Glove（Global Vectors for Word Representation）模型是一个基于全局词频统计的词表征工具。它可以把一个单词表达成一个由实数组成的向量，这些向量捕捉到了单词之间一些语义特性，比如相似性（Similarity）、类比性（Analogy）等。通过对向量的运算，比如欧几里得距离或者余弦相似度，可以计算出两个单词之间的语义相似性。

4. 语义相似度计算

通过使用 Glove 模型得到单词的词向量，然后使用不同的相似度计算方法得到问题对的相似度。余弦相似性通过测量两个向量夹角的余弦值来度量它们之间的相似性。两个向量间的余弦值可以通过使用欧几里得点积公式求出。

$$\cos(\theta) = \frac{A \cdot B}{\|A\| \|B\|} = \frac{\sum_{i=1}^{n} A_i \times B_i}{\sqrt{\sum_{i=1}^{n} (A_i)^2} \times \sqrt{\sum_{i=1}^{n} (B_i)^2}} \tag{3-6}$$

这里的 A_i 和 B_i 分别代表向量 A 和 B 的各分量。

曼哈顿距离（Manhattan Distance）也称城市街区距离（City Block Distance），是向量各坐标的绝对值做差后求和，公式如下。

$$d(A,B) = \sum_{i=1}^{n} |A_i - B_i| \tag{3-7}$$

欧氏距离（Euclidean Distance）源自欧氏空间中两点间的距离公式，计算方式如下。

$$d(A,B) = \sqrt{\sum_{i=1}^{n} |A_i - B_i|^2} \tag{3-8}$$

闵可夫斯基距离（Minkowski Distance）代表一组距离的定义，公式如下。

$$d(A,B) = \sqrt[p]{\sum_{i=1}^{n} |A_i - B_i|^p} \tag{3-9}$$

当 $p=1$ 时，就是曼哈顿距离；当 $p=2$ 时，就是欧氏距离，在本项目中设置 $p=3$。

Bray-Curtis 距离：

$$d(A,B) = \frac{\sum_{i=1}^{n} |A_i - B_i|}{\sum_{i=1}^{n} |A_i + B_i|} \tag{3-10}$$

Canberra 距离：

$$d(A,B) = \sum_{i=1}^{n} \frac{|A_i - B_i|}{|A_i| + |B_i|} \tag{3-11}$$

5. 潜在语义分析 LSA/SVD

潜在语义分析（LSA）是一种用于知识获取和展示的计算理论和方法。它使用统计计算的方法对大量的文本集进行分析，从而提取和表示出词的语义。LSA/SVD 是目前普遍使用的典型 LSA 空间的构造方法。通过对文本集的词条-文本矩阵的奇异值分解（Singular Value Decomposition，SVD）计算，并提取 K 个最大的奇异值及其对应的奇异矢量构成新矩阵来近似表示原文本集的词条-文本矩阵，同样也是计算两个矩阵间的不同距离表示相似性。

3.3.3 命名实体识别

命名实体识别（Named Entity Recognition，NER）是在给定的非结构化文本中，提取出具体实体或者抽象实体的单词或词组，是实体语义表示、知识结构化和数字化的基础。一般命名实体识别主要是识别出文本中的 3 大类和 7 小类。3 大类包括数字、时间和实体；7 小类包括人名、地名、机构组织名、日期、时间、百分比和货币。而在特殊的领域将需要识别领域内自定义的实体类型。由于汉字中词的边界具有模糊性，且待识别文本中存在许多未登录词，所以实体识别具有较大的难度。现在常用的实体识别方法主要有以下几种。

- 基于规则的方法：主要是依据语言学专家构建的语言规则模板，通过文本与规则模板进行匹配，从而识别实体。这种方法依赖于词典和知识库的建立，可移植性较小、人工成本较高。
- 基于统计的方法：该方法主要将实体识别问题看作为一个序列标注和多分类的问题。在多分类思想中是通过先识别实体边界，再对实体进行分类，常用的方法是 SVM、ME 等。序列标注是对训练词进行特征标注，然后通过统计方法训练提取模型，常用的方法是 HMM、CRF 等。
- 基于神经网络的方法：将命名实体识别看作序列标注任务，减少人工特征标注，利用词向量表示词语，以词向量作为特征，通过模型训练得到未知实体，常用的方法有 LSTM、Bi-LSTM、LSTM-CRF 等。

第4章

智能运维中的常用算法

智能运维是人工智能兴起后一个相对小众的应用方向，相较于计算机视觉（CV）、自然语言处理（NLP）等热点 AI 方向，智能运维自然场景孕育的算法少之又少，更多的是结合实际应用对已有算法的迁移和改造。本章主要聚焦异常检测、故障定位、趋势预测、事物分类等智能运维典型场景，研究对照各场景中常用典型算法，澄清相关理论概念，为案例实操提供理论基础。

本章将从以下几个方面阐述智能运维中的常用算法。

- 异常检测算法及其应用。
- 根因诊断算法及其应用。
- 趋势预测算法及其应用。
- 事物分类算法及其应用。

4.1 异常检测算法

质量保障是运维的基本诉求，随着业务的不断发展，系统繁杂程度、技术迭代频率、承载用户数量越来越庞大。传统的依靠人工手段筛查个别关键指标已不再能满足业务需求，迫切需要一种智能化、高效的技术手段排查预警潜在威胁。

异常检测算法目前已经在智能运维中得到了广泛的应用。在网络运维中，通过离群值检测可以快速筛查出网络连接较差的小区；在网络安全入侵防护中，基于异常行为挖掘可以快速识别黑客攻击；在银行反欺诈检测中，基于用户购买习惯可以快速甄别恶意盗刷操作等。

尽管智能运维不同场景对异常数据描述有所区别，如离群值、异常值。识别方法也被称为异常检测、噪声识别和偏差检测等，但其使用的分类和识别方法大同小异，均通过输入指定类型特征数据（如时间序列数据、图形数据、行为数据库），筛选出与大部分样本分布存在显著差异的异常点。

如 1.3.1 节对异常的定义，异常可划分为 3 种类型，即点异常、周期异常和集合异常。而根据是否有异常样本标记，可将异常检测方法分为有监督、无监督和半监督 3 种类型。

无论是何种异常类型，使用了何种异常检测方法，一般检测算法结果都会输出异常标签和异常概率。运维工程师可以根据工作需要合理设置异常概率阈值，选择性地维护异常实例。

异常检测算法通常分为两个阶段：训练阶段和测试阶段，其核心思想是用历史数据去训练模型优化参数，然后再去检测新的数据是否存在异常。根据有无标签检测，算法分为有监督、无监督和半监督；根据检测使用的策略，又可分为概率模型检测算法、最近邻检测算法和聚类异常检测算法、运维专家经验综合评价法。

4.1.1 基于概率模型的检测方法

基于概率模型的检测算法通常分为两步，首先假定数据服从指定的分布，如常见的正态分布、指数分布等；然后依次计算每个点在分布中的概率，并分析该点是否异常。例如 3δ 准则，假定一维数据服从正态分布，如果某些值超过 3 倍标准差，那么可以将其视为异常点。基于概率模型的异常检测算法具有方法简单、响应快等优势。但由于其存在较强的假设条件，一旦选择了错误的分布模型，检测对象就很容易被误判为异常点。本节总结归纳了现有基于概率模型的方法，见表4-1。

表 4-1 基于概率模型异常检测的主要研究

文　　献	作者	使用方法及优势	应用场景
《一种基于概率统计的网络异常检测方法》	李际磊	通过统计 IP、端口、时间、周期等因子来判断网络行为是否异常；通过对算法的不断优化与试验，该方法对 DDoS 攻击、木马盗窃等网络异常行为有较高的检测准确率和速度	网络入侵检测系统
《基于概率统计的地铁出行异常的集成检测方法及验证》	陈开河等	提出基于概率统计的地铁出行异常的集成检测方法。该方法包含 3 个方面相关联的检测算法：出行时间、出行时间差、出行时间比值。经过试验，该方法有效可行，而且与其相关联的 3 个算法形成互补，极大地提高了检测率	地铁出行存在的异常情况

（续）

文　　献	作者	使用方法及优势	应 用 场 景
《基于概率统计模型的电力 IT 监控对象特征异常检测》	卫薇	基于统计模型的电力 IT 监控对象特征数的异常检测方法	电力 IT 系统监控异常检测
《基于统计方法的异常点检测在时间序列数据上的应用》	曹晨曦	提出一种基于统计的时间序列数据的异常点检测方法，该方法能有效地检测出异常点出现的位置，从而避免异常点对时间序列数据带来的负面影响	数据预处理

4.1.2　基于邻近度的检测方法

根据异常点识别方法和度量指标的差异，基于邻近度的检测方法又可分为全局近邻算法和局部近邻算法。全局近邻算法大多是基于距离的异常检测；局部近邻算法则普遍基于密度进行异常点识别。本节总结归纳了现有基于邻近度的检测方法，见表 4-2。

1. 基于距离的异常检测算法

基于距离的异常检测算法主要应用于全局近邻，代表算法是 K 最近邻（K Nearest Neighbor，KNN）检测方法。KNN 主要思想是在多维数据集中，计算每个点最近相邻的 K 个数据点，并根据得到的这 K 个邻居点计算异常分数。异常分数评估通常有两种计算方式：第一种是取 K 个点中最短的距离作为结果；第二种是对 K 个点的距离求平均值，用平均距离作为异常分数的结果。通常情况下，第二种评估方法识别的准确率更高。

2. 基于密度的异常检测算法

由于部分数据集存在分布不均匀的现象，有稠密的地方，有疏松的地方，分割的阈值难以确定。为解决这一问题，研究者提出基于密度的异常检测算法。基于密度的异常检测算法首先是将每个数据点所在坐标的密度和周围空间密度做比较，其邻域密度越低，越有可能是异常点。常见算法有局部离群因子法（Local Outlier Factor，LOF）、影响离群值法（influence outlierness，INFLO）、局部异常概率法（local outlier pobabilities，LoOP）等。

LOF 算法通过计算每个样本点的异常值来评估其是否为异常。异常值计算方法为："该样本邻域样本点所处位置的平均密度"除以"该样本点所在位置密度"。比值越大说明该点所在的邻域密度较低，则越有可能是异常点。LOF 算法虽然实现简单，但时间复杂度较大，算法效率较低。此外，LOF 算法常常将边界点误判为异常点，在实际应用中需要对算法进行优化。

不同于 LOF 算法，INFLO 算法计算其异常分数时，不仅考虑其近邻空间中包含的数据实例的局部密度，同时也考虑其逆近邻空间中包含的数据实例的局部密度，改善了边界点误判异常的问题。为实现云平台虚拟机的实时异常检测，重庆大学段振岳对 INFLO 异常检测算法进行了增量式改进。其首先利用有向图存储离线采集的虚拟机实例之间的对称邻居关系，构建上下文异常检测模型；然后通过涉及的插入与删除算法，对新采集的虚拟机实例进行增量式的异常检测，从而达到实时检测的效果。

不论是 KNN 算法，还是 LOF 算法、INFLO 算法，其最终输出的都是异常分数而非异常点结果。具体判断是否为异常点，还需要人工分析后设置阈值进行筛选。LoOP 算法通过输出异常概率来解决上述问题。LoOP 算法的基本原理是假设距离最近的邻居节点服从高斯分布。LoOP 算法在每个数据点与其邻居节点产生一个局部异常检测分数后，基于归一化函数和高斯误差函数，将异常检测分数转换成异常概率进行输出，使得异常结果更加明确。

表 4-2　基于邻近度的异常检测的主要研究

分类	文　献	作者	使用方法及优势	应用场景
基于距离的异常检测算法	《基于空间几何法和距离法的柴油机异常热工参数检测方法》	曾存等	提出基于空间几何法和距离法的柴油机异常热工参数检测方法。通过对热工参数进行试验，验证了两种方法的可行性，同时也能快速准确地确定异常样本数据	柴油机异常检测
	《一种基于欧式距离的在线异常检测算法》	霍文君等	通过总结已有异常检测算法存在低准确率问题，在现有的时间序列异常检测算法中，结合优点，弥补不足，提出一种新的基于欧氏距离的在线异常检测算法	通用异常检测
基于邻近度的异常检测方法	《基于 LOF 算法的规律异常车辆检测》	高泽雄	首先对卡口过车的轨迹数据进行特征提取，然后利用 LOF 算法对车辆的规律进行异常检测，从而发现规律异常车辆	异常车辆检测
	《基于 LOF 的电力数据网业务流量异常检测》	应裴昊等	提出基于 LOF 的电力数据网业务流量异常检测方法。该方法通过对 LOF 算法进行改进，计算每个流量包与附近流量包的分隔程度，进而推算出是否存在异常。该方法在准确率和检测效率上均有提高	电力数据网流量异常检测
	《云平台中虚拟机异常检测方法研究》	段镇岳	针对上下文类簇异常检测问题中提出基于 INFLO 的增量式异常检测算法。该算法对于每一个上下文类簇，通过构建模型，将采集到的上下文信息与构建模型进行匹配，最终得出结果。该方法能大幅度提高检测效率	云平台虚拟机异常检测

4.1.3　基于分类的检测方法

基于分类的检测方法通常包括聚类的无监督检测、支持向量机、贝叶斯网络、神经网络 4 大类。

1. 基于聚类的无监督检测方法

聚类分析就是将未标记的数据对象分组成为多个类或簇，在同一个簇中的对象之间具有较高的相似度，而不同簇中的对象差别较大。将聚类应用于异常检测算法中通常基于以下三种假设。

假设一：不属于任何簇类的点就是异常点，代表方法是基于密度的噪声应用空间聚类算法（Density-Based Spatial Clustering of Applications with Noise，DBSCAN）。DBSCAN 算法是一种典型的基于密度的聚类算法，该算法通过将紧密相连的样本划分为不同的类别，最终得出聚类类别结果。

假设二：距离最近的聚类结果较远的点为异常点，常见方法是 K-means 算法。该算法首先对数据进行聚类，然后通过计算样本与所属聚类的两个距离，一个是样本与所属聚类中心的距离，一个是样本与所属聚类的类内平均距离，通过这两个距离的比值衡量异常程度。

假设三：疏松聚类与较小的聚类里的点都是异常点，主要方法有 CBLOF 算法、LDCOF 算法。该类方法通过聚类后，将聚类簇分成大簇和小簇。如果样本数据属于大簇，则利用该样本和所属大簇进行计算异常得分；如果样本数据属于小簇，则利用该样本距离最近的大簇计算异常得分。

2. 基于支持向量机的方法

支持向量机（Support Vector Machine，SVM）是由研究人员于 1995 年提出的一种监督学习方法，它的目标是找到不同类别数据间的一个间隔最大的高维超平面。SVM 的性能主要受核函数和误差惩罚参数的影响。在 SVM 模型建立过程中，一旦确定了核函数的形式和参数，其隐含的非线性映射及其对应的高维特征空间就被确定。SVM 中常用核函数主要分为多项式核函数、径向基函数（Radial Basis Function，RBF）和 Sigmoid 函数 3 类。经典的二次方程求解法包括积极方集法、对偶方法、内点算法等。相较于其他机器学习算法，SVM 在小样本、非线性、高维度的学习问题上表现优异，是解决非线性问题以及高维数据识别问题的重要方法。其具有以下优势。

1）SVM 是针对有限样本的学习方法，无须大量样本，在小样本下能取得良好的应用效果。

2）无论是线性还是非线性问题，SVM 都可以转化为一个凸二次规划问题，理论上都能达到全局最优解。

3）当样本不是线性可分时，可利用非线性变换将低维数据映射到高维空间，使得样本在高维空间线性可分。

SVM 的缺点在于训练前需要进行模型选择，难以确定合适的参数来衡量特征空间中正常数据区域边界的大小，且核函数的计算通常需要耗费大量的计算资源，时效性较差。

3. 基于贝叶斯网络的方法

贝叶斯网络（Bayesian Network，BN）是一种基于概率统计的图形化网络。BN 以其独特的不确定性知识表达形式、丰富的概率表达能力、综合先验知识的增量学习特性等成为当前众多分类方法中最为引人注目的焦点之一。BN 算法具有以下优势。

1）结合了有向无环图与概率理论，将人类的因果知识更直观地表现出来，可解释性好。

2）可以图形化随机变量的联合概率，可以处理不确定性信息。

3）以贝叶斯概率理论为基础，不需要外界任何推理机制，学习和推理能力强。

目前，BN 技术虽然已广泛应用于网站入侵检测、影像异常检测等领域，但在应用中还常常需要考虑一些限制。由于 BN 模型是建立在一个强"独立性假设"的基础之上，即类中对象各属性之间总是相互独立的，但这一假设并不总是成立，可能会导致在实际应用中效果不佳。

4. 基于神经网络的方法

神经网络中常用的学习规则包括 Widrow-Hoff、Winner-Take-All、Corrclation、和 Perceptron 等。目前已有几十种不同的神经网络模型，按学习方式划分为有监督学习和无监督学习。有监督的神经网络需要利用已经分好类的正常和异常数据集进行训练，算法包括多层感知器神经网络、径向基函数神经网络、反向传播神经网络和自适应线性神经网络等；无监督的方法包括自组织特征映射神经网络、自适应共振神经网络等。神经网络仅根据数据本身就能自适应地学习到正常的用户行为，既不需要关于统计分布的先验知识，也不需要预先描述用户行为的轮廓，所以不用考虑量度问题。此外神经网络算法对于审计数据不完整的情况也有较大的噪声抑制能力，泛化能力很强。目前，基于神经网络的异常检测算法已经在网络空间安全防护、电力设备状态监测、工业控制系统入侵检测、异常网络流量过滤等领域取得了广泛应用。虽然神经网络算法目前在产业界取得了良好的应用效果，但其模型的可解释性较差及运算资源需求较大的问题一直持续存在。因为神经网络网格结构的选择和优化暂无统一标准，所以模型无法为检测到的异常点/异常行为提供任何解释，给一线的运维人员使用带来了较大的障碍。

各种典型分类算法应用案例见表4-3。

表4-3 基于分类的异常检测应用列表

文 献	作 者	使用方法及优势	应用场景
《基于 DBSCAN 密度聚类算法的高速公路交通流异常数据检测》	阮嘉珉等	提出基于 DBSCAN 密度聚类的高速公路交通流异常数据检测算法。经过试验表明，该检测方法有很好的检测效果，能够满足实际的路况检测需求	高速公路交通流数据异常检测
《局部迭代的快速 K-means 聚类算法》	李峰等	提出一种局部迭代的快速 K-means 聚类算法。该算法降低聚类更新的时间复杂度，提高聚类效果。最终通过仿真试验与真实试验数据，验证了该算法在提高检测准确率的同时，其检测时间也大幅度缩短	解决 K-means 算法存在由于选择中心值不当而造成聚类效果不好的问题
《一种基于 K-means 算法的网络流量异常检测模型研究》	刘慕娴等	先将网络流量数据进行量化，将量化后的熵值进行分类，然后将 K-means 聚类算法运用到异常检测中，实现安全检测预警。经过试验，该方法提高了检测准确率，为异常流量检测提供一种高效的手段	网络流量异常检测模型
《基于多示例学习的时序离群点检测算法研究》	钱景辉等	在 CBLOF 算法基础上进行改进，提出一种基于多示例学习的时序离群点检测算法 MIL-FindCBlof，该算法将数据进行聚类，然后采用全局策略计算因子数值，最后通过计算平均因子来确定离群点。经过试验表明，该算法与经典离群点检测算法相比，在检测的全面性和准确性都有提高	时序离群点检测
《基于稳健支持向量机的弹孔图像分类》	Song 等	引入新的松弛变量，用来衡量平均信息的影响，减少噪声，从而减少运算时间，提高检测准确率。此外，SVM 通常只能用于数值类型数据，一般也只能处理二分类问题	SVM 运算耗时优化

4.1.4 基于专家经验的综合评价方法

前文介绍了 3 类基于模型的异常检测方法，其核心思想是从样本分布或已有标签入手，迭代模型最终确定异常数据。但在实际运维业务中，在智能化升级前运维人员一般已经建立了一套指标感知体系，通过一个或多个关键指标对异常数据筛查。升级到上述模型检测方法后，下游的处理人员往往很难快速适应。因此，在实际应用中常常选用基于专家经验的异常检测方法。该类方法首先结合业务专家经验确定影响异常点的关键指标，并根据经验初始化各指标对异常结果影响的权值；然后根据初始模型输出的异常点结果与实际异常值比对，迭代更新各指标的权值，最终达到取代业务专家检测的效果。

前文对异常检测方法及应用场景进行了总结，表4-4对所有异常检测算法的优缺点进行了对比。后续在第7章会通过案例重点介绍其中几种异常检测算法的使用及效果。

表 4-4　部分典型异常检测算法对比

类　　型	典型算法	优　　点	缺　　点
基于概率模型的检测算法	3δ准则、Mahalanobis 距离	基于数据分布快速有效	适用于单变量离群检测，确定模型概率分布较难、检测效率低、高维数据处理能力差
基于邻近度的检测方法	K-最近邻、基于像素（基于距离）	无须了解数据分布，无须有标签的训练集，数据类型要求不高	消耗时间和复杂度随维数增加，参数确定较难
	LOF、MEDF、LOCI、LDOF、LoOP、COF、ODIN、LSC、NOF、PST、INFLO（基于密度）	通过离群强度概念量化异常程度	消耗时间和复杂度随维数增加，参数确定较难
	K-modes、Y-means、FCM、DBSCAN、PAM、CLARA（聚类算法）	无须类标签和先验知识，适用于无监督学习，数据类型要求不高	异常检测效果依赖聚类效果，消耗时间和复杂度随维数增加
	OCSVM、SVDD（支持向量机模型）	训练时间短、泛化性能好、准确率高	模型选择、参数设定较难
	RIPPER、决策树、Apriori（贝叶斯网络）	算法简单	规则还需人工辅助
	MLP、Hopfield、RBF、BF、ADALINE（神经网络）	无须预先假设，噪声处理能力好	参数调优较为困难
基于专家经验的综合评价方法	因子分析法、TOPSIS、模糊综合评价、熵值法	能很好地定义每个指标的最优值及最优方向，能很好地将专家经验纳入到算法中，结果的解释性好	需要专家经验辅助

4.2 根因诊断算法

大数据时代下，数据量的爆炸式增长，使得传统的技术架构路线难以高效地处理海量的数据。同时，数据信息的类型繁多、价值密度低、时效性高等特征，也对企业的数据分析能力提出了很大的挑战。一个企业的数据平台往往支撑着企业的搜索、推荐、广告等核心业务。为了保障良好的用户体验，改善业务效果，企业的运维部门必须保证数据平台的稳定运行。因此，大数据时代下的运维面临着集群规模更大、业务组件更多、监控可视化与智能化更复杂等诸多难题。

在这种情况下，结合研发与运维人员的协同运维已经无法满足产品快速迭代的要求，故障的根因诊断成为研究的热点问题。故障根因分析方法主要分两类：数据驱动和基于领域知识。

4.2.1 数据驱动的根因诊断

数据驱动的根因诊断方法通常依靠历史积累的大量样本数据，采用有监督或无监督算法挖掘系统组件间关联关系，并输出训练模型，最终达到诊断系统故障根因的效果。

基于有监督的根因诊断方法，大多是从历史有标签的根因数据入手，通过标签样本训练分类模型，从而预测当前系统故障根因。例如，美国加州大学 M. Chen 等人在诊断大型网络站点故障时，采用了基于决策树的根因分析方法，取得了良好的效果。此外，上海证券交易所黄成等人探索出一种基于卷积神经网络的根因诊断方法，通过学习历史异常定位结果以预测告警事件根因。上述方法往往需要依赖大量的标签历史数据，但系统出现故障的频率较低，且历史数据很难覆盖所有故障根因，因此有监督根因诊断方法在实际应用中可行性较低。

基于无监督的根因诊断方法，则主要从系统组件间的内在关系入手，分析各指标的相关性进而推断故障根因。常见的方法有凸优化法、贝叶斯网络法、玻尔兹曼机法等。该类方法对噪声数据、频繁地更新系统配置等情况具有鲁棒性，但需要的训练时间较长且可扩展性较差。另外由于采用无监督算法，其模型的可解释性和可靠性争议较大，在现实应用中很难被运维人员接受，基本停留在理论研究阶段。

4.2.2 基于领域知识的根因诊断

与异常检测算法类似，基于专家经验、业务知识形成的故障根因诊断方法在实际应用中较为广泛。典型的 IT 系统常常包含着很多明确的依赖关系，早期的根因诊断算法通常基于人为总结的阈值及规则，起到对故障范围初步筛查的作用。例如，为优化大规模系统排障工作，美国佐治亚理工学院先后尝试研发了 Monalytics 和 Vscope 等中间件，通过引入业务服务中各组件传感器之间的关系并基于手动规则配置来查找根因；广东电网有限责任公司信息中心彦逸等人则提出一种基于因果规则的电力营销系统故障定位算法。上述算法的主要思路是将专家知识与推理引擎结合起来，通常需要对业务有较为深刻的理解，并能根据业务的迭代进行持续的更新。当业务体量较小时，上述专家规则的方法能取得显著的效果；当业务体量不断增大时，专家规则法的通用性会越来越差。

近年来基于故障传播图（Anomaly Propagation Graph，APG）的根因诊断方法在产业界取得了良好的效果。基于图的根因节点连接方法,很好地描述了系统各组件的依赖关系,在诊断过程中能更准确地定位故障根源。2009 年,BTC 商业技术咨询公司 Nina Marwede 等人提出了一种基于时序行为异常关联的根因分析算法,其基于系统模块间的调用情况构造根因图,并根据加权评级对候选根因进行排序。2016 年,多伦多大学林杰宇提出了一种基于距离排名的根因分析方法,基于网络和系统配置及相关资源消耗信息构建故障传播图,根据异常传播距离对候选根因进行排序,在虚拟化云数据中心的根因定位应用中取得了良好的效果。2020 年,阿里巴巴公司与清华大学 Net-Man 实验室联合提出一种启发式的根因诊断方法,在微服务故障定位方向取得了很好的应用效果。其首先基于监控指标学习并构造故障因果图,并基于皮尔逊相关系数定义故障间传播概率;然后采用面向时间和面向因果的随机游走算法模拟系统内异常的传播路径;最后基于指标的异常时间和指标的潜在异常得分输出最终的根因排序。总体来说,基于故障传播图的根因定位方法在现阶段效果最优。然而此类方法以服务为导向,由系统终端异常(如请求响应时间延迟)触发,无法在系统故障完全暴露给用户之前完成故障的分析定位。

上述介绍了数据驱动和基于领域知识两种根因诊断方法,总结其用到的算法优缺点见表 4-5。在第 10 章将通过案例重点介绍几种相关算法的应用和成效。

表 4-5 部分典型根因诊断算法对比

类 型	典型算法	优 势	劣 势
数据驱动的根因诊断	决策树、卷积神经网络	训练时间短,可解释性强、泛化性能好,准确率高	需要大量的标签历史数据,数据获取困难
	凸优化、贝叶斯网络、多指标因果分析	对噪声数据、频繁地更新系统配置等情况具有鲁棒性	训练时间长,且难以预测训练区域以外的行为,泛化能力较弱。方法的可靠性和可解释性也存在一定争议,现实中难以被运维人员所接受
基于领域知识的根因诊断	基于规则的专家系统、基于故障规则推理的故障树分析方法	与传统运维方法衔接紧密,运维人员适应较快	需要深入的领域知识,规则通常难以维持和更新,难以适应大数据量
	故障传播根因图	有效地捕获相互依赖的数据对象之间的关联,解释性较好	相连的节点之间不一定会传播异常,因此,在对故障传播模式建模方面缺乏灵活性
	概率图模型、随机游走、PageRank	与人工手动分析较为相似,定位深层次原因更准确	主要以服务为导向,由系统终端异常触发,无法尽早暴露预警

4.3 趋势预测算法

随着移动互联网的迅速普及,低时延、高带宽、大数据量的网络应用井喷式增长。以高清电视、AR/VR、云游戏为代表的网络应用的蓬勃发展,不仅催生了流量数据迅猛增长,同时也对网络性能、计算资源提出了更高的要求。然而企业的运维成本是有限的,如何合理分配资源、提升利用效率,是目前智能运维亟待解决的问题。

一般而言，业务的趋势特征在一定程度上表征人的生活习惯，包含了大量可挖掘信息。业务流量在时序上与人们的作息大多保持一致，呈现明显的潮汐效应；寒暑假等节假日期间，一线城市与三四线城市间存在明显的业务迁移现象；在空间位置上，单一区域与相邻区域间业务数值呈依赖性等。结合上述业务数据的时空特性，可以分析出未来业务流量的长短时发展趋势，对资源分配、任务调度提供指导。因此，针对业务趋势预测的研究，在智能运维、业务规划方面具有重要现实意义。

4.3.1　数据特征

趋势预测的前提是要对业务数据完成特征提取。一般而言，可预测的业务数据在时间维度上有自相似性，在空间维度上存在差异性但也存在相互依赖性或者相关性。搭建趋势预测模型时，提取时间和空间两方面特征能显著提高预测精度。但在现实生活中，受突发事件、节假日、气象信息等影响，单纯的时空特征模型预测结果经常会出现较大偏差。因此，节假日等外部特征也常常融入趋势预测模型，本书将趋势预测类业务数据归纳为时序特征、空间特征和外部特征 3 大类。

1. 时序特征

在智能运维中，若以业务数值为指标数据，可以将数值依照时间先后排列为时间序列 $\{x_1, x_2, \cdots, x_n\}$。一般基于时间序列的预测，是基于先验规律对未来现象的延伸。业务预测受到昼夜交替、人类生活习惯、新技术发展的影响，大多呈现出典型的时间序列特性，在时间维度上可以抽象为周期、短时依赖、长时趋势 3 个特性。

（1）时间周期性

业务数据周期特性包括年周期、星期周期以及天周期。周期内部往往存在特殊规律，比如运营商流量一般傍晚呈现峰值、周末网约车业务量上涨、一线城市春节期间人流量大幅下降等。

（2）短时依赖性

在短时流量预测模型中，通常基于当前时刻业务数量预测未来 15 分钟或一个小时的业务值。由于业务在时间维度的连续性，除突发事件外，业务量很少出现骤升或骤降的情况。因此，在做短时趋势预测时，最近时刻的业务量常常是重要参照指标。

（3）长时趋势性

时间序列在宏观上一般会呈现上升或下降的趋势。即将业务数据按天或周进行汇总统计，在长时间跨度下进行观察，数据整体会有较为一致的趋势变化。目前由于移动互联网技术的发展以及短视频应用的兴起，智能运维领域通常在整体上表现为上升趋势。

2. 空间特征

时间特征描述了业务流量在时间维度上的发展规律，业务发展趋势除和时间显著相关外，常和空间位置也有一定的联系。部分业务在空间始终呈现相似的比例分布，部分在空间上存在先后的依赖关系。因此，在智能运维领域做趋势预测时，空间特征常常也是重点分析的对象。

以电信运营商无线网流量预测为例。本书选自 Milan Urban 公开数据集来分析趋势预测的空间特征⊖。截取 2013 年 11 月 1 日 13 时 20 分后的网络流量空间分布如图 4-1 所示。由图可知流量请求主要聚集在城市的中心区域，周边地区产生的网络流量较少。该种分布与现实情况比较相符，城市中心人口密集，相应的流量请求也较多。

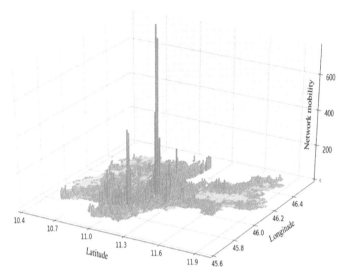

图 4-1   无线网络流量空间分布图

为进一步说明相邻区域间的流量空间相关性，截取以北纬 45.92488°，东经 10.69597°为中心的 25 个区域，使用皮尔森相关系数（公式 4-1）计算周边区域与中心区域的空间相关性。其中 x_i 和 y_i 分别代表同一时刻不同区域的流量数值。无线网络流量区域间相关性示意图如图 4-2 所示，相关性越接近于 1 代表正相关程度越高。由图可知不同区域间网络流量存在明显的空间相关性，且随着距离的扩大相关程度逐渐减小。但空间相关性在不同方向上递减程度有较大差异，因此设计流量预测算法时需要合理区分，进而捕获空间特征对流量结果的影响。

$$r = \frac{N\sum x_i y_i - \sum x_i \sum y_i}{\sqrt{N\sum x_i^2 - \left(\sum x_i\right)^2}\sqrt{N\sum y_i^2 - \left(\sum y_i\right)^2}} \tag{4-1}$$

3. 外部事件特征

除时空特征外，外部事件也会对业务趋势产生重要影响。外部特征包括节假日信息、气象信息、空气质量信息和重大事件等。节假日期间业务会随着人流移动进行迁移，热门旅游城市、劳务输出省市短期业务量会有较大提升；气象信息和空气质量同样也会对业务量造成影响，当台风、暴雨、降雪、雾霾等极端天气发生时，用户一般选择留在家中，商业中心及娱乐场所产生的业务量就会相应降低；演唱会、体育赛事等突发事件极易造成人群聚集，与之相关的业务量有可能会暴涨数十倍，处理不当极易造成系统崩溃宕机，因此短时趋势预测常常把外部事件作为重要特征提取。

⊖ 公开数据集网址：https：//www.nature.com/articles/sdata201555/。

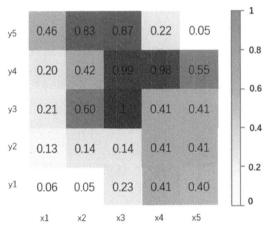

图 4-2　无线网络流量区域间相关性示意图

智能运维方向的趋势预测在数学上是一个回归问题，主要解决的是如何计算出下一时刻基站、小区、城市的业务数值。传统趋势预测方法主要基于统计类的线性预测模型，该类模型在短时预测效果较好，在长时预测效果中由于模型对特征表征能力不佳，无法划分特征空间，预测效果表现不佳。随着人工智能技术发展，支持向量机（Support Vector Machine，SVM）、深度神经网络（Deep Neural Networks，DNN）、循环神经网络（Recurrent Neural Network，RNN）等非线性预测模型在流量预测长时有良好效果。因此，本书基于数学方法对预测模型分为两大类：基于统计方法的线性预测和基于机器学习的非线性预测。

4.3.2　基于统计方法的线性预测模型

基于统计方法的线性流量预测模型具有计算简单、耗时较短、调整灵活的特点，在要求实时响应的大规模数据处理场景中被广泛应用。常用的有马尔可夫模型、自回归模型（Autoregressive model，AR）、差分整合移动平均自回归模型（Autoregressive Integrated Average model，ARMA）等，其通过计算状态转移矩阵或线性回归的方法来预测未来的流量趋势。

1. 基于马尔可夫及其衍生类模型的趋势预测

马尔可夫模型是基于时间序列中各状态的相关性来进行建模和预测的，其将数据变化过程抽象为从一个状态到另一个状态转换的随机过程，且转移的概率只依赖于当前状态，和过去状态无关。如公式 4-2 所示，状态序列 $\{x_{t-2}, x_{t-1}, x_t, x_{t+1}, x_{t+2}\}$ 在 $t+1$ 时刻的状态值 x_{t+1} 只与 t 时刻状态有关。

$$P(x_{t+1} | \ldots, x_{t-2}, x_{t-1}, x_t) = P(x_{t+1} | x_t) \tag{4-2}$$

马尔可夫算法流程图如图 4-3 所示。马尔可夫作为一种无后效性的预测算法，通过对系统样本数据的状态空间划分和建立转移概率矩阵，对未来时刻系统所处的状态空间进行一步或多步预测，在识别目标切换基站、预测数值区间等方面有广泛应用。

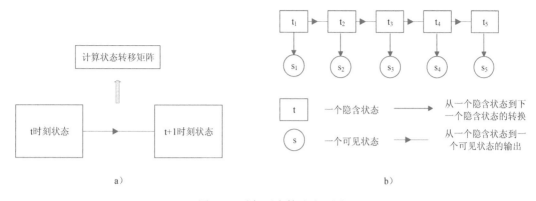

图 4-3 马尔可夫算法流程图

a）马尔可夫链 b）隐式马尔可夫模型

2. 基于 ARIMA 类模型的趋势预测

ARIMA 是一种典型的自回归类模型，其是差分模型、滑动平均模型和自回归模型的结合。这里首先讨论 ARIMA 的特殊情况 ARMA，即数据 $\{x_0, x_1, x_2, \cdots, x_{t-1}\}$ 不经过差分变换就已满足平稳特征，其 t 时刻 x_t 的预测方法如公式 4-3 所示。

$$X_t = \mu + C + \varphi_1 X_{t-1} + \cdots + \varphi_p x_{t-p} + \varepsilon_t + \theta_1 \varepsilon_{t-1} + \cdots \theta_q \varepsilon_{t-q} (t = 1, 2 \cdots T) \tag{4-3}$$

公式 4-3 前半部分为 AR（p）模型，其将当前时刻观测值 X_t 表达为历史观测值的线性回归，p 为自回阶数，ε_t 为平稳噪声序列，C 为常数项；后半部分为 MA（q）模型，其将一段时间的白噪声序列加权求和计算移动平均方程，公式中 q 为移动回归阶数，ε_t 为各历史值的噪声序列。在数据序列满足平稳条件下，ARMA 模型能较好地捕捉数据的时变规律。但在实际情况中大部分数据为非平稳序列，因此需要在建模前对数据进行平稳化处理，由此引出了基于差分变换的 ARIMA 模型。它首先对非平稳序列进行一次或多次差分处理，将其转变为平稳序列，然后再基于自回归滑动平均实现对时间序列的预测。

基于统计方法的趋势预测应用表见表 4-6。上述基于统计方法的线性预测模型，虽然理论成熟、调整灵活，但只能描述流量的短期特性，无法描述长期相关性。且当数据量较大时，线性模型采用的滑动平均或状态转移的方法，很难反映出局部的突发性，具有较大的局限性。

表 4-6 基于统计方法的趋势预测应用表

类 型	典型算法	优 点	缺 点	适用场景
线性预测模型	马尔可夫模型	计算简单、耗时较短、调整灵活	预测精度低；结果为预测区间，无精准预测数值	精度要求低、响应要求快的场景
	AR/MA/ARIMA FARIMA	参数少、可解释性强计算速度快	预测精度低；只能描述流量的短期特性，无法描述长期相关性和局部突发性	精度要求一般，但预测量大且速度要求较高的场景

（续）

类　型	典型算法	优　点	缺　点	适用场景
非线性预测模型	SVM	模型泛化能力强	不适用于大规模训练样本	训练样本较少的预测
	随机森林	实现简单、精度较高	在噪声较大的样本上易陷入过拟合	数据维度较低，精度要求相对较高；常用作基准模型
	CNN	具有较强的局部特征表达能力，在特征复杂、数据量大的数据集中表现较好	需大量样本和计算资源支撑，可解释性差	适合数据量较大、精度要求较高的场景，常用来做特征提取部分，再与其他模型结合以提高预测精度
	LSTM/GRU	很好地表达数据的长期依赖性	需大量样本和计算资源支撑；可解释性弱、调差较复杂	适合数据量样本较大，前后内容关联紧密的序列预测
	时空序列融合模型（ConvLSTM、STGCN、ASRGCN、STSGCN、AGCRN）	更好地表征空间相关性，预测精度更好	对样本及数据维度要求较高	与空间维度相关性较大的趋势预测场景，例如交通流预测、小区无线流量预测

4.3.3　基于机器学习的非线性预测模型

基于机器学习的非线性流量预测模型，具有预测性能较好、便于训练、可处理复杂问题的特点，应用于预测精度高、数据分布不均衡、数据特征复杂等大规模数据处理场景。常用的有随机森林算法（Random Forest，RF）、卷积神经网络（Convolutional Neural Network，CNN）、循环神经网络（Recurrent Neural Network，RNN）等。本节将重点总结部分常用的经典机器学习算法、CNN 和 RNN 在智能运维的应用。

1. 经典机器学习算法的预测模型

机器学习方法可以更好地适应复杂数据，对数据模型函数进行拟合。在短周期预测问题上，非线性的机器学习方法通常会得到优于基于统计方法的线性预测模型的结果。这里主要介绍其中应用较多的随机森林算法和支持向量机算法。

随机森林算法通过对不同的特征进行随机选择，有效解决了数据样本分布不均衡的问题。厦门理工学院邱一卉基于随机森林算法实现了对用户数量、用户行为等指标的预测，并在服务带宽调整应用中进行了实践。研究者首先将随机森林和剪枝技术相结合，计算训练样本的随机森林相似度简化矩阵；然后进行消融性实验去除不同分类器，寻找平均相似度差异最小的分类器集合；最后利用这个分类器集合对用户数量、用户业务等无线网络流量指标进行预测。

支持向量机算法是一种典型的有监督学习算法，在高维数据预测中表现出色。早在 2006 年吉林大学杨兆升教授就曾利用支持向量机算法预测短时交通流量。其设计的模型充分考虑了交通本身所存在的非线性、复杂性和不确定性，在精度、收敛时间、泛化能力等方面均取得了良好的效果。

2. 基于卷积神经网络的预测模型

以卷积神经网络为代表的深度学习算法由于特征表达更完整,在长期预测结果中通常优于经典机器学习算法。卷积神经网络首先利用卷积层提取数据特征,然后通过激活函数将特征映射到特征空间内,再结合全连接层和输出层对不同的实际问题输出相应的预测结果。相较于经典机器学习方法,卷积神经网络由于对局部特征表达更优,在特征较复杂、数据量较大的数据集中表现更好。

利用卷积神经网络处理预测问题主要分两个思路:一是只将其用于特征提取,如北京邮电大学左雯解决异常流量检测问题,利用卷积神经网络对输入的 URL 二维张量数据进行特征提取,采用不同步长的卷积窗口,提取不同深度的特征,并将不同尺度的结果进行 Concat 拼接,生成新的高级特征,将新特征输入到门控循环单元(Gated Recurrent Unit,GRU)中,依据 GRU 输出的预测结果,对是否存在异常流量 URL 攻击做出判断;二是将流量预测和计算机视觉相结合,如南京理工大学卓勤政通过对无线网络流量数据可视化解决异常流量预测问题,研究者将每 1024 字节的流量数据表示为一个 32×32 像素的图像,将图像输入到经典 LeNet 模型中,对流量数据图片是否属于异常流量进行判断,得到结果优于手工特征提取方法。山东大学张传亭通过对跨域数据集的分析,探究无线网络流量与时空的依赖关系,便于进行对城市不同区域基站的扩缩容策略部署、新增基站位置做出合理方案。研究者对地理位置信息和该位置的网络流量信息进行整理得到基于空间的流量分布图,结合不同的采样时间生成训练数据集,利用 DenseNet 作为训练模型,得到无线网络流量的预测结果,捕捉了无线网络流量的近邻依赖性和时间周期依赖性。

3. 基于循环神经网络的预测模型

循环神经网络通过引入定向数据流循环,在前后内容关联紧密的数据预测问题上表现较优。图 4-4a 所示为循环神经网络模型,在结构上循环神经网络由时序数据 $\{x_0, x_1, x_2, \cdots, x_{t-1}\}$、隐藏单

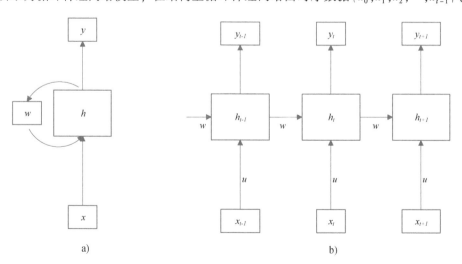

a)   b)

图 4-4 循环神经网络算法流程图

a)循环神经网络模型 b)循环神经网络展开模型

元 h_t、输出结果 $\{y_0, y_1, y_2, \cdots, y_{t-1}\}$ 3 部分组成。由于循环神经网络利用相同的模块对时序数列进行循环训练，隐藏单元之间权重参数共享，所以可以将循环神经网络展开，表示为如图 4-4b 所示。

循环神经网络在做预测时，会对前面时刻的信息进行记忆，并将其应用于当前时刻 t 的输出。所以对于时序数据 $\{x_0, x_1, x_2, \cdots, x_{t-1}\}$，$t$ 时刻预测结果 y_t 的计算表示为公式 4-4 所示。

$$y_t = \sigma\left[v\tanh(u\, x_t + w\, h_{t-1} + b) + c \right] \tag{4-4}$$

其中 x_t 为输入的时序数据，h_{t-1} 为 $t-1$ 时刻隐藏层单元的输出，u、w、b、c 为网络训练的权重参数，σ 为激活函数。为解决循环神经网络的梯度消失问题，研究者还对基础的循环神经网络进行改进，提出基于门控开关的长短时记忆网络 LSTM、GRU 等模型。

相较于卷积神经网路，循环神经网络更适合于时序数据的建模。日本东北大学 Zhou Y 等人基于 LSTM 算法实现对网络流量的预测，并在智能化网络切片扩缩容方向展开了探索。其数据源来自于基站发送的缓冲区数据包，预测结果为未来缓冲区占用状态、发生拥塞概率等。基于预测结果能对基站扩缩容策略进行提前部署，避免网络流量堵塞。海南大学程杰仁将流量预测运用在异常流量检测领域，研究者通过对原始数据进行基于时间的求和计算，以累积和作为新特征，增强了时序特征对预测结果的影响。然后利用 LSTM 对增强后的数据建模，再结合 Dropout 缓解循环神经网络的过拟合问题，预测出未来流量变化趋势，在异常流量检测方向取得了较好的效果。

以上总结了目前部分较为典型的趋势预测模型，各模型的优点、缺点及应用场景见表 4-7。在实际应用中，算法选取需要综合考虑样本大小、预测精度、响应时间、计算成本等多种因素。为提高预测精度，预测模型也常常融合多种算法。采用卷积神经网络提取局部区域信息特征，采用 LSTM 捕捉时间序列特征，同时结合迁移学习提取不同区域间流量数据的相似性，提高了对小区无线流量的预测结果。基于 ARIMA 预测网络流量的周期性和线性趋势，基于 SVM 拟合非线性和局部突发性，最终再利用 SVM 将两种结果融合，融合后均方根误差（Root Mean Square Error，RMSE）、平均绝对误差（Mean Absolute Error，MAE）、平均绝对百分比误差（Mean Absolute Percentage Error，MAPE）均显著降低。

表 4-7　部分典型趋势预测算法对比

类　型	典型算法	优　点	缺　点	适 用 场 景
线性预测模型	马尔可夫模型	计算简单、耗时较短、调整灵活	预测精度低；结果为预测区间，无精准预测数值	精度要求低、响应要求快的场景
	AR/MA/ARIMA FARIMA	参数少、可解释性强、计算速度快	预测精度低；只能描述流量的短期特性、无法描述长期相关性和局部突发性	精度要求一般，但预测量大且速度要求较高的场景
非线性预测模型	SVM	模型泛化能力强	不适用于大规模训练样本	训练样本较少的预测
	随机森林	实现简单、精度较高	在噪声较大样本上易陷入过拟合	数据维度较低，精度要求相对较高；常用作基准模型

（续）

类　　型	典型算法	优　　点	缺　　点	适用场景
非线性预测模型	CNN	具有较强的局部特征表达能力，在特征复杂、数据量大的数据集中表现较好	需大量样本和计算资源支撑、可解释性差	适合数据量较大、精度要求较高的场景，常用来做特征提取部分，再与其他模型结合以提高预测精度
	LSTM/GRU	能很好地表达数据的长期依赖性	需大量样本和计算资源支撑、可解释性弱、调差较复杂	适合数据量样本较大，前后内容关联紧密的序列预测

4.4　事物分类算法

此处事物分类中的"分类"是指无监督算法，并非有监督算法中分类预测算法。由于运维业务的复杂性，在进行智能异常检测或根因定位前常常需要对业务进行分类，对不同类型设置不同规则。如电信运营商在无线网小区运维时，根据业务场地及业务量的不同针对性地设计了"五高一地"（高铁、高速、高校、高密度住宅区、高流量商务区和地铁）小区类型，根据小区类型设置不同质差标准，动态监控。

另外，在物联网智能质差识别场景下，常需要根据业务量大小及业务使用场景分类为高流量小区、低流量小区、强覆盖类业务、弱覆盖类业务……由于事物分类算法在智能运维会频繁地使用，且事物分类的优劣对异常监测、根因定位结果有重要的影响，因此本节针对智能运维中的事物分类算法做一个简要的梳理。事物分类算法的分类如图 4-5 所示，下面对各种算法简要介绍。

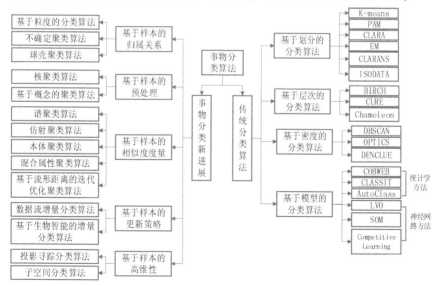

图 4-5　事物分类的常用算法

4.4.1 传统事物分类算法

无监督的分类，除常见的聚类算法，还有较多种，接下来从 5 个角度进行详细阐述。

1. 基于划分的分类算法

K-means 聚类算法是最经典的聚类算法之一，其优势是计算简单、速度较快；但该算法设定的不同分类数目可能会出现不同分类的结果，且由于其按照均值估算，受异常值和噪声带影响很大，很容易出现误分类。在 K-means 基础上，针对其采用的均值受异常值影响较大的缺陷，设计了基于中心点的 PAM（Partitioning Around Medoid）和 CLARA（Clustering Large Applications）算法。同时为了对海量复杂数据进行分类，也在 K-means 基础上设计了很多衍生算法，如基于模聚类的 K-models 算法、基于隶属关系概率的 EM 算法等。

2. 基于层次的分类算法

基于层次的分类算法常采用聚类树的方法，根据样本集数据特征进行分裂或归并，直至满足终止条件。基础的层次分类算法最大的缺点是分裂和归并选择困难、可扩展性较差。BIRCH（Balanced Iterative Reducing and Clustering using Hierarchies）算法在传统方法基础上进行改进，其先建立树结构，再采用其他聚类算法对叶子节点进行聚类重排。CURE（Clustering Using Representatives）算法针对异常值和类别不均的问题，不再选择某一个点作为中心点，而采用指定的多个点作为中心进行分类。上述层次分类算法可以得到数据样本的层次结构特征，但是由于其扩展性不强，且算法计算较为复杂，在实际应用中有一定困难。

3. 基于网格的分类算法

基于网格的分类算法是将分类数据样本映射到一个网格空间上，分割线贯穿整个网格结构，空间的每一维的分割位置信息都记录在数组中。基于网格的分类结果只与映射的网格数据相关，由于其损失了原有数据的部分特征，因此计算速度较快但精度不高。STING（Statistical Information Grid）和 Wavecluster 均是典型的网格多分辨率聚类算法。本类算法优势是对数据维度和数据量级可适配性强，无须预先假设数据分布，且处理速度较快；但由于对数据进行了简化处理，其分类精度较低。

4. 基于密度的分类算法

该算法核心思想是：先发现密度较高的点，然后把相近的高密度点逐步都连成一片，进而生成各种簇，最终形成簇内样本密度大、簇间样本密度小的结构。算法的具体实现是：以每个数据样本为圆心，以指定长度为半径计算单位体积内涵盖的数据样本个数（也称样本密度），根据设定的密度阈值区分高密度点和低密度点，并对邻近的高密度点继续聚类，最终实现样本分类。基于密度的分类算法比较典型的有 DBSCAN（Density-Based Spa tial Clustering of Applications with Noise）和 TICS（Ordering Points to Identify the Clustering Structure）。DBSCAN 对异常数据的筛查能力较强，可以在带有异常数据的空间内发现任意形状的类；TICS 是一种解决了复杂参数设置问题的算法，可以从样本分布、密度和综合分布等方向简化参数配置。总体来说,基于密度的分类算法对异常值的过滤效果较好;但对参数设置较敏感,细微的调整可能会导致截然不同的分类结果。

5. 基于模型的分类算法

基于模型的分类算法是基于统计学或神经网络方法寻找给定数据的最佳分类拟合模型。统计学模型有 COBWEB、CLASSIT 和 AutoClass 等,神经网络方法有 CL(Competitive Learning)、LVQ(Learning Vector Quantizatio)和 SOFM(Self-Organizing Feature Map)等。LVQ 是一种自适应的数据分类算法,其基于具有期望类型信息的数据进行训练。SOFM 算法是在 Competitive Learning 算法基础上的改进,其主要的差别在于调整权向量和侧抑制的方式不同。在 Competitive Learning 学习规则中,只有竞争获胜的神经元才能调整权向量,因此它对周围所有神经元的抑制是"封杀"式的。而 SOFM 网学习算法中不仅获胜神经元本身要调整权向量,它周围的神经元在其影响下也要不同程度地调整权向量。与竞争学习相比,SOFM 算法主要优势在于可以是实时学习且抗异常点能力强。

4.4.2　事物分类算法新进展

分类算法进展趋势,将从以下 5 个维度进行分析。

1. 基于样本归属关系的分析算法

基于样本归属关系的分析算法包括基于粒度的分类算法、不确定聚类算法和球壳聚类算法。基于粒度的分类算法凭借其能够灵活选择粒度结构,消除聚类结果和先验知识之间的不协调性,是事物分类的热点研究方向。不确定聚类主要解决实际应用中很多分类对象没有严格的归属关系,针对类属关系存在的中介性来进行软划分。球壳聚类则是针对样本分布呈球壳状的聚类问题,采用球壳作为聚类原型定义相关目标函数,并推演出对应迭代算法。

2. 基于样本预处理的分类算法

目前传统的分类方法大多只对经典分布样本有效,缺乏对样本的预处理优化。为解决这个问题,核聚类算法应运而生。核聚类算法将核函数和聚类方法进行融合,其首先利用核函数将样本映射到高维空间,扩大数据间的差异,然后再利用分类算法实现分类。核聚类算法的核心思想是将在样本现有分布无法区分的情况下映射到高维空间进行区分,是从分布角度进行分类,基于概念的数据聚类算法则是从数据概念角度出发。基于概念的数据聚类算法在数据预处理时提取数据最显性特征,并形成分类的高层概念,然后再基于高层概念来实现样本划分。

3. 基于样本相似度度量的分类算法

该类方法顾名思义,主要通过计算样本间或集合间的特征向量相似度进行分类,比较常用的算法有谱聚类、双重距离聚类和流形距离迭代优化聚类。谱聚类是从图论中演化出来的算法,利用数据相似矩阵的特征向量进行聚类,使得不同子图间边权重和尽可能的低,而子图内的边权重和尽可能的高,从而最终达到聚类的目的。双重距离聚类算法,通过引入直达和相连的概念,兼顾了空间位置邻近度和非空间属性,同时具有算法简单、易扩展等优势。流形距离迭代优化聚类则采用流形距离作为评估样本间相似度的依据，将类间相似度小、类内相似度大作为算法的迭代方向。

4. 基于样本更新策略的分类算法

针对更新的数据样本分类目前有以下两种方法。

1）全量数据重迭代：针对新样本结合历史样本重新迭代分类模型，该方法精度较高，但无法利用历史分类结果，浪费计算资源且计算时间较长。

2）增量迭代：基于历史分类结果，将新样本划分到中心离它最近的分类簇中，并重新迭代计算簇内中心点的位置。该类方法优点是响应时间快，但缺点是对异常点区分能力差，泛化能力不强。也有部分研究人员借鉴生物智能的特点，引入遗传算法、蚁群算法等模型来优化增量分类应用。

5. 基于样本高维性的分类算法

由于样本的数据特征不断丰富，高维数据分类已经成为目前研究的热点问题。高维分类主要有以下几点问题。

1）随着维数的增多，分类算法的计算性能出现下降，响应时间变长。

2）存在大量无关分类的特征，导致特征矩阵稀疏，在所有维上进行聚类可能性较小，传统分类方法难以适用。

3）距离与相似度函数失效，必须重新定义距离计算函数和相似度计算函数以规避"维度效应"。

目前针对上述问题，比较典型的高维分类算法有投影寻踪分类算法和子空间分类算法。投影寻踪分类算法是将高维特征映射到低维特征上去，在低维特征完成分类计算。子空间分类算法则是把高维原始特征空间分割成不同的特征子集，并在不同的子空间角度计算各数据簇分类的意义，同时在迭代过程中为各数据簇寻找到对应的特征子空间，最终完成高维数据分类。

第5章

智能运维——从数据预处理开始

本书第1章在介绍智能运维发展历程时,重点提到实现智能运维的必要条件是建设好数据能力,即以数据中台、大数据平台、数据湖等形式存在的数据底座,提供数据采集、数据存储、数据治理、数据服务4项核心能力。在实施智能运维之前,必须对数据底座传输过来的数据进行预处理,将其适配于各类机器学习模型的训练中。

在智能运维领域中的数据,多以结构化和半结构化数据为主,在特定场景中也会涉及一些图片、语音、视频等非结构化数据。由于在进行人工智能分析前,基本都需要输入结构化数据,因此需要对半结构化和非结构化数据进行结构化转换,对结构化数据也需要进行一定的规范化处理。本章将主要介绍结构化数据、文本类数据以及图片数据的预处理技术。

本章将从以下几个方面详细阐述数据预处理相关知识。

- 明确 AIOps 中的数据类型。
- 掌握文本数据与图像数据的预处理手段。
- 了解异构数据的标注方式。
- 掌握结构化数据的预处理技术。
- 掌握文本数据的预处理技术。
- 掌握图片数据的预处理技术。

5.1 结构化数据质量监控与预处理

运维场景中的数据，70% 以上以结构化数据为主，且多是时序类数据，通常来源于多个客户端、服务端。由于这类数据在结构上非常规范，且具有一定周期性，对此数据在挖掘和建模前，必须进行质量实时监控，否则将严重影响后期模型输出结果，即通常说的垃圾进垃圾出（Garbage in Garbage out，GIGO）。

为了控制模型输入的不是垃圾数据，结构化数据采集后主要通过质量监控和预处理两方面来达到目的。

5.1.1 结构化数据质量监控

传统数据质量控制主要着眼于 4 个方面：完整性、准确性、一致性和及时性。完整性是指数据的记录和信息是否完整、是否缺失；准确性是指数据记录的信息是否准确、是否异常；一致性是指同一指标在不同时间、不同位置的结果是否一致；及时性是指要求数据产出的时效性能符合计划要求。

当前企业通过开源（如 Apache Griffin）或定制化开发平台，对上述 4 个方面均有非常成熟的监控技术，在此不再赘述。本书重点介绍在运维场景中，除了上述 4 个方面的监控技术外，还可以通过数据关联技术提升数据质量监控的应用，以某电信运营商无线网运维为案例。

1. 运维领域数据监控存在的问题

电信运营商无线网络规模巨大，每天通过北向接口传输 10TB 以上的数据。由于采集设备的不稳定性、存储设备故障等问题，经常出现数据缺失。由于每天的数据表更新频次、更新文件数及数据量各异，数据缺失后无法快速进行问题定位，导致综合网管系统可用性下降。

目前无线网北向接口数据质量检测主要是对单一数据表完整性、有效性等进行检测，这种检测无法发现整个网元管理系统（Operations & Maintenance Center，OMC）中文件或网元的数据缺失情况。资源数据存储了当天计划上报的网元及 OMC 信息。通过两个数据表关联分析可以发现更准确、精细的数据缺失。此外，当前评估方式是人工抽查，存在检测效率差、不及时，缺乏完整的检测机制等问题。

传统的无线网数据质量评估停留在数据质量完整性、有效性、及时性等指标的评价上，缺乏对数据关联性的定义及分析。而性能数据与资源数据关联后的数据缺失对于网管运维及算法应用具有重要意义。并且传统的运维分析过程多采用 SQL 查询，效率较低、人力成本较高，无法及时发现数据缺失。

上述问题总结为以下 3 点。
- 缺乏多维数据之间的关联分析，无法发现更高维度数据。
- 人工抽查效率低且滞后。
- SQL 查询和分析的效率低。

2. 改进措施

结合实际生产中现网运维经验及智能运维要求，依托网管系统定时采集的数据，在此提出一种基于无线网性能数据和资源数据相关联的 OMC 文件缺失率和网元缺失率两个指标，并借助 Spark 大数据分析技术完成数据质量自动监测的技术。具体流程图如图 5-1 所示。

具体实现步骤如下。

1）数据采集：定时调度 shell 脚本采集 LTE 北向接口网元资源数据与性能数据。资源数据分省以天粒度的方式更新网元基本特性，包括：室内外类型、厂商、类型等。性能数据分省以小时粒度的方式更新网元性能特性，包括：PDCP 上下行流量、RRC 连接用户数、CQI 优良比、同频切换成功率等。

2）数据清洗：北向接口采集网元数据时，由于设备中断或异常经常进行数据补采。补采方式是对小时粒度文件全量追加的方式更新补采数据。需要对此部分数据进行清洗，自动筛选最新日期的数据文件更新到集群中。

3）数据关联性计算：数据孤岛对算法应用意义不大，数据关联性分析提高了数据资产价值及可利用性。通过 Spark 对性能数据及资源数据关联分析，分省市对无线网数据质量进行评估，计算 OMC 文件缺失率、小区缺失率。

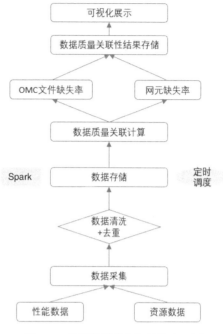

图 5-1　关联数据的指标计算流程图

将关联性引入性能数据、资源数据缺失率评估体系。当整个网元数据缺失时，通过单维度的性能数据将无法判断，资源数据每天更新上报网元数量，与性能数据中网元数量关联后可以得到全部网元缺失数量。由于 OMC 采集过程会出现采集中断的情况，当采集的数据文件无法解压或者文件过小时也会标记为 OMC 缺失文件。

$$P_{OMC} = \sum_{i=1}^{n} P_i / N_{OMC} \qquad (5\text{-}1)$$

$$P_i = P'_i / 24 \qquad (5\text{-}2)$$

$$T = \sum_{i=1}^{n} T_i / Max(N_{pm}, N_{cm}) \qquad (5\text{-}3)$$

$$T_i = T'_i / 24 \qquad (5\text{-}4)$$

其中，P_{OMC} 为 OMC 文件缺失率，P_i 为第 i 个 OMC 的缺失率，N_{OMC} 为 OMC 总数，P'_i 为第 i 个 OMC 缺失文件的小时数，T 为网元缺失率，N_{pm}、N_{cm} 分别为性能和资源数据中的网络总数，T_i 为第 i 个网元缺失率，T'_i 为第 i 个网元缺失的小时数。上述各指标统计时间范围均为 1 天。

4）可视化展示：通过 Vue 框架分省市对不同日期的 OMC 文件缺失率、小区缺失率进行可视化展示，并设定 5% 的缺失预警门限，及时报送运维人员。

3. 改进效果

与传统的数据质量检测相比，该措施借用大数据分析技术实现了无线网海量数据的关联性计算，主要实现以下两点成效。

1）与传统的无线网数据质量检测相比，通过性能和资源二维数据关联重新定义了 OMC 文件缺失率、网元缺失率，更加全面评估数据质量。由于无线网数据分 OMC 以文件的方式存储数据，基于 OMC 维度的数据质量评估可以发现较大维度的文件缺失快速定位问题，基于网元级的数据质量评估可精准发现网元数据缺失。比传统数据质量监测方式在发现缺失的效率上有了大大提升。

2）引入大数据分析技术对性能数据、资源数据进行计算，提高了数据质量分析效率和速度。性能数据分省、分小时、分 OMC 存储在资源池内、资源数据分省分天进行上报。由于关联计算时间复杂度较高，引入 Spark 大数据分析技术将资源数据、性能数据处理成 RDD 基于内存进行计算，比传统人工通过 SQL 查询再计算的效率有了明显提升。

5.1.2 结构化数据预处理技术

从统计学，到数据挖掘，再到人工智能，针对结构化数据的预处理技术和内容已经非常成熟，主要包括数据清洗（Data Cleaning）、数据集成（Data Integration）、数据转换（Data Transformation）、数据归约（或数据压缩、数据消减 Data Reduction 等）4 个部分。其中，从我个人多年数据分析经验的角度认为，第一步的数据清洗工作最为烦琐，其技术含量最低但任务量最大，将数据中噪声清洗干净后，后续每步处理虽不轻松，但均有较为成熟的套路。

另外，特征工程也会涉及较多数据预处理工作，但在数据建模过程中属于相对独立的部分，在此不单独介绍相关方法，在后续章节的具体案例中会将此部分内容进行详细剖析。

1. 数据清洗

针对多个数据源进行汇聚、ETL 处理后，清洗数据中的噪声，概括起来主要是"三值"的清洗：错误值、异常值、缺失值。

错误值一般有 3 种。

- 拼写错误：如姓名字段中对人物名称填写错误、性别中出现非男女的数值等。
- 逻辑错误：同一份数据源或多份数据源中，年龄与出生年月、年龄与收入等字段出现明显逻辑问题等。
- 不一致问题：多份数据中，通常对同一实体的 ID 命名不同，有时定义为 ID，有时定义为 Num，或 No，导致多份数据无法通过主键 ID 关联匹配。

这类问题主要借助描述分析、分布图的方式，用人工筛查和手动的方式处理，没有特别快速和有效的方法。正因为主要是人工处理，往往到后期模型结果出来时才发现，导致数据没有清洗干净，需重新做这步。

异常值是针对连续数值类字段，指偏离经验范围内的取值，如超市销售记录中每人的消费额通常在 0~500 元之间，高于 500 元的可以认为异常。这类问题的清洗分为异常值识别和处理两部分。

- 异常值识别：通常分为专家主观定义和数据分析两种，具体算法在 3.2 节已详细阐述。那些数据分析的方法无论复杂还是简单，本质原理是通过距离、密度来判断彼此间相似性，比如四分位差、马氏距离、欧式距离等。再通过相似性来判断哪些数值与其他数值不一样，计算得到一个"不一样程度"的指标，再根据这个指标转换成每个数值的异常概率。这些方法的应用将在第 6 章通过单指标和多指标异常诊断的案例来介绍。

● 异常值处理：最常用也是最简单粗暴的方法是直接删除识别出来的异常值，这种多是在数据量较大，且删除异常值后不影响后续分析的前提下进行的。如对后续分析产生影响，且识别出较多比例的异常值，不希望直接删除样本数据时，可使用最大最小值来替代那些异常值，即用正常范围内的最大值替代那些超过最大值的样本，用正常范围内的最小值替代那些低于最小值的样本。

缺失值即针对连续数值也针对分类数值，通过简单频次统计即可识别出每个字段的缺失情况，难点在于缺失值的处理技术上，概况为以下几点。

● 直接删除：针对较少缺失值时，且缺失比例在 10% 以下时，可以如此处理。

● 人工填充：针对极少缺失值，且在 50 个以下时，可以如此处理。

● 专家默认值填充：专家对某个字段缺失的原因非常了解，可给到可靠性很高的数值进行填充，如无此类经验丰富的专家，请慎用。

● 众值填充：该方法主要应用在分类字段中，由于分类字段的取值种类较少，众值所占比例较高，具有一定代表性，且当众值占比小于 50% 时慎用。

● 相似人均值填充：或称为同类别均值填充。该方法为笔者在长期应用实践中总结而来的，其完整过程共分三步：第一步，通过相关系数（注意不同变量类型使用的相关系数不同）找到关键变量；第二步，通过每个关键变量取相同或相似值来找到"相似人"；第三步，计算"相似人"在该缺失变量上的均值、标准差、数值分布，用均值替代缺失样本在该变量上的取值，用数值分布和标准差来佐证均值的代表性。数值分布和标准差是用来说明"相似人"在该变量取值上的离散程度。如果离散程度越低，则说明"相似人"的均值代表性越高，越能说明该方法的可行性。该方法笔者认为是大数据缺失值处理技术中最佳的，同时兼具高解释性和计算效率。

● 均值/中位值填充：意指通过字段整体的均值、中位值来替代缺失值。该方法放在末尾介绍，原因在于均值和中位值的代表性一般，解释性较差，不是首选方案，尤其是当数据量在几十万以上，且数据不服从正态分布时，代表性很弱。

● 建模预测：各类相关书籍和文献中提到可以用来预测缺失值的算法有回归分析、聚类、决策树、K 近邻、贝叶斯等，它们通过未缺失字段建立模型预测缺失值，这类方法在实际应用中操作复杂、对后期模型的解释性较差，且计算效率很低，属于最不推荐的方案。

需要注意的是，通过上述各类方法填充的缺失值，缺失比例理论上不应超过 50%，最好是在 30% 以下。当缺失比例超过 50% 时，建议删除字段；如该字段在模型中非常重要，可转换成 0、1 指示变量，用于辅助特征工程，寻找重要字段。

2. 数据集成

将多个来源、多种格式的数据源进行汇聚是最基础的数据融合。该过程主要会受到以下几点的影响。

● 主键不一致：多份数据经常在主键名称定义上不同，如 ID、编号、Num 等，这类问题也属于数据清洗的内容。

● 计量方式不一致：不同来源的数据源，对同一个字段的编码方式、计量单位往往不同，如日期，有的采用 XX 年 XX 月 XX 日，有的采用 XXXX 年 XX 月 XX 日、XX 日 XX 月等。

- 数据重复：不同来源数据汇聚完成后，需要检查同一个实体在各字段上是否存在完全重复的数值，需删除

处理完上述问题后，则可以通过 SQL 或者 Python 数据合并模块直接将数据汇聚在一起。

3. 数据转换

数据转换主要包括数据离散化、数据标准化、数据一般化，三者的目的都是将各字段数据更加规范，更加符合模型的输入。

（1）数据离散化

针对连续数值型的变量进行分箱，本质是根据单个变量取值对实体进行分类，将差异较小的实体合并成一类，差异较大的实体分为不同类别。基于此，分箱的操作有两大类方法：无监督离散化和有监督离散化。无监督离散化是指根据单个字段的数值进行实体分类，常用的算法有等宽法（每类的间隔相等）、等频法（每类中的实体数量相同）、K 均值聚类法（通过欧式距离对实体进行分类）。有监督离散化是通过加入辅助变量，共同对实体进行分类，常见的算法有卡方检验、熵值法，如通过是否生病对年龄进行分箱，第一步将年龄由小到大进行排序；第二步从年龄最小值遍历到最大值，确定分成两类的临界点，临界点将人群分为两类与是否生病变量进行计算，得到的卡方值最大或熵值降幅最大；第三步以此类推找出分成三类、四类的临界点。

（2）数据标准化

通常又叫归一化、规范化、中心化等，目的是消除变量间不同的数量级（量纲）。方法主要有最大最小值法、极小值法、极大值法、对数函数法、反正切函数法，这几种方法转换后的数值范围可控制在 0~1 之间。Z 值法是对原始数据的均值、标准差都进行标准化，转换的数值均值为 0，标准差为 1。均值法又叫中心化法，是在原始的每个数值上减去均值，除了有消除量纲的作用，还可以降低与其他变量生成的交互项产生共线性。

（3）数据一般化

主要是指精简分类变量的取值，类似于连续变量的数据离散化。缘由分类变量的取值较多，且不同取值的实体之间差异不大（这是一般化的主要原因），需要进行合并，方法上通常以分析人员主观判断为主，但完全可以参考无监督离散化和有监督离散化的算法，提升这部分预处理结果的客观性和科学性。

4. 数据规约

数据规约又称数据消减，目的是由于原始数据量过大，不利于后期分析建模，需要从中选取一小部分有代表性的数据，主要分为数据量（行）消减和维度（列）消减两方面。

维度消减是指减少数据中字段的数量，即减少列数，目的是删除不重要的字段，保留重要字段。常用的方法如下。

- 合并字段：将原有多个包含较少信息，且业务逻辑比较接近的字段合并在一起，形成一个新字段。
- 逐步向前选择字段：初始字段集为空，每次从原始数据中选取一个最优字段添加到当前字段集中，直至无法选取出最优字段或达到一定条件为止。

- 逐步向后删除字段：与逐步向前选择字段刚好相反，从全部字段集开始，每次删除一个最不相关的字段，直到无法删除或达到一定条件为止。
- 决策树筛选：通过决策树算法将所有相关字段关联起来，删除那些不在树中子节点和叶节点的字段。
- 主成分分析：针对连续数值型字段，通过协方差矩阵判断相关性高的字段，并从中选取具有代表性的字段。

维度消减一定程度上属于特征工程的内容，目的都是找到重要维度，略有不同的是特征工程更倾向寻找与输出字段相关度高的字段。

数据消减是指减少行数，目的是删除那些信息重叠程度较高的行，保留差异程度较大的行。常用的方法分为参数法和无参数法。参数法是通过模型（如回归、对数模型）保留模型参数，无须保留实际数据而达到消减数据量的目的。在实际中，为了后期数据分析而进行的数据消减往往采用无参数法，得到消减后的实际数据量，具体方法如下。

- 直方图：类似于分箱技术，通过对各字段的直方图直观地进行分箱，减少字段取值的数量，从而达到消减数据的目的。
- 抽样：这是建立在统计学中心极限定理和大数定律的基础上的方法，通常选用完全随机抽样（有放回和无放回均可）、分层抽样、整群抽样、概率与规模成比例抽样等方法。
- 聚类：该方法是先对数据进行行分类，再在每个类中抽取一小部分行数据汇聚成最终数据集，是一种欠采样的算法，简单高效实用，唯一不足的是受数据中异常样本影响较大，异常样本越多，聚类筛选的次数越多。

在实际应用中，抽样使用频率最高，在各数据库中不同程序语言都可以快速实现不同抽样，简单高效。

5.2　文本数据预处理与标注

智能运维涵盖了许多的场景，每个场景都会产生 N 种异构数据。针对这些异构数据需要通过不同的处理分支去消化汲取其中最有用的部分，下面列举了一些文本数据类型进行说明。

- 日志数据：不管是硬件还是软件，在设计之初都会嵌入日志模块用来持续输出其运行状态，日志数据一般为文本形式，存储于文件或者数据库中。日志数据包含字母和数字字符，通过提取响应时间、错误数量等作为度量数据的补充。度量数据可以看作"硬数据"，即与物理层面关联的可以直接获取到的状态数据。日志数据可以看作"软数据"，即需要二次加工才能获取到的逻辑层面的状态数据。
- 文档数据：文档数据中包含语法和语义，是对人可读的数据。文档数据通常需要使用自然语言处理技术（Natural Language Processing，NLP）进行预处理，然后根据任务决定是否需要人工标注。常见的文档数据有厂商提供的设备故障排除手册、运维工程师梳理的故障处理案例集等。

各种类型的数据示例如图 5-2 所示。日志数据需要采集后根据写入规则进行解析，属于半结构化数据；文档数据均需要通过算法或者人工的方式进行二次加工提取，属于非结构化数据。本章会对非结构化数据中用到的预处理技术以及后续标注过程中涉及的一些工具进行介绍。

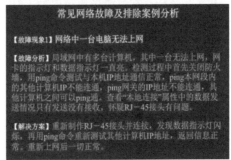

图 5-2　智能运维中的文本数据

5.2.1　数据清洗

1. 编码检查

当打开一个文本文件想要预览里面的内容时，很多时候会出现打开之后是乱码的情况。因此，在读取到原始数据的第一步，先要进行文本编码的检查，确认读出的文本内容不是乱码。下面列出了一些常用的文本编码方式。

（1）ASCII 编码

ASCII（American Standard Code for Information Interchange，美国信息互换标准代码）是基于拉丁字母的一套计算机编码系统。ASCII 编码每个字母或符号占 1Byte（8bits），并且 8bits 的最高位是0，因此 ASCII 能编码的字母和符号只有 128 个。ASCII 编码几乎被世界上所有编码所兼容（UTF-16和 UTF-32 除外），因此如果一个文本文档里面的内容全都由 ASCII 里面的字母或符号构成，那么不管如何展示该文档的内容，都不可能出现乱码的情况。

（2）GB2312

GB2312 是最早一版的简体中文编码，一个汉字占用 2 个字节。GB2312 中收录了 6763 个常用汉字和 682 个特殊符号，其中有一些数字和字母与 ASCII 里面的字符非常像。例如 A3B2 对应的是数字 2，但是 ASCII 里面 50 对应的也是数字 2，它们的区别就是输入法中所说的"全角"和"半角"。

（3）GBK

GBK 是 GB2312 的扩展，加入了对繁体字的支持，兼容 GB2312。经过 GBK 编码后，可以表示的汉字达到了 20902 个，另有 984 个汉语标点符号、部首等。值得注意的是这 20902 个汉字虽然包含了繁体字，但是该繁体字与 Big5（中国台湾）编码不兼容，因此同一个繁体字很可能在 GBK 和 Big5 中数字编码是不一样的。

（4）GB18030

GB18030 解决了中文、日文、朝鲜语等的编码，兼容 GBK。我国在 2000 年和 2005 年分别颁布了两次 GB18030 编码，其中 2005 年的是在 2000 年基础上的进一步补充。至此，GB18030 编码的字符已经有 7 万多个汉字了，甚至包含了少数民族文字。

（5）UTF-8

UTF-8 俗称"万国码"，可以同时显示多语种，一个汉字通常占用 3 字节（生僻字占 6 字节）。UTF-8 是 Unicode 编码的一种，Unicode 赋予了全世界所有文字和符号一个独一无二的数字编号，UTF-8 所做的事情就是把这个数字编号表示出来，Unicode 用一些基本的保留字符制定了 3 套编码方式，它们分别为 UTF-8、UTF-16、UTF-32，其中只有 UTF-8 是兼容 ASCII 的。

上述编码的兼容性可以通过图 5-3 来表示。

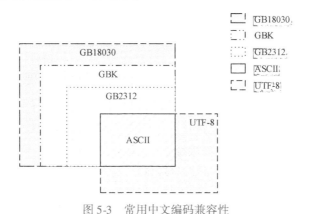

图 5-3　常用中文编码兼容性

2. 文档切分

文档切分操作取决于获得的源数据格式。以故障案例集为例，需要根据 100 例的故障合集得到单一的故障案例，此时需要根据文章段落之间的特定格式以及特定标记符号来区分。例如案例文本之间都会间隔空行，都会有一个小标题，每一段落会有序号编码（如例 405、例 406）等（如图 5-4 所示）。这一阶段需要人工观察总结规律进行切分，对于没有规律的文本只能完全手工操作。

文档切分过程中，不可避免地需要对原始格式的文件进行读写，原格式文件可能是 txt、doc、pdf、xlsx 等，大部分格式文档均需要借助一些第三方的工具包来实现读写。表 5-1 中列举了一些常用的第三方库（以 Python 为例，同时也推荐使用 Python 来清洗数据）。需要注意的是，读取 pdf 或者 doc 的工具有些无法解析其中的表格和图片，而且承载在图片中的文字是无法解析出来的，图片中的文字需要 OCR 技术进行识别。

例405：软件限位超程（设置不当）的故障维修

故障现象：一台配套 SIEMENS SINUMERIK 810 系统的专用数控铣床，在批量加工中，NC 系统显示2号报警"LIMIT SWITCH"。

分析及处理过程：2号报警意为"Y轴行程超出软件设定的极限值"，检查程序数值并无变化，经仔细观察故障现象,当出现故障时，CRT上显示的Y轴坐标确认达到软件极限，仔细研究发现是补偿值输入变大引起的。适当调整软件限位设置后，报警消除。

例406：NOTREADY 报警的故障维修

故障现象：一台配套 FANUC PMO 系统的数控车床，开机或加工过程中有时出现"NOTREADY"报警，关机后重新开机，故障可以自动消失。

分析及处理过程：在故障发生时检查数控系统，发现伺服驱动器上的报警指示灯亮，表明伺服驱动器存在问题。为了尽快判断故障原因，维修时通过与另一台机床上同规格的伺服驱动器对调，开机后两台机床均能正常工作，证明驱动器无故障。但数日后，该机床又出现相同报警，初步判断故障可能与驱动器安装、连接有关。将驱动器拆下清理、重新安装，确认安装、连接后，该故障不再出现。

图 5-4　段落前带有序列编码的文档数据

表 5-1　常见处理文档的第三方库

文档类型	格　式	第三方库
文档	txt	Python 自带的 Open 函数
	doc、docx	python-docx
表格	xlsx	xlwt、xlrd、xlutils、openpyxl
	csv、txt	pandas
PDF	pdf	pdfminer3、pypdf2、pdfminer、fitz、pymupdf 等

3. 文本分词

文本分词这一步骤可以根据具体任务进行选取，如果是一些通用语料，例如百科文本等，可以借助第三方的分词工具进行。但如果是垂直领域语料，则需要先建立专用词库，然后再使用工具进行分词。因为第三方工具中采用的默认词库大多是根据中文百科语料训练得到的，在相对专业的垂直领域下的切分效果往往很差，一般会把长串的专用名词切分成零碎的短词。例如我们希望"上行发包成功率"作为一个专有词汇出现，而通用工具会把它切分成"上行/发/包/成功率"，很难在切分后再将其还原成想要的结果。

下面介绍一些第三方中文分词工具。

（1）HanLP

HanLP 是面向生产环境的多语种自然语言处理工具包，基于 PyTorch 和 TensorFlow 2. x 双引擎。HanLP 2.1 支持包括中英日俄法德在内的 104 种语言上的 10 种联合任务，包括：分词、词性标注、命名实体识别、依存句法分析、成分句法分析、语义依存分析、语义角色标注、词干提取、词法语法特征提取、抽象意义表示。HanLP 具备功能完善、性能高效、架构清晰、语料较新、可自定义的特点。

（2）LTP

LTP 是由哈工大（哈尔滨工业大学）研发的"语言技术平台（LTP）"，其提供了一系列中文自然语言处理工具。用户可以使用这些工具对中文文本进行分词、词性标注、句法分析等工作。需要注意的是 LTP 面向国内外大学、中科院各研究所以及个人研究者免费开放源代码，但如上述机构或个人将该平台用于商业目的则需要付费。

（3）jieba

"结巴"中文分词是一款中文分词组件，支持 4 种分词模式（精确模式、全模式、搜索引擎模式、paddle 模式），支持繁体分词、支持自定义词典、遵循 MIT 开源协议。

5.2.2　数据标注

在智能运维中，需要对文档数据进行标注的场景一般是知识图谱的构建。例如通过故障案例库建立故障知识图谱来辅助人工快速解决发现的故障和异常，本节以这个场景为例，介绍文本标注任务的两个子任务。

1. 实体与关系的标注

实体与关系的标注可以直接对原始语料进行标注，也可以对上一节中的分词结果进行标注，标注分词结果的前提是分词质量较高。下面介绍一些常用的实体关系标注工具，这些工具大部分都是开源的，但是有些遵循 MIT 协议，有些遵循 GPLv3 协议。

（1）Brat

Brat（Brat rapid annotation tool）是一个基于浏览器的文本标注工具，可以对非结构化的文本进行标注整理出固定格式，可以支持简单的命名实体识别标注以及关系提取任务，也可以对标注的实体进行属性设置，将标注与维基百科中的内容关联。Brat 目前最新版本为 1.3 版，仅支持在 Linux 环境中部署，依赖 Python 2.x 运行环境，且在 1.3 版本中包含了单独的 Web 服务器，不再需要搭建 Apache 环境。Brat 运行界面如图 5-5 所示，登录系统后，选中文本会弹出窗口来选择实体类型，通过拖拽标注好的实体可以连接形成关系，双击已经标注的标签可以进行编辑或者删除，最后可以导出三元组表格作为标注结果。

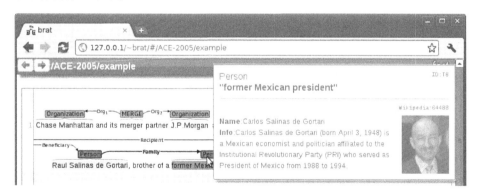

图 5-5　Brat 运行界面

（2）Poplar

Poplar 是由森亿智能 AI 团队研发的 NLP 文本标注工具，是受 Brat 启发并进行多次设计改进后，遵循 GPLv3 协议开源的文本标注工具。不同于 Brat，Poplar 是基于 Typescript 进行开发的，但是二者的使用方法基本是一致的，Poplar 运行界面如图 5-6 所示。

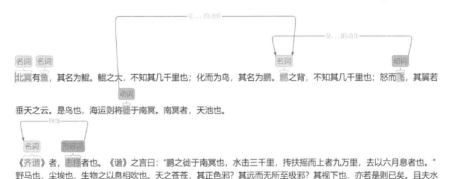

图 5-6　Poplar 运行界面

（3）Label Studio

Label Studio 是一个开源数据标注工具。Label Studio 支持多种数据类型的标注，包括音频、文本、图像、视频等，可以直接通过 Python 的 pip 程序进行安装，然后从浏览器打开 Web 界面，Label Studio 对于文本只支持实体标注，不支持关系的标注，Label Studio 运行界面如图 5-7 所示。

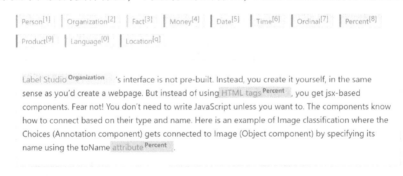

图 5-7　Label Studio 运行界面

（4）Doccano

Doccano 是一个开源的文本标注工具。它提供标注功能，用于文本分类和序列标注，可以创建标签数据以进行情感分析、命名实体识别、文本摘要等，但是不支持关系的标注，Doccano 运行界面如图 5-8 所示。

（5）INCEpTION

INCEpTION 是一个智能协助和知识管理的语义注释平台，只需要安装 Java 环境即可运行，可以完美地支持实体和关系的标注，同时内置推测模型，可以辅助用户标注文本中的实体，INCEpTION 运行界面如图 5-9 所示。

After bowling Somerset out for 83 on the opening morning at
　　　　　　　　ORG
Grace Road │ Leicestershire
LOC　　　　　　　ORG
extended their first innings by 94 runs before being bowled out for 296
with
England discard Andy Caddick taking three for 83 .
LOC　　　　　　PER

图 5-8　Doccano 运行界面

图 5-9　INCEpTION 运行界面

2. 实体对齐

实体的对齐分为实体链接和实体消歧。实体消歧的本质在于一个词有很多可能的意思，也就是在不同的上下文中所表达的含义不太一样。实体链接是在判断两个或者多个不同信息来源的实体是否为指向同一个对象，如果多个实体表征同一个对象，则在这些实体之间构建对齐关系，同时对实体包含的信息进行融合和聚集。实体消歧是解决一对多的问题，实体链接是解决多对一的问题。在专有领域中，出现最多的是实体链接，因为专有领域的名词具有专一性，很少出现词语在某一领域具有两种含义的现象，而实体消歧多在通用领域出现。

图 5-10 所示，在通用领域中，"苹果"可能具有多种含义，可以是一种水果，也可以是苹果公司的简称，这时需要联系上下文进行消歧。例如通过下文出现的"乔布斯"确认它是指苹果公司。图 5-11 所示，在无线网垂直领域中，"空口上行丢包率"和"空口上行用户面丢包率"都有可能出现，但是"空口上行丢包率"一般在无线网中是"空口上行用户面丢包率"的简称（当然还存在"空口上行控制面丢包率"，但是控制面较少被提及，而且不会缩写成"空口上行丢包率"），因此可以将二者进行实体链接并融合，留下较为详细的全称描述。

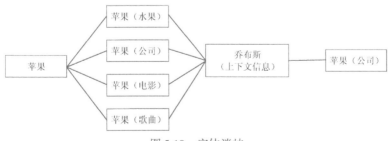

图 5-10　实体消歧

相似度计算常常是辅助实体统一的有效手段，相似度可以通过编辑距离（例如 Levenstein）、集合相似度（例如 Jaccard 距离、Dice 距离）和基于向量的相似度（例如 Cosine 余旋相似度、TFIDF 相似度）进行表示。

图 5-11　实体统一

5.3　图片数据预处理与标注

在智能运维系统的初期阶段，涉及图像数据的可能性较小，而在一个完备的智能运维系统中，图像数据的处理是必不可少的，因为一个完备的智能运维系统不仅仅包含软件层面的运维管理，还包含物理层面及其周围环境的维护管理。智能运中的图像数据来源一般是物理设备运维场景，例如机房巡检中采集的面板示数图像、设备编码图像、设备摆放图像等（如图 5-12 所示）。对于编码和示数等场景，需要通过 OCR 等技术识别提取图像中的数字与字母字符；对于设备摆放等场景，一般是通过目标检测或者图像分割技术确定设备摆放以及走线是否符合规范。

图 5-12　智能运维中的图像数据

5.3.1　智能运维中的视觉任务

在传统的 IDC 机房、变电站或者设备间巡检过程中，需要巡检员按照时间间隔进行每日巡查，需要对设备的各种状态进行核查。而在智能运维对传统运维方式进行改造的过程中，开始有越来越多的厂商开发出机房智能巡检机器人来代替人工巡检。图 5-13 所示，巡检机器人会在每次巡检时通过摄像头对机柜的指示灯、仪表盘、液晶面板、开关等元件进行监测和异常告警。这其中就涉及多种计算机视觉任务。

图 5-13　巡检机器人

1. 文字识别

文字识别技术主要分两个部分：文本检测与文本识别。对于一张原始图像，首先根据文本检测算法得到文字所在位置区域，再将图像中的该区域裁剪下来，然后通过文本识别技术识别出裁剪区域的文字信息。文字识别技术在生活中有着广泛的应用，例如停车场的车牌识别系统、打印机的 OCR（Optical Character Recognition，光学字符识别）系统、银行的票据识别、身份证与银行卡的拍照识别等。虽然文字识别技术已经看似成熟而且可以实现商业化应用，但大都是相对识别精度较高的印刷文档、车牌、身份证、银行卡等文本字体较为常见、识别范围较容易定位检测的应用场景。在自然场景下，因拍照光线多变、背景复杂、字体样式未知等影响，自然场景中的文字识别难度更大。

图 5-14 所示，文字识别分 4 个步骤，首先是对输入图像进行方向上的矫正，防止出现倒立或者旋转的图像；再进行文本框检测，得到单行文本；然后对不规则文本行进行畸变矫正，形成矩形文本图片后进行文本识别，得到最终结果。

图 5-14　文字识别流程

2. 目标检测

目标检测是由计算机视觉与图像处理交叉产生的一种计算机技术，目的是从图片、视频或者网络摄像头中识别出目标所在的位置。目标检测在多个领域都有应用，例如目标跟踪、异常检测、人员计数、自动驾驶、人脸检测等。在目标检测发展之初，其大多数研究方法基于机器学习算法模型，随着计算机硬件计算能力的不断提升，基于神经网络的深度学习方法被大量用于目标检测技术的研究。相比传统的图像处理与机器学习算法模型，基于深度学习的目标检测在识别精度与识别速度上已经有了巨大突破。

5.3.2　图像标注工具

（1）LabelImg

图 5-15 所示，LabelImg 是一个可视化的图像标注工具。Faster R-CNN、YOLO、SSD 等目标检测

图 5-15　LabelImg 运行界面

网络所需要的数据集，均需要借助此工具标注图像中的目标。生成的 XML 文件是遵循 PASCAL VOC 格式的。

（2）Labelme

图 5-16 所示，Labelme 是一个图形界面的图像标注软件，其设计灵感来自于 Web 版 Labelme。它是用 Python 语言编写的，图形界面使用的是 Qt（PyQt）。Labelme 可以对图像进行多边形、矩形、圆形、多段线、线段、点等形式的标注（可用于目标检测、图像分割等任务）。

图 5-16　Labelme 运行界面

第6章

应用聚类算法实现网元智能分类

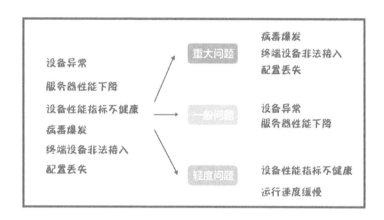

随着电信业务的快速发展，通信网络规模不断扩大，底层数据逐步复杂化和海量化，移动网络的维护优化日益精细化。4G无线网络中，运营商已普遍按照基站和网元的重要程度投入维护力量以降低OPEX（Operating Expense，运营成本）。为了实现数据的有效存储和管理，对大量数据的数据质量评估，通过数据挖掘进行精准维护、分析、应用等工作的重要性日益凸显。基站和网元的重要程度一般由维护优化人员根据一定规则进行人工维护，对于大体量的我国运营商来说，维护成本很高。同时，人工维护也存在一定的主观性、维护及时性、差错率等问题。

本章尝试通过智能算法进行基站等级的自动判断，探索引入自动维护模式，取代人工维护模式。以网元的分类为例，区别于以往根据人为经验和场景来划分网元，从机器学习的角度来对网元进行分类，尽可能地使分类标准相对客观，实证思路体现了网元数据维护智能化、自动化的理念。最终的实证结果也进一步验证了该方法的合理性和可行性。

本章将从以下几个方面详细阐述应用聚类算法实现网元智能分类相关知识。

- 当前网元分类的现状。
- 普通分类算法的思路和效果。
- 改进后的分类算法效果。

6.1 LTE 网元分类存在的问题

LTE 网元（Long Term Evolution，可通俗理解为 4G 网元）是提供 LTE 无线移动业务的基础单位，网元的分布场景是影响网元业务量以及重要性的最重要影响因素之一。从每用户平均收入（Average Revenue Per User，ARPU）角度考虑，维护和优化力量也会考虑这一因素。在日常维护优化工作中，运营商会对流量高的区域配备相对多的维护优化力量，进行更细致的运行质量分析，其维护质量要求相对更高，比如对于故障修复时长或网元退服时长的要求更高等。近几年几大运营商都提出了围绕"场景"的网络建设和质量要求。

常规网元的场景一般在网络建设时，由建设人员在网元的工程参数中对其场景打标签进行分类，在工程验收中由资源维护人员进行资源系统录入。传统的场景标签可以根据需求分为大粒度和小粒度，常规标签可以进行多层设计，如大粒度标签可根据覆盖区域分为不同类型，比如城市、郊区、农村；中粒度标签一般作为大粒度标签的二级标签，比如密集市区、郊区城镇、水域农村等；小粒度标签根据覆盖场景可以分为住宅区、商务区、高铁、高校、风景区等，一般独立于大粒度和中粒度标，为特定分析作基础。

对于运营商而言，人工标签存在以下 3 个主要问题。

● 缺乏完善的标签体系基础：我国覆盖类型和场景多样化，特别是近二十年经济发展势头猛烈，诞生出很多新的场景形态，如高铁与机场一体或地铁与公交一体的交通枢纽、底层 Shopping Mall 与商务楼或住宅的结合等，已有的标签系统已经很难满足精准分析需求。

● 维护工作量大：我国运营商均为大体量运营商，4G 网络的网元均在百万数量级以上，在资源系统里维护时需要针对站址、基站、网元、天线等不同网元对象进行一一维护，维护标签量动辄达 500 万个以上，工作量极大。

● 维护及时性影响因素多：我国尚处于经济快速发展期，城市扩张等情况使场景标签具有动态性。一个正确的标签取决于工程建设或优化人员的现场采集，也依赖于在场景发生变化时能及时修订并及时传递给资源管理人员进行维护，其间涉及多个部门不同角色审核和传递机制、稽核机制等。

在进行数据分析时，错误的标签会产生错误的分析结果，导致决策偏颇。各运营商在进行网络运营的精耕细作过程中，也都在有意识地尝试各种方法，克服当前在场景数据维护中的各种问题。

这时，则需要基于网元的性能、感知、资源等数据特征，通过机器学习算法对网元进行较为客观的分类，并打上相应标签。理想的情况，希望得到的标签既与人工打上的大中小粒度的标签相吻合，又能将每种场景中不相似的网元分开。

6.2 网元分类算法设计

聚类算法是大数据分析中常用的算法，它以相似性为基础，对数据集进行聚类划分，划分若干类后，每类内部的数据最为相似，各类之间的数据相似度差别尽可能大。

　　在电信运营商无线网络中，同一场景中的网元理论上应具备基本相似的运行特征，比如校园场景中，用户聚集度高、业务量大、早上流量明显低于晚间流量；住宅场景中，潮汐效应明显，周末和工作日、工作日的白天和晚上业务差异大。而业务量的差异会表征于网络的其他运行数据上，如 RRC 连接数量等。

　　在对网元分类的业务需求进行初步分析后，笔者首先尝试了将 14 个关键指标原始时序数据直接通过聚类算法进行分类，得到的最优分类结果为两类，如图 6-1 所示。由图可以看出，与实际业务经验相差过大，推测没有对时序指标的数据特征进行充分提取，从而导致网元分类结果与实际不符。

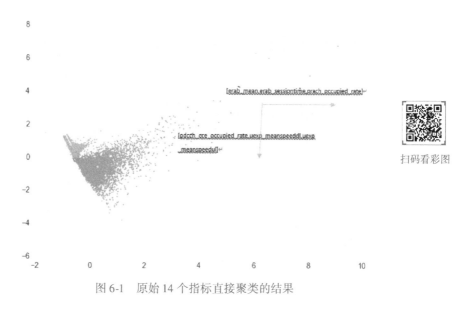

扫码看彩图

图 6-1　原始 14 个指标直接聚类的结果

　　因此，本章先尝试对每个时序指标进行特征提取，再进行降维，最后通过降维后的关键特征进行聚类，实现对网元的客观分类，主要包括图 6-2 所示的 5 个步骤。

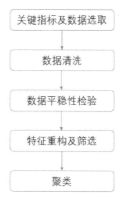

图 6-2　网元分类研究思路

6.2.1 数据与关键指标选取

1. 关键指标选取

运营商在无线网络底层字段加起来有上千个，日常维护分析指标也有几百个，但网络维护和优化专家关注的核心指标不超过 100 个。本案例与无线网络维护优化专家多次沟通，最终确定除了网元基本属性类指标外，网络性能相关的指标共 17 个，见表 6-1。

表 6-1 关键指标列表

指标名称	含义
eqpt_meanmeload	CPU 平均负荷
puschprbtotmeanul_rate	上行 PRB 占用率
puschprbtotmeandl_rate	下行 PRB 占用率
pdcch_cce_occupied_rate	PDCCH 信道占用率
prach_occupied_rate	PRACH 信道占用率
paging_occupied_rate	寻呼信道占用率
rrc_userconnmean	平均 RRU 连接用户数
traffic_actusermean	平均激活用户数
erab_mean	平均 E-RAB 数
rrc_erab_perconnuser	RRC 连接用户平均 E-RAB 数
erab_sessiontime	E-RAB 数据传输时长
pdcp_sduoctul	PDCP 层上行用户面流量字节数
pdcp_sdupktdl	PDCP 层下行用户面流量字节数
phy_throughputul_rate	小区物理层上行接收到的字节总数
phy_throughputdl_rate	小区物理层下行接收到的字节总数
uexp_meanspeedul	用户体验上行平均速率
uexp_meanspeeddl	用户体验下行平均速率

2. 数据选取

基于上面 17 个关键性能指标，考虑到不同时间、不同城市发展水平、不同无线设备厂商的网络性能都有不同，遂选取 A、B 两市随机按设备厂商分层抽样。A 省代表发达地区，B 省代表发展一般地区，分别抽取 1 万个网元，各指标数据在时间分布上为连续一个月按小时粒度的时序数据，具体样本分布见表 6-2。

表 6-2　A 市和 B 市两地网元样本分布

地　区	厂　商	网元总体占比/%	样　本　数	样本占比/%
A 市	M1	28.76	3000	30
	M2	71.24	7000	70
B 市	M1	38.45	3920	39.2
	M2	41.04	3920	39.2
	M3	20.34	1960	19.6
	M4	0.17	200	2.0

6.2.2　数据清洗及平稳性检验

1. 数据清洗

由于选取的 17 个关键指标均为时序类连续字段，因此重点对每个指标的缺失值和异常值进行清洗。首先剔除缺失率在 30% 以上的指标，缺失率在 30% 以下的指标选用临近 2 个时刻的均值进行替代；其次采用 Z-Score 法，将各指标样本中超过正负 5 倍标准差的异常样本数据删除，得到初步筛选的指标样本。

2. 平稳性检验

稳定性是指时间序列的统计性质关于时间平移的不变性、不稳定的时间序列在回归分析等问题中会造成"伪回归"等问题。对于经过初步筛选的样本数据，需要判断这些指标的时间序列是否稳定。

在此选用 95% 的置信度进行单位根检验，即当 P 值小于 0.05 时，时间序列不具有单位根，相应的时间序列不稳定，不稳定的指标将不参与后期数据分析。

经过数据清洗和平稳性检验，A 市和 B 市关键指标分别剩下 15 个和 10 个。

6.2.3　特征生成与选择

经过数据清洗和平稳性检验，得到一组 M×N×T 维的指标（其中 M 为网元数目、N 为筛选后的指标数目、T 为时间段，单位为小时），为了降低聚类算法的计算量，在聚类算法前采用主成分分析来进行降维。主成分分析降维算法能在尽可能保证有原信息的前提下大大减少计算量，是大维度聚类算法中减少计算量的常用方法。

可以用来实现数据降维的算法主要有主成分分析（Principal Components Analysis，PCA）、线性尺度判决等线性降维的算法和局部线性嵌入等非线性的降维算法，选择主成分分析的优势在于其算法简单易操作，且 PCA 是丢失原始数据信息最少的一种线性降维方式，常用于高维数据的降维。主成分分析借助于一个正交变换，将其分量相关的原随机向量转化成其分量不相关的新随机向量，同时根据实际需要从中取出几个较少的综合变量尽可能多地反映原来变量的信息，从而以尽可能少的信息损失达到数据空间降维的效果。

具体的计算方法为，假设 n 维向量 w 为目标子空间的一个坐标轴方向，最大化数据映射后的方差，即：

$$\max_{w} \frac{1}{m-1} \sum_{i=1}^{m} (w^{T}(x_{i} - \bar{x}))^{2} \tag{6-1}$$

其中 m 为数据实例的个数，x_{i} 是数据实例的向量表达，$\bar{x}$ 为所有数据实例的平均向量；如果定义 w 为以所有映射向量为列向量的矩阵，经过线性代数变换，可以得到如下的优化目标函数：

$$\min_{w} tr(w^{T}Aw), s.t. \ w^{T}w = 1 \tag{6-2}$$

其中 tr 表示矩阵的迹（trace），A 是数据协方差矩阵，容易得到最优解 W^{T} 是由数据协方差矩阵前 k 个最大的特征值对应的特征向量作为列向量构成的。这些特征向量形成一组正交基并且最好地保留了数据中的信息，最终 PCA 的输出数据由原始的 n 维降低到了 k 维。

PCA 降维分为时间上的降维和指标上的降维，其中时间上的降维，从 ｛最小值 Min、最大值 Max、上分位数 Q1、均值 Mean、下分位数 Q3、中位数 Median｝6 个特征指标中选取两个周期特征，最终将以小时为单位的数据简化为以天为单位的描述性指标，即新的指标维度为 $M \times 2N$；指标上的降维与时间上的降维类似，在时间上的降维完成后，利用主成分分析算法对 $2N$ 维特征，构造出 3～4 个综合性指标，用于最终的聚类。最终用于聚类算法的指标维度简化为 $M \times 3$。

6.2.4 聚类算法

常用的聚类算法有 K 均值聚类及其衍生算法、DBSCAN（Density-Based Spatial Clustering of Applications with Noise）、高斯混合模型 GMM（Gaussian Mixture Models）等，相对于其他聚类算法，K 均值聚类算法的优势是快速简单、易于实现，且时间复杂度接近于线性，对于处理较大的数据集相对高效；其缺点是对异常值较为敏感，需要提前确定 K 值，且初始聚类中心的选择对于每次最终的聚类有较大影响，鲁棒性较差。

基于主成分分析产生的新指标，考虑本案例数据量和维度数较多，可以充分利用 K 均值聚类性价比较高的优势；而针对其缺陷，通过对数据的清洗去除异常值，并采用 CH（Calinski-Harabasz）指标来确定最优簇数 K，同时通过多次聚类的方式得到最稳定的聚类结果。

CH 指标通过类内离差矩阵描述紧密度，类间离差矩阵描述分离度，具体定义如下：

$$CH(K) = \frac{trB(K)/(K-1)}{\dfrac{trW(K)}{n-K}} \tag{6-3}$$

CH 越大代表自身越紧密，类与类之间越分散，即更优的聚类结果。

K 均值聚类是采用距离作为相似性的评价指标，即认为两个对象的距离越近，其相似度就越大，是一种很典型的基于距离的聚类算法。具体做法为在给定最优簇数 K 后，算法随机生成 K 个初始点为质心，将数据集中的数据按照距离质心的远近分到各簇中，再将各簇中的数据求平均值作为新的质心，重复上述步骤，直至左右的簇不再改变，通常距离采用平方误差准则，定义为：

$$E = \sum_{i=1}^{K} \sum_{p \in C_{i}} |p - m_{i}|^{2} \tag{6-4}$$

其中 p 是空间中的点，m_{i} 是簇 C_{i} 中所有点的平均值。

最终，本案例初始聚类算法的整体思路如图 6-3 所示。

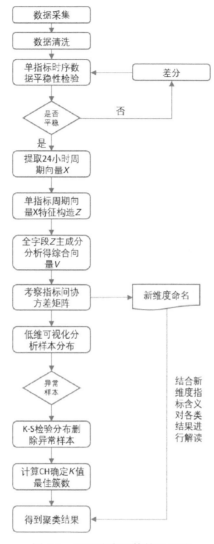

图 6-3　网元聚类整体算法思路

6.3　网元初始聚类结果

以 A 市为例，将详细计算过程逐一进行整理和解读。

6.3.1　平稳性检验结果

对每个网元在每个指标上的数据都进行 ADF 平稳性检验，检验结果显示每个指标基本都有 80% 以上的网元数据符合平稳性检验，将不平稳的数据剔除，不加入后期分析中。平稳性检验结果见表 6-3。

表 6-3   各指标通过平稳性检验的网元占比

指　　标	通过平稳性检验的网元数占比/%
eqpt_meanmeload	89.8
pdcch_cce_occupied_rate	74.2
prach_occupied_rate	84.8
paging_occupied_rate	89.6
traffic_actusermean	90.9
erab_mean	90.3
rrc_erab_perconnuser	90.7
erab_sessiontime	90.6
pdcp_sduoctul	90.9
pdcp_sdupktdl	91.0
phy_throughputul_rate	91.0
phy_throughputdl_rate	91.0
uexp_meanspeedul	91.0
uexp_meanspeeddl	91.0
rrc_userconnmean	90.8

　　在所选取的关键指标中，基本每个指标都存在一定周期性，周期为 24 小时（如图 6-4 所示）。同一基站下不同网元的数据表现不同，因此在表关联时应当保证 omc_id（网管设备 ID）、enb_id（基站 ID）、cel_id_local（网元 ID）3 个字段保证一致。对通过平稳性检验的指标在某一时刻计算多日平均值，获得周期变化曲线，得到一组 24 维的周期向量，描述字段在某时刻的多日平均值（如图 6-5 所示）。

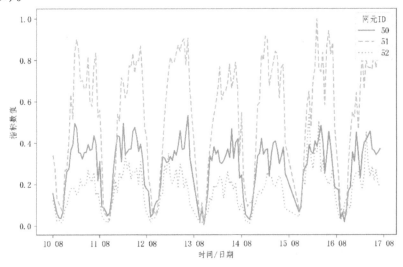

图 6-4   同一基站下不同网元在某指标上的时序图

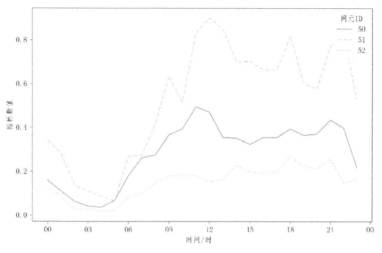

图 6-5　同一基站下不同网元在某指标上的 24 小时时序图

基于各指标在 24 小时内的时序分布特征，接下来对每个指标进行特征生成，即原来每个网元在每个指标上是一列时序数据，特征生成后是每个网元只有一行多列数据（每列为一个特征）。

通过时序图可知，大多指标在 24 小时内并没有明显的周期特征，因此简便处理，对每个指标 24 小时的数据直接生成最小值（Min）、25% 分位数（Q1）、中位值（Median）、75% 分位数（Q3）、最大值（Max）、均值（Mean）、标准差（Std）7 个维度的特征，不再将 24 小时划分为多个时段，每个时段都提取上述 7 个特征。

6.3.2　主成分分析结果

本案例中有两处使用到 PCA 降维，首先是对每个指标在时间周期上的降维，即对每个指标生成的最小值（Min）、25% 分位数（Q1）、中位值（Median）、75% 分位数（Q3）、最大值（Max）、均值（Mean）、标准差（Std）进行降维；其次再对每个指标时间周期提取的维度再进行一次降维，得到最终网元聚类的特征。

1）时间周期的特征降维：以 traffic_actuserconnmean 指标提取的 7 个特征为例，PCA 提取的两个主成分方差贡献率分别为 0.9372284、0.05437434，累计方差贡献率明显超过 80%，达 98%，效果非常理想。两个主成分的特征向量如下。

$$[[\ 0.04331231\quad 0.10609188\quad 0.23324074\quad 0.39949711\quad \mathbf{0.80021571}\quad 0.29058675$$
$$0.21927957\ ]$$
$$[\ -0.09298248\quad -0.22121553\quad \mathbf{-0.56564443}\quad -0.48284969\quad 0.52142008\quad -0.31862823$$
$$0.12616518\ ]]$$

该结果显示 traffic_actuserconnmean 提取的 7 个特征中，第 1 个主成分中最大值（Max：0.80021571）贡献最大，第 2 个主成分中位值（Median）贡献最大。

2）将所有指标在第一步 PCA 提取的两个维度组织特征集，再进行一次 PCA 降维。以 traffic_actusermean、rrc_userconnmean、uexp_meanspeeddl、uexp_meanspeedul 4 个指标为例，每个指标在第一步 PCA 中各提取两个主成分，共 8 个特征，第 2 次 PCA 共提取 3 个主成分，方差贡献率分别为：

0.70179886、0.25707488、0.02433166，累计方差贡献率也达到 98%，效果非常理想。3 个主成分的特征向量如下。

$$[[\ 0.0651582 \quad -0.0063087 \quad \mathbf{0.99571601} \quad -0.00604072 \quad 0.0608322 \quad -0.00524332$$
$$0.02199574 \quad 0.00398672\ ]$$
$$[\ -0.01981448 \quad 0.00106174 \quad -0.06099446 \quad 0.00924572 \quad \mathbf{0.99552361} \quad -0.00497229$$
$$0.0685899 \quad -0.0019723\ ]$$
$$[\ 0.01216261 \quad 0.04483897 \quad 0.00650264 \quad \mathbf{0.99852115} \quad -0.00750639 \quad 0.01257081$$
$$-0.01660356 \quad -0.01627013\ ]]$$

基于此方法，对 A 市 14 个指标，共 28 个特征进行第 2 次 PCA。

6.3.3 聚类结果

将第 2 次主成分提取的特征进行 K 均值聚类，并通过前两个特征对所有网元画散点图，发现明显存在异常样本（图 6-6 所示的红框标注），删除异常样本后，再做 K 均值聚类。

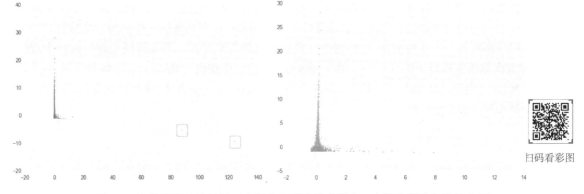

扫码看彩图

图 6-6 初始聚类后的结果（左侧为未删除异常样本、右侧为删除异常样本后）

根据 Calinski-Harabasz 准则，找到最佳簇分离度的 k 值。令 k 在 [2，20] 之间变化，画出各 k 值下的 VRC_k。图 6-7 所示：当 $k=3$ 时，数据分离度最大。因此 A 市 1 万网元最佳分类数量为 4 类。同理，B 市 1 万网元最佳分类数为 3 类。

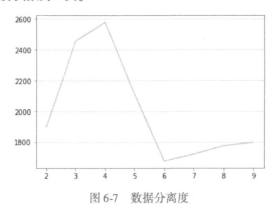

图 6-7 数据分离度

接下来对 A 市和 B 市分类结果进行解读,因为分类结果的合理性决定了此分类方法的合理性。

在 Python 中利用 K-means 函数得到网元的自动化分类后,根据最具解释力的性能指标对各聚类进行命名。从表 6-4 和表 6-5 网元性能指标的描述性统计来看,平均 E-RAB 数、平均 RRC 连接用户数和 PDCP 层上行用户面流量字节数,在前面 PCA 分析中提供了主要解释力,因而根据 3 大指标逐渐增大的趋势将各类小区分为低负荷、中负荷、高负荷和超高负荷 4 类名称。

3 大指标从低负荷小区到高负荷小区均呈现大幅上升的态势,超高负荷小区的各代表性指标均值达到最大。B 市各类指标的描述性统计同样反映出类似的特点。

表 6-4 A 市 4 类网元在各指标的描述统计

指　标	低　负　荷	中　负　荷	高　负　荷	超高负荷
PDCCH 信道占用率	0.116 (0.05)	0.026 (0.022)	0.073 (0.046)	0.17 (0.07)
寻呼信道占用率	0.022 (0.02)	0.028 (0.025)	0.029 (0.023)	0.032 (0.023)
平均激活用户数	0.27 (0.59)	4.85 (4.72)	1.67 (1.41)	6.25 (5.41)
平均 E-RAB 数	1.38 (3.30)	4.99 (4.84)	25.11 (13.59)	82.21 (41.59)
RRC 连接用户平均 E-RAB 数	1.04 (0.29)	1.03 (0.10)	1.03 (0.025)	1.08 (0.04)
E-RAB 数据传输时长	1004.56 (2486.61)	4705.82 (5052.43)	26631.26 (15233.75)	96046.99 (44718.25)
PDCP 层上行用户面流量字节数	6.50 (17.39)	21.94 (24.71)	185.64 (169.30)	756.81 (625.63)
PDCP 层下行用户面流量字节数	55866.41 (141113.72)	187567.14 (195063.14)	1260567.07 (722568.12)	4421003.99 (241548.84)
小区物理层上行接收到的字节总数	0.18 (0.16)	1.48 (0.93)	2.34 (1.74)	3.47 (2.58)
小区物理层下行接收到的字节总数	1.23 (2.00)	11.34 (5.13)	15.33 (4.57)	19.13 (6.68)
用户体验上行平均速率	1.50 (0.35)	24.44 (9.29)	3.04 (2.18)	3.27 (2.71)
用户体验下行平均速率	2.71 (4.36)	2.39 (1.06)	20.10 (8.01)	14.30 (6.83)

注:所展示的描述性统计数据为均值和标准差(括号内为标准差),下同。

表 6-5 B 市 3 类网元在各指标的描述统计

指　标	低　负　荷	中　负　荷	高　负　荷
上行 PRB 占用率	0.15 (0.11)	0.067 (0.051)	0.14 (0.109)
下行 PRB 占用率	0.08 (0.04)	0.04 (0.026)	0.14 (0.088)
寻呼信道占用率	0.011 (0.013)	0.005 (0.004)	0.011 (0.016)
平均 RRC 连接用户数	9.07 (5.61)	2.91 (2.47)	29.04 (13.21)

（续）

指　标	低　负　荷	中　负　荷	高　负　荷
平均激活用户数	1.02（0.93）	0.31（0.36）	2.89（3.28）
平均 E-RAB 数	9.33（5.72）	2.91（2.47）	29.88（13.92）
RRC 连接用户平均 E-RAB 数	1.03（0.04）	1.02（0.053）	1.03（0.04）
E-RAB 数据传输时长	8658.91（6798.86）	3658.63（36254.30）	93775.69（870641.24）
PDCP 层上行用户面流量字节数	40.84（24.22）	11.45（9.53）	138.04（90.60）
PDCP 层下行用户面流量字节数	418228.04（232322.47）	117949.65（98849.07）	1392144.27（850123.19）

　　再看两市每类的网元数量分布与业务经验存在较大出入。从表 6-6 的结果来看，A 市中低负荷和高负荷网元数量在 10%～20%、超高负荷网元占比不足 2%，大多为中负荷的网元（62.55%）；B 市同样以中负荷网元占比最多，接近 2/3，高负荷网元占比不到 5%，没有超高负荷网元。两市分类结果与运维专家的实际经验吻合度一般，分类结果较为理想。

表 6-6　A 市和 B 市各类网元数量分布

网元类别	A 市		B 市	
	网　元　数	占　　比	网　元　数	占　　比
低负荷网元	684	12.13%	2581	28.78%
中负荷网元	3886	68.94%	5974	66.61%
高负荷网元	1004	17.81%	413	4.61%
超高负荷网元	63	1.12%	—	—

　　根据运维经验，还可以通过其他维度的分析，进一步验证分类结果的合理性。接下来对两市基站厂商分布、高铁高校网元分布和地理位置分布结果继续分析。

　　（1）厂商分布结果

　　A 市中，低负荷网元绝大多数为 M1 厂商，而高负荷网元则大部分为 M2 厂商，其中超高负荷小区 M2 主导地位更强；相较其他类别而言，中负荷网元在两家厂商数目基本持平，和实际预期基本相符。

　　同理，B 市除了中负荷网元绝大多数为 M2 和 M3 厂商以外，基本比较均匀；低负荷网元中 M1、M2、M3 三家厂商分布也较为均匀，高负荷网元主要为 M2 和 M3 厂商。而 M4 厂商由于自身总体基数较小再加上数据缺失严重，所以在聚类结果体现很少。两地各类网元的设备厂商数量分布基本与总体中设备厂商分布比例一致（详见表 6-7）。

表6-7　A市和B市基站厂商数量分布

地　区	厂　商	初始占比	低　负　荷	中　负　荷	高　负　荷	超高负荷
A市	M1	30%	97.04%	47.60%	18.9%	8.53%
	M2	70%	2.96%	52.40%	81.1%	91.47%
B市	M1	19.6%	35.41%	12.59%	12.31%	—
	M2	39.2%	27.74%	41.88%	45.82%	—
	M3	39.2%	36.85%	44.79%	41.86%	—
	M4	2%	0	0.74%	0.01%	—

（2）高铁高校场景网元分布结果

表6-8显示：从A市各类网元中高校高铁数目占比的统计可以看出，除了低负荷网元高校高铁占比较少以外，其余各类网元中高校占比在10%左右，而高铁占比均在3%左右；而B市中，高校高铁集中出现在中负荷网元。两市高校高铁用户量庞大，使用网络时间集中，在低负荷网元中的占比与实际经验存在一定差距。

表6-8　A市和B市各类网元高铁高校分布

网元类别	A市				B市			
	高校数	高校占比	高铁数	高铁占比	高校数	高校占比	高铁数	高铁占比
低负荷网元	5	0.73%	5	0.73%	47	1.82%	7	0.27%
中负荷网元	359	9.24%	130	3.35%	25	0.42%	86	1.44%
高负荷网元	118	11.75%	26	2.59%	29	7.02%	27	6.54%
超高负荷网元	6	9.52%	2	3.17%	—	—	—	—

注：表格中的比例为占总体网元（表6-6）的比例。

（3）地理位置分布结果

图6-8显示：在A市中，低负荷网元分散较广，既包括了市中心，也覆盖至郊区；而中负荷和

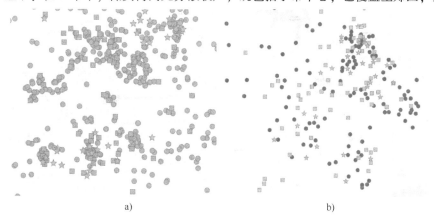

a)　　　　　　　　　　　　　b)

图6-8　两地各类网元的位置分布（左为A市，右为B市）

a) A市　b) B市

高负荷小区则主要集中在城区，高负荷网元集中在几个热门商圈附近，与实际符合性较高。这也和之前的中高负荷小区中高校占比较多结果相一致。

在 B 市网元地理位置分布上，高负荷网元同样集中在市区，比较符合预期经验。中低负荷网元分布相对均匀，数量上也是市区多于郊区。

注：图 6-8a 中圆形标记表示低负荷小区、方形标记表示中负荷小区、星型标记表示高负荷小区；图 6-8b 中超高负荷小区由于数目较少地图上未显示。

总体来看，上述网元分类方法在一定程度上打破了传统手工场景维护模式中存在的问题，创新性地尝试引入对场景维护进行自动分类算法。经过验证后，分类后的网元特征基本符合实际预期，可用于指导维护优化力量的配置，也可用于对人工维护场景标签的审核修改。一定程度上验证了该方法的准确性和合理性，但仍有一定瑕疵，将在 6.4 节继续优化。

6.4　基于改进后聚类算法的网元分类结果

在 6.3 节的内容里，已经初步建立了一套适用于 LTE 网元自动分类的聚类流程方法，然而原有方法存在的一些问题仍然限制了网元分类的效果。例如，原有方法的特征工程中，只提取了不同指标的统计值特征，因此不同类别的网元差异性集中体现在数值分布的差异上。对此，本节将在前述工作的基础上，提出了一套改进的网元聚类算法，通过综合评估网元样本间数值分布差异和时序波动规律差异来作为样本距离的度量方法，并通过多种维度的对比证明网元划分的合理性。

6.4.1　原有聚类方法的改进点

对于原有的聚类算法而言，除了特征提取过于简单外，在聚类算法建模过程中的多个环节也存在各种各样的可改进点。通常来说，在数据资源条件相同的情况下，影响聚类效果的因素从大到小主要包括特征选择与提取、聚类方法和样本相似性度量方法，本节将对这 3 个关系聚类效果的建模环节进行一一分析，并适当地提出一些改进的建议。

1. 特征选择与提取

在特征选择和提取方面，原有方式使用了 LTE 网元的业务流量和性能指标多达 17 个，再算上每个指标的时间维度会导致总体特征维度过大，影响聚类算法的运行速度和效果。因此原有方式从两个方面进行了维度压缩。首先对每个指标在时间上提取了分位数、均值和方差这几类统计值特征，由小时维度聚合到天维度，再使用 PCA 主成分方法对提取后的特征进行了降维。

然而，两种降维方式都会产生一定程度的误差。对于 PCA 降维算法而言，在 2017 年的 NIPS（Annual Conference on Neural Information Processing Systems）大会上，微软提出了 LightGBM 模型，其论文中就对在以往建模时先使用 PCA 算法进行降维的这种操作进行了批评。原文是"these approaches highly rely on the assumption that features contain significant redundancy"，作者认为传统降维方法如主成分分析法和投影法，大都依赖原始特征中含有显著冗余信息这一假设，而在实践中，多数模型的每一个特征都有其独特的作用，减少任意一个特征信息都会一定程度地减弱模型在训练时的准确率。换句话说，相较于原始特征，只要使用 PCA 降维方法，就一定会在一定程度上减少原始特征的信息量。

其次是原有的方法只提取了统计特征，提取的均值标准差以及分位数都只能反应数据在采集窗口内的数值分布差异性，而忽略了时间维度上、不同 LTE 网元之间波动模式、波动周期等时序维度上的差异性。

在本节，使用了更加丰富的特征提取方法，除了原有的统计值特征以外，增加了熵特征和分段特征来反应 LTE 网元在时间维度上的差异性。其中的分段特征，更是使用了 PAA 时序降维方法来取代传统的 PCA 降维方法。

2. 聚类方法

聚类算法是一种依靠数据特征自身的信息对样本进行归类的无监督学习算法，算法的目的是将相似的样本归到同一簇中，使得同一簇内样本的相似性尽可能大；同时不在同一簇中的样本间差异性也尽可能地大。聚类算法可简单划分为以下几类。

● 基于划分的聚类（Partition-Based Methods）：以样本间的度量距离为依据划分类别，主要由 K-means 及其衍生算法组成。

● 基于密度的聚类（Density-Based Methods）：对邻近区域的密度超过阈值的区域划分为一个类，能避免噪声样本的干扰，主要包括 DBSCAN、OPTICS。

● 层次聚类（Hierarchical Methods）：包括合并和分裂两种聚类路径，具体算法包括 BIRCH、ROCK。

● 基于图的聚类（Graph-Based Methods）：将样本点视作图中的节点，适用于各类复杂数据分布的数据集，主要包括谱聚类和 AP（Affinity Propagation）聚类。

原有方案选择的是计算量少、速度快的 K-means 模型，这主要是因为 K-means 算法依托于其自身算法流程的简洁性，K-means 在根据实际场景进行算法改进优化上有很大的空间。例如 K-means + + 改进了原始 K-means 在聚类时，随机选取样本中心的方法，使得下一个样本中心点尽量远离上一个样本中心点；Kernel K-means 算法将原始特征通过核函数映射后进了聚类，克服了原始 K-means 的欧式度量方法不适用于非欧式空间数据集的不足。

本节使用的是 K-medoids 算法，这是因为在 K-means 算法中，由于每次迭代时筛选新的簇中心时，计算的是组内平均值，导致当簇内出现一个极端值时，就会对簇中心产生很大的影响，造成 K-means 算法对于异常值较为敏感，且聚类效果依赖初值。

而 K-medoids 算法挑选簇中心的准则是选用簇内最中心位置的对象，其满足簇内其他样本距离簇中心的距离之和最小这一条件。因此，相较 K-means 而言，K-medoids 算法的鲁棒性更强。

3. 样本相似性度量方法

原有的 K-means 用的样本相似性度量方法为欧式距离。在本节中，由于提取的特征包含了时序顺序信息的特点，因此继续选择欧式距离作为网元度量方法并不合适。例如，面对两个时间序列长短不一致时，或两个时间序列的波动规律存在相似，且存在变动时间差时，欧氏距离无法发挥效用。正因如此，需要对传统的欧式距离进行改进以适应现有场景。

使用 DTW（Dynamic Time Warping）度量方法作为衡量样本相似性的标准。DTW 更加适合衡量实际序列相似度的场景，由于其使用了动态规划的思想，对两个时间序列中的每个点都找到彼此间的两两最近点并进行累加，因此能够克服欧氏距离面对时间序列时的缺陷。详细的对比样例如图 6-9 所示，可以看出，尽管蓝线和红线即波动规律存在相似性，但在整体数值大小和变动时差上都有差异，使用 DTW 度量方法能够准确地将两条曲线最相近的样本点进行匹配计算距离。

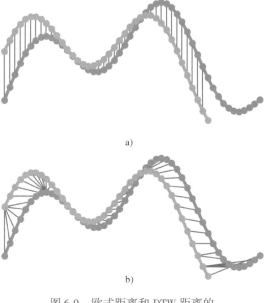

图 6-9 欧式距离和 DTW 距离的
点到点对应计算示意图对比
a）欧氏距离 b）为 DTW 距离

6.4.2 数据预处理

网元聚类使用到的业务流量指标，属于多维时序数据，数据在时间维度上，通常具有一定的相关性。因此，如果对多维时序数据直接套用传统的数据预处理的流程和方法，将掩盖掉一些有用的信息。基于上述因素，在本节并没有沿用原有的数据处理方法，而是进行了如下的数据预处理操作。

1. 缺失值处理

缺失值是对时间序列进行分析和建模时经常遇到的一个麻烦，对时间序列进行缺失值处理的难点在于：对时间序列进行插补时，既要考虑在数值上的相似性，也要考虑在时间上的连续性。对于样本中缺失采样记录、占比较少的数据集，直接丢弃即可，而如果大多数样本都含有缺失值，则需要考虑使用插补方法。

常见的缺失值插补方法包括如下。

- 替代法：例如利用前一刻的数值进行代替，或前一天该时刻的数值进行代替。
- 插补法：常见的有线性插补、k 临近插补。
- 统计模型：即利用历史数据预测当前的缺失值。

对于改进方案而言，仍然选择对缺失记录占比较大的 LTE 网元进行剔除处理。因为缺失值太多的时间序列，即使利用插补技术，也难以产生效果，反而会使插补的错误产生累加，导致和真实情况出现较大偏差，影响下一阶段的处理。

而对于缺失记录较少的 LTE 网元，由于部分 LTE 网元存在连续性数据缺失，使用原有的均值插补方法会破坏原有的数据周期性，导致插补值和真实值误差较大。因此，在改进方案中选择使用线性插补，这样能够更好地拟合缺失时间段的数值变动规律，插补效果如图 6-10 所示。

2. 去趋势

对时间序列进行去趋势主要是为了消除时间序列中可能存在的线性趋势或高阶趋势，通常由原始数据减去拟合直线或曲线后得到。例如建立时间 t 和具体数值的线性回归，用原始值减线性拟合值得到的残差就是去趋势后的时间序列。

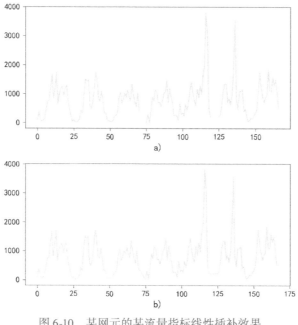

图 6-10　某网元的某流量指标线性插补效果

a）插补前　b）插补后

　　是否要进行去趋势处理，取决于自身的研究目的。在网元聚类中，由于本场景只关心曲线的变动形态，以及数值变动的大致范围，采集导致的数据偏差并不在对网元进行归类所需要的信息里面，因此对指标进行了去趋势处理，处理效果如图 6-11 所示。

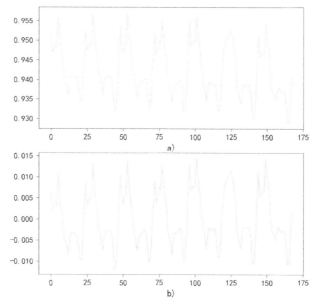

图 6-11　某网元的某流量指标去趋势效果

a）去趋势前　b）去趋势后

6.4.3 特征提取

在原有方案的 PCA 分析中，平均 E-RAB 数、平均 RRC 连接用户数和 PDCP 流量这 3 个流量指标提取的特征提供了主要解释力，因此继续使用 17 个业务流量指标会显得冗余。在本节中，只选取了平均 RRC 连接用户数、PDCP 流量以及新增加的 CQI 优良比 3 个特征作为聚类指标，并以 3 种不同的特征提取方式提取特征。

1. 分段特征

针对上一节原有方法遇到时序维度爆炸的问题，一个显而易见的特征提取方法就是对原始时序数据在时间维度上进行降维，以克服机器学习在面对超长的时序数据时出现的性能问题。分段聚合逼近（Piecewise Aggregate Approximation，PAA）是一种常见的时间序列分段方法，本质是通过分段对数据进行降维。为了将原始 n 维时间序列降维到 N 维，需要将时间序列切割成 N 个分段，在每个分段内计算均值即降维后的分段数值，如图 6-12 所示，经过 PAA 降维后的序列，仍然保留了原始时间序列的形态特性。

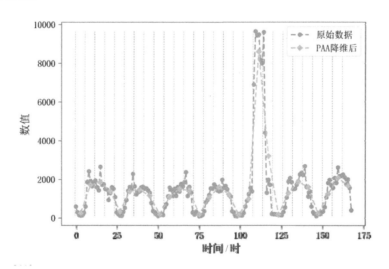

图 6-12 以 PDCP 指标为例，采用 PAA 降维后，时序变动规律信息得以保证，但维度大幅度减小

类似思想的分段特征提取技术还包括分段线性逼近（Piecewise Linear Approximation，PLA）和符号逼近（Symbolic Approximation，SA），出于篇幅限制，不在此一一赘述，读者可以自行查阅相关文献。

本节使用了窗口为 12 的 PAA 降维方法对原始数据进行了降维，降维后的时间序列可以直接作为聚类特征，而不用担心维度爆炸问题。

2. 熵特征

熵通常用来描述系统不确定性的重要指标，一个系统的熵值越大，系统越不稳定；熵值越小系统越倾向于稳定。对于离散空间而言，熵值计算公式如下：

$$Entropy(X) = -\sum_{i=1}^{\infty} P(x = x_i) \ln(P(x = x_i)) \tag{6-5}$$

而对于时间序列而言，可以对其原始数据提取熵特征来反应时间序列的随机程度。例如，当时间序列的变动趋势表现出很强的规律性时，或者说自相关性很强时，它的熵值通常较小；而当时间序列几乎是随机出现，分布较为混乱时，熵值通常很大。对时间序列而言，可以使用如下特征技术计算熵值。

- 分箱熵（Binned Entropy）。
- 近似熵（Approximate Entropy）。
- 样本熵（Sample Entropy）。
- 模糊熵（Fuzzy Entropy）。

其中，分箱熵的计算较为简单，即对时间序列进行分箱离散化操作后，直接代入熵值计算；而近似熵、样本熵、模糊熵则计算过程相对复杂，但大体思想类似，包含以下 4 个步骤。

1）对时间序列 X_i，以 m 为窗口，将 X_i 划分 k（$k = n - m + 1$）个子序列。

2）对每个子序列计算其与剩余序列的距离，形成 $k \times k$ 二维距离列表，其中距离 d_{ij} 定义为两向量对应元素之差绝对值的最大值，$i \le k$、$j \le k$。

3）如果计算近似熵或样本熵，则进行如下步骤：定义阈值 F，对距离列表的每一行计算距离大于 F 的比值，然后求平均得到 C_i^m，$i \le k$。如果使用模糊熵，则根据距离 d_{ij} 计算模糊隶属度，对所有的模糊隶属度求平均得到 C_i^m。

4）对窗口 m 增加为 $m + 1$，重复进行 1 ~ 3 步操作。如果计算近似熵，则熵值 $En = C_i^m - C_i^{m+1}$，2）；如果计算样本熵或模糊熵，则熵值 $En = ln C_i^m - ln C_i^{m+1}$。

出于特征维度的考虑，对以上的熵特征提取技术，只需要采用 1 ~ 2 种即可，本节采用的是分箱熵和模糊熵的特征提取手段。

3. 统计特征

对一段窗口时间内的时间序列提取最大值、最小值、标准差、分位数、偏度、峰度等统计学特征也是一种非常常见的时间序列信息提取方法，主要用来反应时间序列的大体数值范围和分布特性。

本节对 3 种指标提取了标准差和均值两种统计特征。

6.4.4　算法设计

改进后的聚类算法流程图如图 6-13 所示。对预处理后的数据，流程分两部分分别计算样本间距离：一个是通过标准化后的原始数据计算距离矩阵，以反应原始时间序列整体波动形态的差异；另一个是利用在 6.4.3 节中提及的特征提取技术得到的特征数据来计算距离矩阵，来反映样本间的数值分布和波动规律间的差异性。对计算的两个距离矩阵，进行求和操作后输入 K-medoids 聚类模型中进行训练。

使用 K-medoids 进行聚类的第一步是需要确定好聚类类别个数。Gap statistic 方法是通过找到最大的 gap value 来确定类别数的方法，由斯坦福大学的 Robert Tibshirani 等 3 位作者提出，当聚类个数为 k，gap value 的计算公式如下。

$$Gap(k) = E(\log(D_k)) - \log D_k$$

$$(6\text{-}6)$$

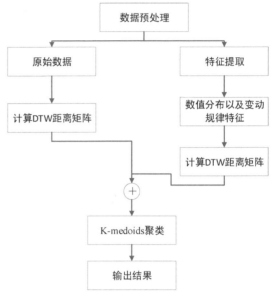

图 6-13　改进后的聚类流程图

D_k 为同类内样本点之间的欧式距离均值，用以衡量聚类的凝聚程度。$E(\log(D_k))$ 为 $\log D_k$ 的期望，通过蒙特卡洛模拟产生。具体流程为随机产生分布均匀且数量和原始样本一致的随机样本，对其做类别数为 k 的聚类，计算 D_k，重复多次最终得到 $E(\log(D_k))$。若聚类效果越好，模拟产生的随机样本 D_k 与实际样本的 D_k 应越大，即 $Gap(k)$ 越大。

在 Gap statistic 方法诞生之前，常用的寻找 K 值得方法是手肘法，即找到组内方差 SSE（Sum of the Squared Errors）下降最快时对应的 K 值。然而手肘法带有与生俱来的主观性和模糊性，使其并不能适用于所有的问题。例如，本节如果使用手肘法判定 SSE 下降幅度最大的 K 值时，就显得力不从心，如图 6-14 所示，在图中很难找到一个明显的拐点去确定 K 值。

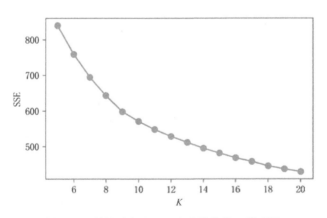

图 6-14　误差平方和 SSE 和聚类个数 K 关系图

而对聚类数从 1~10 计算间隔统计量，结果如图 6-15 所示。在图中可以看到，Gap 值最高的前 3 个聚类数为 2、7 和 10，结合专家建议，即过多的网元类别数对业务帮助并不大，因此将 K 值设为 Gap 值排序第 4 高的数值 5。

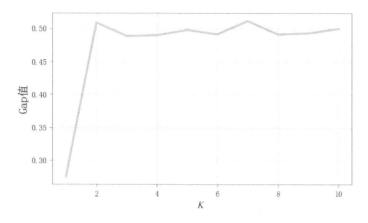

图 6-15　组内方差 SSE 和聚类个数 K 关系图

最后，将计算得到的 $N \times N$（N 为 LTE 网元个数）距离矩阵输入至聚类个数为 5 的 K-medoids 聚类模型中，即可得到最终的聚类标签。

6.4.5　聚类效果

对最终算法聚类得到的网元分类标签，从以下 3 点分别对聚类效果进行展示和讨论。

1. 各类别网元的数值分布差异

选取某市的 1000 余个网元聚类结果标签，以及 3 个流量指标（PDCP 流量、平均 RRC 连接用户数、CQI 优良比），对一周内不同类别的网元在这 3 个指标上的走势进行可视化展示，如图 6-16 所示。

在图 6-16 中也可以看出，PDCP 流量和平均 RRC 连接用户数在可视化呈现上分层明显，在数值和变动规律上都显示了类别间的差异。而 CQI 优良比则相对区分度不如前两者，原因主要包含两方面：一是由于 CQI 优良比的数据波动主要来自不规则的瞬时突降，针对这类型的时序数据进行分层可视化呈现的效果不佳；二是经过查看类间样本的具体数值分布后发现，第 2 类和第 4 类的 CQI 优良比数值的平均水平较为接近。

使用改进的聚类算法进行建模预测得到类别标签后，对每个类别的网元计算 PDCP 流量、平均 RRC 连接用户数和 CQI 优良率 3 个指标的均值，具体见表 6-9。由表可以看出，第 4 类网元个数最少，PDCP 流量和平均 RRC 连接用户数均最大，网元可能属于人流高度密集的区域（如 CBD、高校等）；而第 1 类和第 2 类别网元的 PDCP 流量和平均 RRC 连接用户数均较高，网元个数也较多，网元可能偏向于市中心城镇区域；第 0 类和第 3 类的网元业务流量较低，CQI 优良率也较低，可能偏向于远郊人口密度稀少的地区，其中第 3 类的 PDCP 流量均值在 100 左右，属于低流量网元的集中类别。

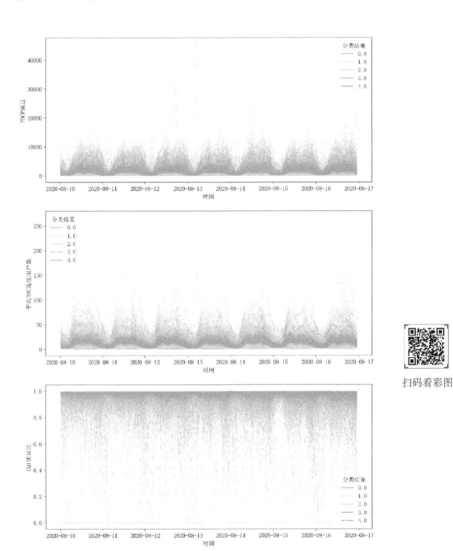

扫码看彩图

图 6-16　在不同特征上聚类结果的可视化

表 6-9　不同类别样本的特征均值

类　别	个　数	PDCP 流量均值	平均 RRC 连接用户数均值	CQI 优良比均值
0	3442	551.046	4.380	0.945
1	2243	1337.534	10.974	0.965
2	1577	2716.097	21.005	0.970
3	1331	127.800	1.158	0.901
4	748	4979.566	41.379	0.971

2. 时序形态差异

对所给类别的网元在一周内各 KPI 的时间序列原始数据进行标准化后，按分类结果展示如图 6-17 所示，淡黑色线条为每个网元样本的曲线，红色线条为聚类中心的曲线。可以看出类别 3 网元通常在晚上时，PDCP 流量均值和平均 RRC 连接用户数均值显著高于白天，而类别 4 内网元则正好相反，这和前文中通过数值判断 3 类网元可能处于远郊地区，判断类别 4 网元属于人流集中区域在逻辑上相吻合。可以理解为白天上班期间，远郊地区的接入流量低于中心地带，而到了下班后，远郊地区的无线网接入反而更加活跃。

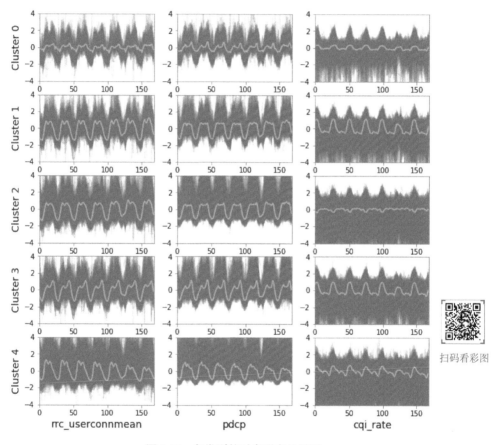

扫码看彩图

图 6-17　各类别的时序形态差异图

t-SNE 是一种非线性的无监督降维算法，降维后的数据在分布空间上仍然和原始特征空间具有相似性，通常适用于将高维度的数据降维到二维或三维，以用来进行可视化。

为了更好地对本节的网元分类结果在 3 个 KPI 的分布维度空间上有更直接的展示，利用 t-SNE 算法，对该市的网元在一周内的多维时序数据从原始的 3×168 维降至 2 维，降维后所形成的二维空间分别在图 6-18 中的 x 轴和 y 轴得到体现。对聚类结果进行可视化展示，结果如图 6-18 所示。图中每个点代表网元样本，不同颜色区分不同的分类结果标签，可以看到除了少部分样本点可能存在被错分的情况外，大部分样本在分布上都被成功地分隔开了，说明聚类算法的无监督分类效果较为成功。

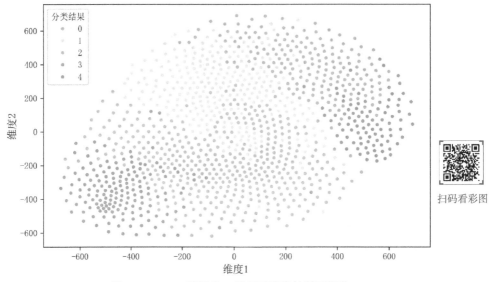

图 6-18　t-SNE 降维为 2 维后的聚类结果可视化

扫码看彩图

3. 和特征子集聚类结果的关联

由于本节使用的聚类算法结合了两种不同的特征集——原始数据和特征提取，为了探究本文聚类方法和单独使用其中一个特征集进行聚类的方法之间的关联性和差异性，设计了以下对比试验。本节分别使用原始数据和特征提取数据单独利用 K-medoids 算法进行聚类，再与本节所使用的方法进行配对，计算两两聚类标签之间的标签分布占比。

从表 6-10 中可以看出，在使用原始数据 + 特征提取聚类得到的编号为 0、1、2、3 的聚类标签之间，原始数据聚类得到的标签分布差异并不大；两种聚类方法在编号为 4 的类别上，分布较为一致。

表 6-10　最终聚合结果和原始数据聚类结果的关联

		原始数据聚类				
		Cluster 0	Cluster 1	Cluster 2	Cluster 3	Cluster 4
原始数据 + 特征提取聚类	Cluster 0	**0.373272**	0.35023	0.112903	0.119816	0.043779
	Cluster 1	0.322835	**0.370079**	0.140857	0.120735	0.045494
	Cluster 2	0.279616	**0.337194**	0.192588	0.130046	0.060556
	Cluster 3	0.288283	**0.39346**	0.188011	0.097548	0.032698
	Cluster 4	0.141697	0.178229	0.198524	0.170111	**0.311439**

而在表 6-11 中可以看出，表中的两种聚类方法在所有类别的交叉分布中，分布差异均较大。

表 6-11　最终聚类结果和特征提取聚类结果的关联

		特征提取聚类				
		Cluster 0	Cluster 1	Cluster 2	Cluster 3	Cluster 4
原始数据 + 特征提取聚类	Cluster 0	**0. 97926**	0. 020737	—	—	-
	Cluster 1	0. 186352	**0. 79965**	0. 013998	—	-
	Cluster 2	—	0. 017207	0. 336201	—	**0. 646592**
	Cluster 3	—	**0. 620163**	0. 225068	—	0. 154768
	Cluster 4	—	—	0. 10369	**0. 470849**	0. 425461

6.4.6　小结

本节对使用改进后的聚类算法实现网元分类的大体框架进行了描述, 针对算法流程中涉及的技术细节进行了一一介绍, 并且在结尾可视化展示了聚类算法的效果。

在后续工作中, 网元分类标签发挥了很多的效用, 例如网元分类标签作为画像信息帮助运维人员进行运维分析; 也可以作为网元异常检测的上游环节, 对其中某类日常流量过低的网元进行额外的检测, 以提升异常检测的准确率。

第7章

应用有监督/无监督算法实现异常检测

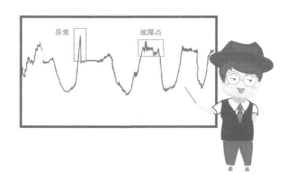

异常检测或异常诊断/发现，是智能运维中首先需要解决的问题，通过业务、系统、产品直接关联的KPI指标进行分析诊断。指标主要包括用户感知类（如页面打开时延）、服务性能（如用户点击量）、服务器硬件健康状况（如CPU利用率、内存使用率）等关键性能指标。

不同场景的异常检测分析的指标种类差异较大，但都具备时序性特点，KPI指标，以毫秒、秒、分钟、小时、天为时间间隔的数据序列都会出现，有些复杂场景的业务，往往会混合多个时间间隔的数据，但均为随时间变化而变化的时序数据。

本章围绕KPI指标的异常诊断，主要说明以下3个问题。

● 单指标异常波动检测：是指为了实现修复BUG、满足新特性、提升性能等需求，对软件进行升级、扩容、迁移或配置更新，导致KPI指标出现突然增大或降低这种剧烈波动，需要在系统中及时发现此类波动，以免影响其他算法产生错误结果。

● 单指标异常诊断：发现那些超出正常取值范围的数值点。与异常波动检测不同的是，异常诊断是在日常指标数值变化中找出异常数值点。此类异常在时间上并不连续，可能只在个别时刻发生，且在数值大小上与正常值相差不一定很大。

● 多指标异常诊断：是针对某类软件、系统、服务器、基站等事物的异常诊断，这类事物是由多个KPI指标组成。此问题又被称为N个事物M维指标T时刻的综合评价问题。与单指标异常诊断不同的是，它是通过多个指标累计体现出的数值差异来反映事物的异常程度。

7.1　单指标异常波动检测

7.1.1　异常波动检测的概念

异常波动，是指在软件升级、配置更新等变化时导致某些指标在变化前后，出现数值剧烈波动的现象，可以是剧烈增长也可以是剧烈降低，从而体现出在软件升级前后，指标数值的分布、均值会出现较大变动。也可以理解成数据发生了集合异常，属于异常诊断中的一种。国内有些学者又将此现象称为概念偏移（Concept Drift）。

异常波动检测在名称上容易与异常诊断混淆，两者的区别可以从图7-1中明显看出。

1）异常诊断是找出数据中与大多数数值不同的个别数值，从异常的定义上就知道，异常的数量相对正常数量一定是极少的，且往往在时间上是不连续的，如图7-1中两个方框选中的点。

2）在 T 时刻前，数据分布基本维持在 0～1 之间稳定波动；到 T 时刻之后，突增到 5～6 之间波动。在 T 时刻出现了一次增长，且增长后维持了较长一段时间，此为异常波动。

异常波动出现的数值变动幅度，与异常诊断找出的异常值与正常值的差异，没有绝对大小关系。不能通过某一个数值的大小来判断是异常波动还是异常值，但可以通过连续多个数值的大小来判断是否出现异常波动。

图 7-1　异常波动检测与异常诊断的区别

异常波动检测的场景，常见于为修复前期软件或设备 BUG、提升性能、增加新需求等目的。软件或设备版本更新部署后，服务性能上会出现一定的波动，有时是符合预期的正常波动，有时是预期之外的异常波动。这两种波动都需要被检测到，再经过运维人员确认，对异常波动进一步分析原因，并相应处理与数值大小相关联的算法参数，如通过异常诊断算法实现。

原有的异常诊断算法的参数是基于历史数据分布进行设定的，当发生异常波动后，数值增加或降低数倍，异常诊断算法会出现误报。如基于专家规则的异常诊断法，原有的阈值肯定不适用于发生剧烈波动后的数值，其他基于统计学、机器学习的算法同样也会受到影响，均需要相应修改参数。

历史上国内外互联网公司均发生过由子软件变更导致的 Web 服务受损甚至中断的事例。如 2014 年 11 月，Microsoft Azure 的一次软件升级导致 Azure Storage 的服务受损。因此，运维人员需要通过 KPI 指标及时评估，发现 Web 服务受损并止损是非常重要的运维工作。

通常在软件变更版本正式部署上线前，会在单机或临时服务器上进行灰度测试，并评估部署后 KPI 指标的变化情况，符合预期后才正式部署，否则将回滚调试直至符合上线条件。

但无论是灰度测试还是正式上线，依靠运维人员人工评估 KPI 指标是否发生异常波动，工作量巨大且易出错。原因主要有以下两点。

1. 低时延和高准确性要求

时延是指异常波动从开始发生到被发现的时间差，时延越低受影响越小。由于异常波动有时并不会对服务性能造成明显变化，用户感知影响不大，这导致运维人员很久之后才发现 KPI 指标发生了异常波动。作者本人曾亲自遇到过这种情况，某厂商基站系统升级，但未在第一时间告知运营商无线网某个 KPI 指标的单位发生了变更，这导致相关数值出现 1000 倍增加，但性能上并没有出现重大告警，以致在月底的经营分析统计中才被发现。

由于异常波动在一开始发生时，并不能及时被判断为异常波动，还需持续关注后续多个时刻的数值变化。至于需要持续观察多长时间，人工很难评估。观察时间越短，时延越低，但准确性也越低；反之，观察时间越长，时延越高，准确性也越高。这种情况只能通过高灵敏的算法替代人工检测。

2. KPI 指标数量多、指标类型多样

一套软件、系统、设备背后关联的 KPI 成千上万，至少也有几百个，且每个 KPI 指标的变化类型并非完全一样，偶尔还有其他类型的指标。另外，一定规模以上的互联网公司，几乎每周都会有软件变更和升级。这么频繁的变更、如此复杂的 KPI 指标变化曲线，靠人眼识别这么多 KPI 指标是否在某个时刻发生剧变，几乎不可能。

正因为 KPI 类型多样，后期在开发相应算法时，可以按 KPI 类型分类设计算法，也可以设计具有鲁棒性的统一算法。

7.1.2 基于统计分布的检测算法

在设计异常波动检测算法前，需从成千上万的 KPI 指标中筛选出关键 KPI，类似于算法中的特征工程。使用的方法为相似性算法加运维专家经验，相似性算法即根据 KPI 指标之间的相关性，计算原始指标集 N 两两相关性，从相关性高的指标中挑选出 1~2 个指标作为代表组成重要特征集 n，再经过专家确认筛选。实际应用中，经过这两步筛选后，通常能从上千个指标中最终筛选出 100 个以下的关键指标。另外，这里的相似性算法也可以换成主成分分析算法或聚类算法（按列分类，选择相关性来计算彼此距离）。

在异常波动检测算法中，最直接的方法则是通过对异常波动前后的数值分布、数值大小进行对比检验，本节将详细介绍此种方法。

1. 算法设计

按异常波动的定义可知：T 时刻发生异常波动时，T 时刻的数值可能是一个异常值（见图 7-1）；T 时刻之后的数值分布一定与 T 时刻前的历史分布不同。可以围绕这两点进行检测算法的设计。

有两种检测异常波动的思路，第一种是先找到异常值点，再对异常值点前后两个时间段的数值分布、数值大小进行差异检验；第二种是直接遍历每个点前后两个时间段的数值分布、数值大小进行检验。

两种思路各有优缺点：第一种思路的优点是计算效率更高，缺点是准确率不高。由于 T 时刻发生异常波动的数值，不一定是异常值，尤其是周期性数据和无序性数据；只有针对平稳性数据时，T 时刻发生异常波动的数值为异常值的可能性较大，适合使用第一种思路。第二种思路与第一种思路的优缺点刚好相反，准确率较高但计算效率低，它需要计算每个数值点前后分布的差异，进而才能判断出异常波动的起始点。这样的计算思路对于每时每刻成千上万 KPI 指标的数据量来说，计算压力非常大。

在进行大量探索研究后，总结出如表 7-1 所示的经验。

表 7-1　两种异常波动检测思路的对比

检 测 思 路	优 点	缺 点	适 用 场 景
第一种：先找异常点，再对比前后分布	计算效率高	准确率低	适用于平稳性数据指标的检测
第二种：遍历对比每个数值点前后分布	准确率高	计算效率低	适用于周期性、无序性数据指标的检测

上述两种思路涉及 3 方面的检测算法：异常值的检测、数据分布差异检测、数值大小差异检测。

- 异常值的检测算法：将在 7.2 节中通过案例详细阐述。
- 数据分布差异检测算法：考虑到数据分布的不确定性，在此将通过统计学中的非参数检验对 T 时刻前后数值分布进行检测，常用的算法有克鲁斯卡尔-沃利斯检验（Kruskal-Wallis test，简称 K-W 检验）、曼-惠特尼 U 检验（Mann-Whitney U test，简称 M-W U 检验，又称曼-惠特尼秩和检验）、Kolmogorov-Smirnov 检验（又称 K-S 检验）。K-W 检验是检验 T 时刻前后两个分布是否来自同一个概率分布，原假设是各样本服从的概率分布具有相同的中位数；M-W U 检验是检验两个总体除均值外，其他参数是否完全相同；K-S 检验是检验两个样本是否来自同一个总体分布，即两个样本分布是否相同。由于非参数检验相对于参数检验在效能上偏低，在实际应用中，需要将这 3 种检验算法通过投票得到最终结果。
- 数值大小差异检测算法：在统计学中，针对两组样本的数值大小也有一些算法，如 t-test、U-test、F-test 等，但这些均属于参数检验，受限于数据分布服从正态分布。在此借鉴 Z-Score 检验算法的思路，以正态分布为例，数值分布在均值 1、2、3 个标准差范围内的概率分别为 68.3%、95.4%、99.7%，可以理解为当某个数据分布在均值以外 3 个标准差的概率为 0.3%，非常低。因此，判断 T 时刻前后两组数据的大小是否出现明显差异，直接判断 T 时刻后样本均值是否在 T 时刻前样本均值的 3 个标准差范围内。在实际业务中，需根据指标数值大小、分布等情况确定几个标准差核实。

检测 KPI 指标是否发生异常波动，核心思路是判断 T 时刻前后两组数据分布、大小是否发生明显变化。第一种思路中先检测出异常值点只是提高检测异常波动的效率，并非是直接检测异常波动的算法。当 T 时刻前后两组数据在分布和大小上同时出现明显差异时，则认为 KPI 从 T 时刻开始较大概率发生了异常波动。当与其关联的 KPI 指标也发生异常波动时，则基本可以确定此异常波动的事实。接下来将分析这次的异常波动是否由其他外在因素导致，或是一种周期性出现的异常波动，排除这两种情况后，再发给运维人员进行人工解析和处理。具体思路见图 7-2 所示。

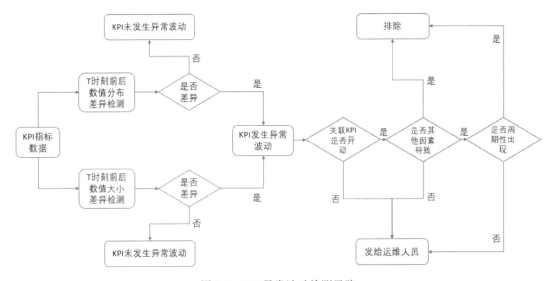

图 7-2　KPI 异常波动检测思路

2. 计算结果

以实际某 IT 运维系统中 3 个 KPI 指标（Radio_SuccConn_Rate、PuschPrbToMeanDI_Rate、ERAB_Drop_Rate）为例，选取从 2020 年 7 月 9 日 5 点到 11 月 13 日 23 点连续 5 个月的数据，时间最小刻度为小时。数据量及缺失比例统计结果见表 7-2。

Radio_SuccConn_Rate、PuschPrbToMeanDI_Rate、ERAB_Drop_Rate 3 个指标的波动趋势分别为平稳型、周期型、无序型，它们的数据量和缺失数量均相同，缺失的时间也相同，推测是由同一原因导致的数据缺失。每天 24 小时，每月 30 天共有 720 条数据，8 月相对其他 4 个月的缺失率较高，超过 30%，直接删除缺失样本。其他月份的缺失值由相邻 5 个数值和上个月同时间数值的均值替代。

表 7-2 各 KPI 指标数据量、缺失数量及占比

	数 据 量	7 月	8 月	9 月	10 月	11 月
Radio_SuccConn_Rate	2641	41 7.84%	264 35.48%	26 3.61%	95 12.77%	91 29.17%
PuschPrbToMeanDl_Rate	2641	41 7.84%	264 35.48%	26 3.61%	95 12.77%	91 29.17%
ERAB_Drop_Rate	2641	41 7.84%	264 35.48%	26 3.61%	95 12.77%	91 29.17%

（1）数值分布的差异检测

通过上述 3 种非参数检验方法对 T 时刻前后的数据分布进行差异检验。开始检验前，定义 T 时刻前的数据分布为 S1，时间跨度为 3 天，即 3×24 共 72 个数据；T 时刻后的数据分布为 S2，时间跨度同样为 3 天。当 S1 和 S2 的分布存在统计学显著差异时，则 T 时刻的数值点为一个疑似异常波动点 A。

基于此定义，可见该算法的时间灵敏度（即出现异常波动后被发现的时间）为 3 天，等于 S2 的时间跨度。如果提高时间敏感度，则会减少 S2 的数据量，从而降低算法准确性。后面将对 S1、S2 不同时间跨度进行进一步分析验证。

为降低犯第一类错误（弃真错误）的概率，3 种非参数检验均以 0.01 的显著性概率为准。先得到 S1、S2 时间跨度均为 3 天的计算结果。

表 7-3 所示，M-W U 检验找出的异常波动点最多，其次是 K-W 检验，K_S 检验得到的数量最少。但数量上仍然与实际情况相差较多，因此首先想到的是通过 3 种方法投票进行筛选，即 3 种方法共同找出的数值点才被认为是疑似异常波动点，这样在数量上有了明显降低，但依然比实际发生异常波动的次数多很多，继续做优化。

表 7-3 3 种非参数检验法找出的异常波动点数量

指 标	K-W	M-W U	K-S	3 种方法投票
Radio_SuccConn_Rate	118	214	63	47
PuschPrbTotMeanDl_Rate	244	403	256	137
ERAB_Drop_Rate	37	134	22	20
3 种指标同一时刻	35	108	22	20

接下来通过修改 S1、S2 时间跨度进行调参。为了提高算法的时间灵敏度，将 S2 的时间跨度调整为 1 天，而 S1 的时间跨度分别设定为 T 时刻前一周、前两周、前三周、前四周的数据量，此次以 3 种非参数检验法投票结果为准，得到下面的结果。

表 7-4 S1 不同时间跨度的异常波动点数量

	前 一 周	前 两 周	前 三 周	前 四 周
Radio_SuccConn_Rate	10	1	0	0
PuschPrbTotMeanDl_Rate	50	38	43	37
ERAB_Drop_Rate	1	3	3	3

从表 7-4 结果的可知，当 S1 的时间跨度延长到两周时，再继续延长，异常波动点的数量变化则不再明显。并且异常波动点的数量，比 S1、S2 时间跨度各为 3 天时明显少很多，更加符合实际情况。

通过修改 S2 的时间跨度调参时，异常波动点的数量并无明显变化。因此得知，在数据分布的差异检测上，应选注意以下几点。

1）选择三种非参数检验投票的方法。

2）S1 时间跨度设定为两周、S2 时间跨度设定为 1 天。

（2）数值大小的差异检测

该检测依然选用上面从 7 月 9 日 5 点到 11 月 13 日 23 点连续 5 个月的数据源，判断 S2 的均值是否在 S1 均值 ±n 倍标准差内。如果是则认为不是异常波动点，如果不是则认为是异常波动点，即均方差检测法。

S1 的时间跨度分别设定为 T 时刻前 1 ~ 4 周，S2 的时间跨度分别设定为 T 时刻后 1 ~ 6 天，n 设定为 0 ~ 10。检验结果显示：异常波动点数量受 S1 和 S2 的时间跨度的影响较小，而受参数 n 的影响较为明显。3 个指标的结果均表明：当 n 为 1、2 时，找出的异常波动点数量有几十个；当增加到 4 及以上时，数量趋于稳定且在个位数范围内（如图 7-3 所示），非常符合该场景下的异常波动情况。

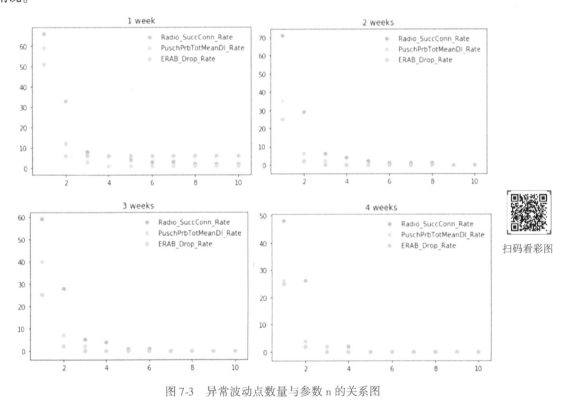

扫码看彩图

图 7-3　异常波动点数量与参数 n 的关系图

因此，可以确定参数：S1、S2 的时间跨度与数据分布检验保持一致，分别为两周、1 天；n 取

4，即 S2 均值在 S1 均值 4 倍标准差范围内，则不是异常波动，反正则是。

　　图 7-4 所示为 Radio_SuccConn_Rate 指标发生一次异常波动的散点分布图，8 月 29 日之前的数据为异常波动前，均处在 0.9-1 之间；8 月 29 日之后发生异常波动，多个数值出现明显下降。

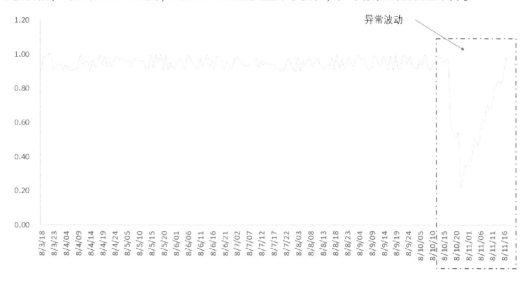

图 7-4　Radio_SuccConn_Rate 发生异常波动的散点分布图

3. 不足

该检测思路在实际工作中，会发现以下两个不足之处。

1）当异常波动持续时间较长时，会提前几个时刻点发现异常波动。

2）S2 中如发生较多（如 10 个以上）极端异常值时，可能会误报异常波动。

7.1.3　其他检测算法

　　在智能运维领域，清华大学 NetMan 实验室在 2017 年、2018 年分别提出 FUNNEL、StepWise 两种方案来解决异常波动检测问题。FUNNEL 使用一种基于奇异谱变换的性能变化检测方法，并使用 DID 方法来确定 KPI 异常波动是否由软件变更导致；StepWise 是利用极值理论（EVT）作为自动设置阈值的工具，能通过通用的经验参数来确定阈值，以及再利用 DID 确定异常波动是否符合预期。感兴趣的读者可以去其官网或数据库查询相关资料进行深入了解。

7.2　单指标异常检测

　　单指标数据波动主要呈现出 3 种特征：周期性、平稳性、无序性。具有周期性和平稳性的数据，一旦发生异常，较容易被识别出。图 7-5a 所示，被方框圈中的数据与其他数据明显呈现出不一致的周期性，很大概率会被诊断为疑似异常点。图 7-5b 所示，在平稳性数据中突然出现明显高于或低于常规数值的数据，同样会被很大概率诊断为疑似异常点。而对于无序性的数据（如图 7-5c

所示），诊断异常值相对较困难些，因为这类数据不属于白噪声序列（即数据分布特征不随时间变化而变化），数值大小和分布不固定，这也是传统规则在这类数据中失灵的原因。

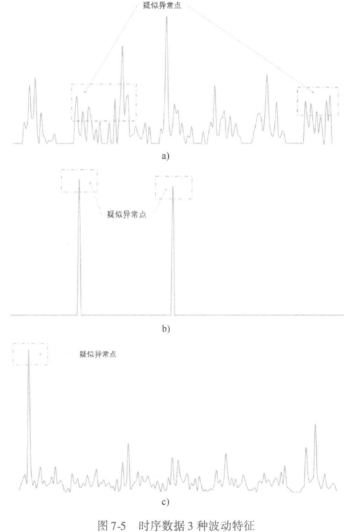

图 7-5　时序数据 3 种波动特征
a）周期性数据　b）平稳性数据　c）无序性数据

异常检测，找出一组数据中的异常，几乎是所有领域都关心的一门技术。它虽然在日常工作中常用、容易理解且门槛低，但做好并不容易。

从图 7-6 可以很容易看出 P_1、P_2 两个点为异常值，但从算法上不太容易归纳出它们的异常特征。P_1 点的数值大小与正常值在同一水平上，只是与其同时间点的取值不同而已，至于相差多少才为异常很难确定。另外，在实际中 KPI 指标像图中如此有规律地变化，且不同周期在同一时间点的数值如此接近是极少出现的。而 P_2 点在数值大小上与正常值相差明显，很容易从数值大小上进行识别。

因此，单指标异常检测的难点主要在于以下几点。

- 异常与正常的标准，复杂多变，难以人工确定。
- 数据虽为时序变化，但包括周期型、平稳型、无序型等多种分布特征，尤其是周期型最难以检测。

图 7-6 单指标时序图

在第 3 章总结了有关异常检测的技术，以及在 Python 异常检测工具 PyOD（Python Outlier Detection）中列举了 20 种常用异常检测算法，这些算法多应用于多指标的检测。在单指标的异常检测中，可用的算法并不多，适用于特定场景的检测算法则更少。

接下来将通过具体案例介绍几种单指标异常检测的算法。

7.2.1 适用单指标异常检测的算法

按照基于统计学、密度和机器学习 3 方面来分类，适用单指标异常检测的算法包括如下。

1. 基于统计学的算法

统计学中常用的异常检测方法为均方差和四分位差两种。均方差法是基于数据服从正态分布情况下，有 66.8% 的数据是分布在均值 ±1 个标准差、约 95% 的数据分布在均值 ±2 个标准差、99.7% 的数据分布在均值 ±3 个标准差范围内。因此可以根据此来判断哪些不属于范围内的数值为异常值，总体属于越接近正态分布，此方法效果越好。

四分位差是将一组数据序列按升序排列，25% 分位数定义为 Q1、75% 分位数定义为 Q3，相应的 50% 分位数（即中位数）定义为 Q2，将 Q3 与 Q1 的差值定义为 IQR，即四分位差。认为在 ［Q1 −1.5×IQR，Q1 +1.5×IQR］范围内的数值为正常值，不在此范围内的数值则为异常值，有时也可以将不在 ［Q1 −3×IQR，Q1 +3×IQR］范围内的数值看作极端值。

这两种方法的含义如图 7-7 所示，均方差法随着标准差的倍数增加，属于异常的概率越高；四分位差法则随着 IQR 的倍数增加，属于异常值的概率越高。1.5 倍 IQR 对应到均方差中，大概为 2.7 倍标准差。在实际中不同应用场景，这两个参数需要研究者多次探索得到。

上述两种方法对于周期型、平稳型、无序型的 KPI 指标都适用，但在周期型数据的检测准确率上略差些，因为它们都没法考虑数据的周期因素。基于此，在均方差法中添加周期性参数，具体实现方式如下。

- 基于历史 t 时长的序列 S，建立基于时间序列的预测模型，如 ARMA、ARIMA、指数平滑法等。预测得到 $t+1$ 时刻的数值 $S_t +1$，与真实值之间的差值超过 3 倍标准差，则认为是异常值。此方法主要优势在于需要人工主观设定的参数很少，只有标准差的倍数需要微调；不足的是需要针对每个 KPI 建立时序预测模型，工作量很大，且模型预测准确率参差不齐，实际中应用并不多。

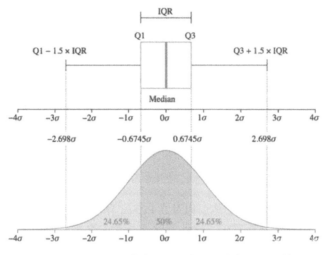

图 7-7　均方差和四分位差法示意图（来自维基百科）

- 选取历史数值，k 个周期同一时刻相邻的 n 个数值，共 $k \times n$ 个数值组成序列 S，判断 $S_t + 1$ 是否在 S 序列的均值 ±3 个标准差范围内。如果在则属于正常值，反之则属于异常值。此方法优势在于简便易懂易操作，且准确率较高；不足之处是需要通过大量数据分析得到 k、n 参数的设定。

2. 基于密度的算法

常见基于密度的算法是 DBSCAN（Density-Based Spatial Clustering of Applications with Noise）和 LOF（Local Outlier Factor）两种。

DBSCAN 是一种比较具有代表性的基于密度的聚类算法。它可以将簇定义为密度相连的点的最大集合，能够把具有足够高密度的区域划分为簇，并可在噪声的空间数据库中发现任意形状的聚类。该算法根据以下两个核心参数来划分簇。

1）最小样本数（min_samples），即每个簇能形成的最小数据量。

2）最大半径距离（eps），即簇中两个数据点允许的最大距离。

通过此方法可以将那些不能归于某个簇的数据点认为是异常值。此方法最大的不足是检测结果对上面两个参数非常敏感，生成系统的异常检测较少使用。

LOF 是通过比较每个数据点 p 和其邻域点的密度来判断该点是否为异常点的，点 p 的密度越低，越可能被认定是异常点。由于 LOF 算法通过点的第 k 邻域，而不是全局来计算，因此得名为"局部"异常因子。

如果 p 和周围邻域点是同一簇，那么可达距离可能为较小的 $dk(o)$，导致可达距离之和较小，密度值较高；反之可达距离可能都会取较大值 $d(p,o)$，导致密度较小，则可能是离群点。

而局部离群因子越接近 1，则说明选取点的邻域点密度接近，该点与邻域可以属于同一簇；如果这个比值小于 1，则说明选取点处的密度高于其邻域点密度，为密集点；如果这个比值大于 1，则说明选取点处的密度小于其邻域点密度，该点可能是异常点。各符合代表含义见表7-5。

表 7-5　LOF 算法相关指标

指　标	说　明
$d(p,o)$	p 和 o 两点之间的距离
$d_k(o)$	第 k 距离，即距 o 第 k 个最近的点与点 o 之间的距离
$N_k(o)$	点 o 的第 k 距离邻域，即 o 的第 k 距离内所有点
$reach\text{-}dist_k(p,o) =$ $\max\{k\text{-}distance(o),d(p,o)\}$	可达距离，点 o 到点 p 的第 k 可达距离，至少是 o 的第 k 距离，或者是 o、p 之间的真实距离
$L_{rd} = \dfrac{\sum_{\in N_{kp}} reach\text{-}dist_k(p,o)}{N_k p}$	局部可达密度（lrd），表示点 p 的第 k 邻域内点到 o 的平均可达距离的倒数。也就是说在 p 点 k 临近域中单位距离下点的个数
$LOF_k(p) = \dfrac{\sum_{o \in N_{kp}} \frac{lrd_k(o)}{lrd_k(p)}}{|N_k p|}$	局部离群因子（LOF），表示点 p 临近点 $N_k(p)$ 的局部可达密度与点 p 的局部可达密度之比的平均数

3. 基于机器学习的算法

绝大多数用于异常检测的机器学习算法是针对多指标场景的。可用于单指标检测的算法主要是聚类算法，以 K-means 最为常用。它的检测思路同 DBSCAN 一样，认为那些不属于任何簇的数值，或在簇中离簇中心距离较远的点为异常值。

由于单指标异常检测的是一维数据，按照数据之间距离进行聚类后，那些单独作为一个簇的数值很可能为异常值，如图 7-8 所示的 P_1；而在一个簇中偏离簇中心较远的数值也可能是异常值，如图 7-8 所示的 P_2、P_3。这类异常值在数值大小上很可能并不是取值极大或极小，且没有时间特征，在业务上较难理解，这类数值被诊断为异常值主要原因是与其大小相当的数值点出现概率低。

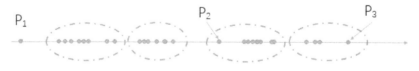

图 7-8　聚类算法示意图

其实聚类相关的算法也主要针对多指标异常检测，在单指标异常检测场景中，可以针对无序性、平稳性的 KPI 指标进行尝试，周期性指标不建议使用。

7.2.2　算法计算结果

以某区域多个基站的网络流量 KPI 指标近 200 万条时序数据为例，此数据有如下特征。

- 数据具有一定周期，但周期特征并不稳定，表现出同一个周期点的数值经常相差较大。
- 由于流量数据自身特点，其存在多个周期，每天中午、下午到晚上的流量高，夜间流量低；每周周一至周五流量高，周六、日流量低；每月月初流量高，月末流量低；每季度偶尔还会季度初流量高，季度末流量低。周期特征较为复杂。

因此，不考虑基于周期性调参的均方差方法，直接选用四分位差、LOF 和聚类算法做对比。每种方法均通过 5 次随机抽样循环验证算法结果的稳定性。

1. 四分位差法

计算步骤如下。

1）将所有基站流量数据存入列表 flow_list 中，并计算该列表 flow_list 的长度 len。

2）对列表中的所有流量值进行排序，得到排序后列表为 flow_sorted。

3）在 flow_sorted 列表中找到 25% len 位置的流量值，将该值记为下四分位数 Q1。

4）在 flow_sorted 列表中找到 75% len 位置的流量值，将该值记为上四分位数 Q3。

5）令 IQR 的倍数 $k = 3$，计算流量的最小估计值和最大估计值；最后找出大于最大估计值和小于最小估计值的流量数据作为小区流量诊断的异常值。

得到表 7-6 所示的结果。

表 7-6　5 次四分位差法的检测结果

样本组	1	2	3	4	5
样本数	193519	193519	193519	193519	193519
Q1	0.21	0.21	0.21	0.21	0.21
Q3	50.59	49.94	50.53	49.23	50.19
异常率	12.70%	12.72%	12.57%	12.61%	12.63%

5 次试验的 Q1 值均为 0.21，Q3 的值在 50 左右，当 IQR 倍数 k 值取 3 时，检测出的异常率均在 12.7% 附近，说明四分位差方法在本试验中对流量数据异常值估计的稳定性较好。但该方法找出的异常值均为大于 $Q3 + k \times (Q3 - Q1)$ 的部分，即图 7-9 所示均为取值较大的异常值，而没有因取值较小被检测异常的数值。

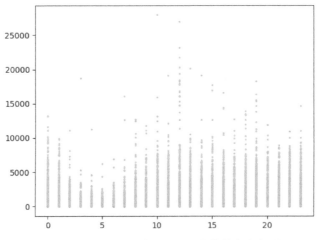

扫码看彩图

图 7-9　四分位差法检测出的异常值散点分布图

注：红色为异常值、绿色为正常值；横轴为小时，纵轴为流量数值大小

2. LOF

计算步骤如下。

输入：基站流量值和该流量值对应的时间，时间 i 的范围为 $0 \leqslant i \leqslant 23$。

输出：各样本点的局部离群点因子 LOF。

1）根据时间将流量值分为 24 类，其中每一类对应同一个时刻的所有流量值，即第 i 类对应所有第 i 时刻全部流量。

2）由于每一时刻流量与前两个时刻流量和后两个时刻流量关系较为密切，所以对每一时刻 i，将其前两个时刻（$i-1$、$i-2$）和后两个时刻（$i+1$、$i+2$）的所有流量值分别加入到第 i 时刻；即第 i 类中所有流量值为时刻 $i-2$、$i-1$、i、$i+1$、$i+2$ 的所有流量数。

3）根据 LOF 算法计算 24 类中每一类所有流量数的异常因子。

4）由于第 i 时刻在第 $i-2$、$i-1$、$i+1$、$i+2$ 时刻都分别计算过，即每一个时刻中全部流量数据分别被计算过 5 次。统计每一时刻的每一个流量所对应的 5 个 LOF 值，并找到 5 个 LOF 中的最小值，作为该时刻流量所对应的异常因子。

5）合并 24 类，形成一个包含全部时刻的流量数据及各流量对应的 LOF 因子的值。

6）对第 5 步结果，找到合理的异常因子值，其中所有小于该因子值的流量数据为异常流量值。

从上述计算过程可知，LOF 法不仅考虑了流量数值大小上的分布和差异，还考虑了时间因素，将同一时刻（i）、前后相邻两个时刻（$i+2$、$i+1$、$i-1$、$i-2$）的数据放在一起对比，一定程度上优化了算法的适用性。

在计算可达距离时，将局部邻域的 k 参数设定为 50（实际中根据计算的数据量设定为 20～200 不等），再统计不同局部因子与检测出的异常值数量分布（如图 7-10 所示），选择合适的异常因子。

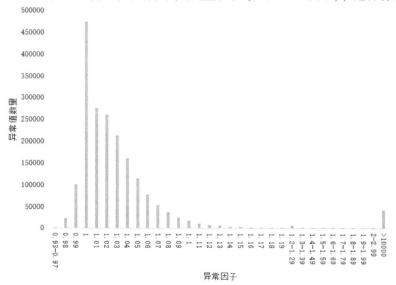

图 7-10　不同异常因子与异常值数量分布（$k=50$）

注：图中异常因子均为省去负号

异常因子从 -0.93 降低到 -1 时，异常值的数据逐渐增加至 473512 个；异常因子由 -1 降低到 -3 时，异常值数量迅速衰减到十位数；异常因子继续降低到 -10000 以下时，异常值数量又有所增加。

在此根据业务上异常值数量的理解，选择异常因子为 1.16，得到异常值结果见表 7-7。

表 7-7　5 次 LOF 检测结果

样 本 组	1	2	3	4	5
样本总数	193510	193510	193510	193510	193510
异常因子	-1.16	-1.16	-1.16	-1.16	-1.16
异常率	8.42%	8.67%	8.92%	8.53%	8.52%

5 次试验检测出的异常率均在 8% ~9% 之间。从图 7-11 中可以看出，该算法由于考虑了时间因素，各小时检测出的异常值分布并不相同，在数据集中找出相对离散于整体数据集的点，并将该离散于整体的点定义为异常值。当数据接近 0 值时，异常点较多，当数据较大时，即流量数据值在整体的密度较小时，也为异常值，中间的部分中也有一部分异常值。

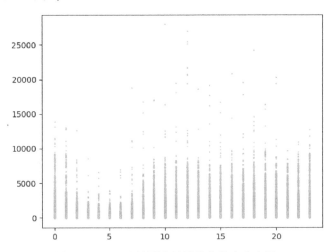

扫码看彩图

图 7-11　LOF 法检测出的异常值散点分布图

注：红色为异常值、绿色为正常值；横轴为小时，纵轴为流量数值大小

3. 聚类分析法

K-means 聚类计算步骤如下。

1）根据聚类的平方误差 SSE 最小化的准则，选取聚类个数为 3 类。为了达到比较好的聚类效果，将这 3 类初始中心点两两之间的距离设定比较远。

2）计算每一个点到这 3 类中心点的距离，并判断其离哪个中心点最近，并将该点划入距离最近的中心点所在的分组中。重新计算 3 类中心点。

3）重复步骤 2）1000 次。

4）找出那些到其所属聚类中心的欧式距离大于所属类所有点到类中心欧式距离的均值 3 倍的

点，并标记为异常。

重复 5 次试验，得到的结果见表 7-8：计算中由于将类别数控制在 5 类以下，未出现某个类只包含极少样本作为异常值的情况。异常值主要是通过每个类中偏离类中心 3 倍以上聚类的样本得到。

5 次试验中，3 类找出的异常值数量变化很小，总的异常率均在 8.3% 左右。从异常值的分布图来看，由于算法中未考虑时间因素，每个小时找出的 3 类异常值大小分布上非常集中，异常值在图中明显呈现出 3 条水平线（如图 7-12 所示）。因此，可以看出该算法只从数值大小本身考虑，结果并不理想。

表 7-8　K-means 聚类结果

样 本 组	1	2	3	4	5
样本数	114000	114000	114000	114000	114000
分类数	3	3	3	3	3
K1 异常率	$\frac{8961}{110233}$	$\frac{8881}{110412}$	$\frac{8961}{110409}$	$\frac{8975}{110266}$	$\frac{9001}{110263}$
K2 异常率	$\frac{275}{3122}$	$\frac{266}{2987}$	$\frac{290}{3025}$	$\frac{293}{3144}$	$\frac{309}{3121}$
K3 异常率	$\frac{40}{645}$	$\frac{38}{601}$	$\frac{40}{566}$	$\frac{45}{620}$	$\frac{40}{616}$
总异常率	8.38%	8.3%	8.29%	8.41%	8.45%

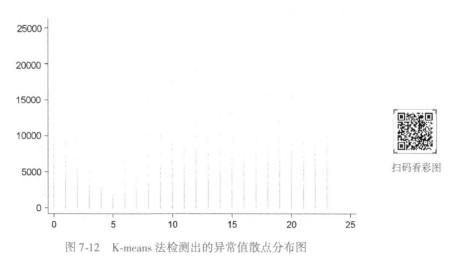

扫码看彩图

图 7-12　K-means 法检测出的异常值散点分布图

注：红色为异常值、绿色为正常值；横轴为小时，纵轴为流量数值大小

7.2.3　小结

3 种针对单指标的异常检测方法，由于实际运维场景的指标数据除数值大小的属性外，还包含

其他因素，如本节案例中流量数据还和时间密切相关，算法中应该考虑时间因素。为此改进后的 LOF 算法，结果明显比其他两个算法好一些。

从算法本身来看，3 种算法均是从数据集中找离群的数值，结果的稳定性相差不大；计算速度方面，四分位差法最快，K-means 其次，LOF 最慢；人工调参方面，四分位差法只有一个参数（IQR 的倍数），K-means 至少有两个（分类数、与类中心偏移量），LOF 至少也有两个（局部邻域 k、局部异常因子）。因此，在百万数量级的单指标异常检测中，优先推荐使用 LOF 法。

7.3 多指标异常检测

在运维工作中的异常检测，碰到最多的场景是针对多指标的异常检测，本节将详细介绍该领域的相关算法及应用。

实际中多指标异常检测的需求，是需要检测某个事物（如某个设备系统）在什么时间会发生异常，且需要告知业务人员为什么该事物会发生异常。这包含两个过程，前者是异常检测，即通过对比 n 个事物在 m 维 T 时长的指标数据，找出哪些事物相对异常；后者是根因分析，即找出该异常事物是由哪几个关键指标、在哪些时刻导致的。两者之间的关系可以用图 7-13 所示的关系图来说明，每个事物 n 由多维指标 x 来衡量，异常检测是通过多维指标计算每个事物累计偏移量，再找出累计偏移量最大的几个事物即为异常事物；根因分析法是针对已找到的异常事物，分析多个维度的指标中哪些指标偏移程度最大，哪些是导致该事物异常的主要原因。

本节将重点介绍异常检测的技术方案，共包括 3 种方案：基于机器学习的检测、基于深度学习的检测、基于专家经验的综合评价法检测。三者的区别在于：机器学习主要依靠研发人员经验提取特征，深度学习是算法自动提取特征，再通过提取到的特征，分析每个点在空间中的偏离程度，那些在空间中偏离较远的点则被认为是异常点。

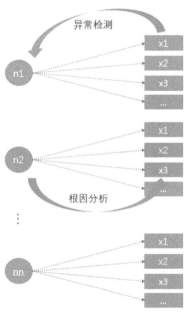

图 7-13 异常检测与根因分析关系图

而基于专家经验的综合评价法与前两种方案最大的区别是对"正常"的定义。机器学习和深度学习认为出现次数最多的数值，或密度最高的区域为"正常值"。但某些领域，专家并不这么认为。实际场景中每个指标具有特定意义，每个指标的取值也有实际意义。因此，在计算每个点的偏离距离时，专家认为"正常值"有时并不仅仅是密度最高的地方，而是需要根据实际业务定义的。

从图 7-14 中可以清晰看出上述描述的区别。图 7-14a 是先通过机器学习和深度学习找出重要特征，再根据重要特征计算偏离距离，最后将游离在数据外围的点确定为异常值（图中星形的点为异常值）；而图 7-14b 先通过基于专家经验综合评价法利用权重确定原始 KPI 指标中的重要特征，再根据每个特征中最优值计算每个点的偏移量，最后与各特征最优值累计偏移量最大的点被确定为异常值（图中星形点为异常值），不考虑该点附近是否有其他值（即该点的密度）。

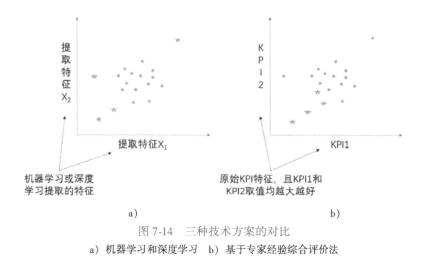

图 7-14 三种技术方案的对比

a）机器学习和深度学习 b）基于专家经验综合评价法

7.3.1 基于有监督算法与无监督算法相结合检测

有监督算法和无监督算法的区别在于是否有标签数据，对于算法来说，有标签肯定比没有标签更好，但在运维场景中，尤其是做异常检测的运维场景中，需要标签数据再做异常检测，存在以下问题。

● 人工进行分析、筛选、定位，再打标签，效率低，相对于海量 KPI 数据来说实在太少了。

● 不同运维工程师在经验积累的程度上参差不齐，对相同数据的认知不同，凭借他们自身的运维经验所标注出的异常数据即有可靠的异常标签，也可能有嘈杂的正常标签（即虚警）。

● 同一运维工程师，在不同时间对相同数据的认知也会不同，会进一步影响标签的可靠性。

上述标签的问题，除影响训练出的有监督算法结果外，在异常检测领域常用的无监督算法也存在一定问题。通用的异常检测算法，例如基于测量密度与 KNN（K-Nearest Neighbor）的异常检测、基于投影距离与 PCA 的异常检测、Isolation Forest、One Class SVM、KDE（核密度：Kernel Density Estimation）等，并不能很好地兼顾异常孤立点、异常周期以及异常集合的检测（这 3 种异常的含义可回顾 1.3.1 节的内容）。

在对比多种算法后，选取了效果最好的 4 种算法进行分析以及后续试验。从图 7-15 可以看出 KNN 与 One Class SVM 对于 ERAB_AbnormRel（异常释放）指标异常并不能很好地检测出异常网元集合，而 Isolation Forest 与 PCA 对于 RRC_AttConnReestab 指标异常也存在漏检的问题，所以这些无监督算法往往不能很全面地找出运维场景中的异常。

图 7-15a 是基于测量密度与 KNN 的异常检测算法对 ERAB_Abnormal 指标进行的异常检测，图 7-15b 是 One Class SVM 算法对 ERAB_Abnormal 指标的检测结果，图 7-15c 是 Isolation Forest 算法对 RRC_AttConnReestab 指标的检测结果，图（d）是 PCA 算法对 RRC_AttConnReestab 指标的检测结果。

本节将介绍一种结合有监督算法与无监督算法的学习方法，可以较好地提升无监督算法的检测性能。

1. 算法设计

本次方案针对电信运营商中的网元异常检测，其所有的时序窗口数据如图 7-16 所示，可以视为集合 X，单一网元时序窗口为集合 X_n，二者关系可以表述为 $X = \{X_1, X_2, \cdots, X_n\}$，$n$ 代表集合 X 中包含的网元个数。时序窗口内单一时刻的多指标数据为 S_t，$X_i = \{S_1, S_2, \cdots, S_t\}$，$t$ 为时序长度，多指标数据 $S_t = \{s_t^1, s_t^2, \cdots, s_t^k\}$，$k$ 代表指标维度。

接下来需要通过多指标无监督算法检测出异常的网元 X_i。判断网元 X_i 存在异常的依据是 X_i 中某个指标序列 $\{S_1^l, S_2^l, \cdots, S_t^l\}$，$l \in (1, \cdots, k)$ 存在时序上的异常值 $S_{abnormal}^l$（对应异常孤立点），或者异常子序列 $\{S_a^l, S_{a+1}^l, \cdots, S_{a+t}^l\}$，$a \in (1, \cdots, n-t)$（对应异常周期），或者该序列与其他网元的时序序列变化不一致（对应异常网元集合），综合异常孤立点、异常周期的检测以及网元集合的异常检测，确定异常网元。

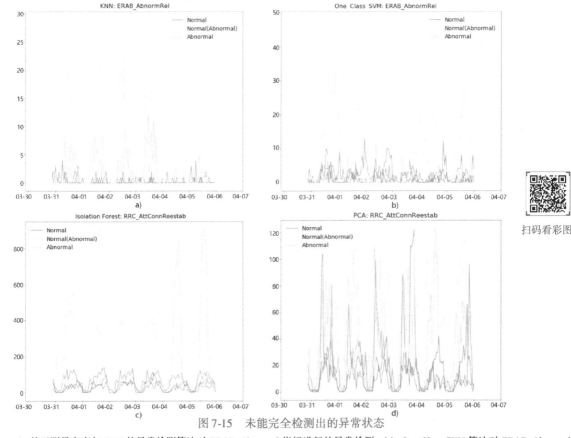

扫码看彩图

图 7-15　未能完全检测出的异常状态

a）基于测量密度与 KNN 的异常检测算法对 ERAB_Abnormal 指标进行的异常检测　b）One Class SVM 算法对 ERAB_Abnormal 指标的检测结果图　c）Isolation Forest 算法对 RRC_AttConnReestab 指标的检测结果
d）PCA 算法对 RRC_AttConnReestab 指标的检测结果

注：1）每条曲线代表系统的单个指标在一周内取值的变化；2）横坐标为时间点，纵坐标为指标值；3）红色曲线代表检出的异常曲线，蓝色曲线代表检出的正常曲线，黄色曲线代表算法检测为正常，但实际为异常的曲线。

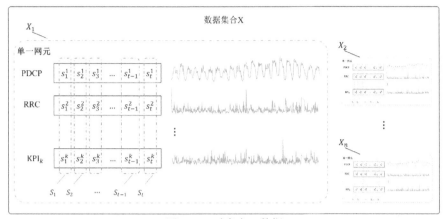

图 7-16　时序窗口数据

有监督与无监督相结合进行异常检测的思路是：以有监督算法辅助无监督算法进行重要特征选取，来提高无监督异常检测算法的性能。图 7-17 所示，在网元异常检测场景中，首先对原始网络基于统计的方法构建特征，形成原始特征数据集，并进行数据预处理，进而按照是否已被标注划分为标注集与非标注集。对标注集采用监督算法，如采用 XGBoost 进行训练并计算特征重要性，通过对特征按重要性排序选取重要特征集合，并据此对未标注的数据做特征筛选。然后采用 KNN、PCA、Isola-

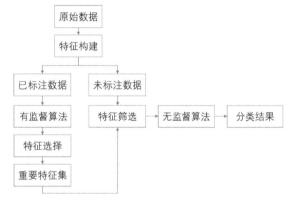

图 7-17　有监督算法与无监督算法相结合的异常检测流程

tion Forest、One Class SVM 4 种无监督算法在未标注集上进行训练，得到分类结果。

因为未标注数据没有标注无法进行结果验证，因此仅在推理阶段使用。图 7-18 所示，为了验证算法的有效性，首先通过 4 种无监督算法（KNN、PCA、Isolation Forest、One Class SVM）分别计算得出异常标签，然后与专家标注的标签共同进行投票：5 种标签中有 3 种标记为异常则将该数据归为异常点，否则为正常点。然后通过特征工程对投票数据构建特征，并划分训练数据与测试数据。接下来训练 XGBoost 模型，根据 XGBoost 算法对通过特征工程构建出来的特征进行重要性排序，截取前 100 个特征作为重要特征集合。然后对原有标注数据所构建出的特征进行筛选，分别训练 4 种无监督算法，根据检测结果与标注标签计算评价指标值。最后通过对比 4 种无监督算法在特征筛选前后的评价指标变化来验证该算法是否有效。

2. 数据预处理

首先对原始数据进行筛选，去除了一些时序缺失较多的数据，然后删除部分相关系数较高的原始指标，对保留下来的指标通过特征工程构建统计特征与时序特征，并通过无监督算法与专家标注进行多数投票确定异常标签。

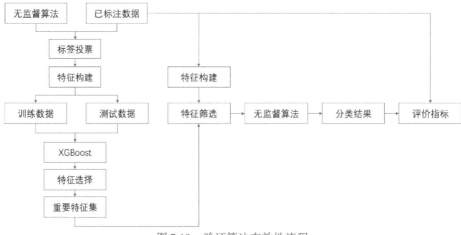

图 7-18 验证算法有效性流程

（1）样本选择

1）数据场景筛选。原始数据总共包含 6 个场景的网元，在此选取了住宅场景的网元数据，因为住宅场景的数据所占比例较高，较有代表性，且住宅场景的数据在时间上具有一定的周期性，便于算法的试验与验证分析。

2）数据缺失值处理。每个网元的数据集合应该包含 7×24 小时的时序数据，但在实际的数据收集过程中，存在某些数据上报重复或者遗漏的情况。首先对同一网元 ID、同一时间戳的数据进行去重，然后筛选缺失数量小于 3% 的集合，最终筛选出网元集合数量为 4188 个，小时粒度数据688747 条。

（2）特征工程

1）原始指标。原始指标见表 7-9，共包含 24 个指标类型。

表 7-9 原始特征

含　义	字　段　名	含　义	字　段　名
PDCP 流量	pdcp	同频切换成功率	HO_SuccOutIntraFreq_Rate
RRC 连接次数	rrc	同频切换失败次数	HO_FailOutIntraFreq
无线初始连接成功率	Radio_InitSuccConn_Rate	异频切换成功率	HO_SuccOutInterFreq_Rate
S1 信令连接建立失败次数	S1Sig_FailConnEstab	异频切换失败次数	HO_FailOutInterFreq
RRC 连接建立失败次数	RRC_FailConnEstab	CQI 优良比	cqi_rate
E-RAB 建立失败次数	ERAB_FailEstab	所有 PRB 平均干扰噪声	phy_rrurxrssimean_chan1
UE 上下文异常释放次数	UECNTX_AbnormRel	空口上行用户面丢包数	PDCP_SduLossPktUl
UE 上下文掉线率	UECNTX_Drop_Rate	空口上行用户面丢包率	PDCP_SduLossPktUl_Rate
E-RAB 异常释放次数	ERAB_AbnormRel	空口下行用户面丢包数	PDCP_SduLossPktDl
E-RAB 掉线率	ERAB_Drop_Rate	空口下行用户面丢包率	PDCP_SduLossPktDl_Rate
RRC 连接重建比例	RRC_ConnReestab_Rate	空口下行用户面弃包数	PDCP_SduDiscardPktDl
RRC 重建请求次数	RRC_AttConnReestab	空口下行用户面弃包率	PDCP_SduDiscardPktDl_Rate

2）相关性分析。对 24 个原始指标两两之间进行 Pearson 相关性计算，结果筛选出相关性系数
>0.7 的原始指标并进行删除，删除原始指标见表 7-10。

表 7-10　删除原始指标

指标 1	状　态	指标 2	状　态	指标 1、2 之间相关性
pdcp	保留	rrc	删除	0.83
PDCP_SduDiscardPktDl	保留	PDCP_SduDiscardPktDl_Rate	删除	0.74
PDCP_SduLossPktUl	保留	PDCP_SduLossPktUl_Rate	删除	0.94

3）特征构建。对保留下来的 21 个原始指标通过特征工程进行特征构建。构建了 3 个特征集，
分别是统计特征集、时间特征集、时序特征集。统计特征集对每个网元的单一指标在时间序列上求
取最大值、最小值、均值、标准差以及中位数；时间特征集包含数据存入时间戳对应的小时、处于
一周中的周几、是否周末、是否节假日；时序特征集包括单一指标在一周时序上同一钟点的最大
值、最小值、均值、标准差以及中位数，以及单一指标在上一小时时刻的取值。生成的特征集合见
表 7-11。

表 7-11　根据原始指标构建特征集

特征集合	含义	字段名	输入维度	输出维度
统计特征集	单一指标时序上的最大值	kpi_max	21	105
	单一指标时序上的最小值	kpi_min		
	单一指标时序上的均值	kpi_mean		
	单一指标时序上的标准差	kpi_std		
	单一指标时序上的中位数	kpi_med		
时间特征集	时间戳对应的小时字段	hours	1	4
	时间戳对应一周内周几	DayOfTheWeek		
	是否周末	IsWeekDay		
	是否节假日	IsVacation		
时序特征集	单一指标时序上同一钟点的最大值	kpi_samehour_max	21	105
	单一指标时序上同一钟点的最小值	kpi_samehour_min		
	单一指标时序上同一钟点的均值	kpi_samehour_mean		
	单一指标时序上同一钟点的标准差	kpi_samehour_std		
	单一指标时序上同一钟点的中位数	kpi_samehour_med		
	单一指标在上一小时时刻的值	kpi_lasthour	21	21

4）标签生成。通过特征工程构建好数据后，分别训练 KNN、PCA、Isolation Forest、One Class-
SVM 4 种无监督算法。4 种算法的先验异常比例均设置为 1%，计算得出异常标签，然后与专家已
标注的数据标签共同进行投票，5 种标签中有 3 种标记为异常则将该数据归为异常点，否则为正常
点。最终正常样本 684765 条，异常样本 3982 条。

3. 基于树模型的特征重要性度量与特征选择

对经处理后的标注数据进行有监督算法的训练，通过有监督算法找出其中的重要性指标，从而尝试通过这些重要性指标来提升无监督算法的检测性能。

（1）XGBoost 模型训练

1）数据划分。经过数据处理之后共有 688747 条训练数据，每一条数据对应 256 个特征（表 7-11 中的生成特征以及 21 个原始指标）。将数据打乱后按照 7：3 的比例划分训练数据与验证数据，划分后数据集的标签分布见表 7-12。

表 7-12 样本数据划分

数 据 集	正 常 标 签	异 常 标 签
训练数据	418014	2545
验证数据	179215	1025

2）训练数据增强。表 7-12 可以看出训练数据中正负样本的比例为 1：164，数据倾斜较为严重，如直接采用原始数据进行训练，得到模型的泛化能力会较差。考虑到下采样数据会使得样本过少，模型极易过拟合。在此采用上采样 SMOTE 算法对 2545 个异常网元数据进行增强，最终使得正负样本比例趋近 1：1。

3）超参优化。采用随机搜索的方式进行超参数的调整，精度评价方式为"AUC"，参数搜索范围与最优参数见表 7-13。

表 7-13 XGBoost 参数设置

参 数	搜 索 范 围	最 优 值
训练使用特征比例	$[0.6, 0.7, 0.8, 0.9, 1.0]$	0.7
学习率	$[0.1, 0.4, 0.45, 0.5, 0.55, 0.6]$	0.55
树的深度	$[1, 2, 3, 4, 5, 6, 7, 8, 9, 10]$	8
最小叶子节点样本权重和	$[0.001, 0.003, 0.01]$	0.001
决策树的个数	$[1, 2, 3, 4, 5, \cdots, 18, 19, 20]$	16

4）模型评估。选取 Precision、Recall、F1-Score、AUC 作为评估指标，结果见表 7-14。试验结果表明该模型的 Recall 与 AUC 指标均已在 95% 以上，已经可以很好地将正负样本区分开。

表 7-14 XGBoost 模型结果

评 价 指 标	值
Precision	0.839
Recall	0.958
F1-Score	0.896
AUC	0.979

（2）重要特征选择

选用了 3 种方式计算特征对于 XGBoost 模型的重要程度，分别是特征分裂的次数 FScore、特征平均增益值 Average Gain 和特征平均覆盖率 Average Cover，对每种计算方式求出前 48 个重要特征并组成重要特征集合 f_i，$i \in \{1,2,3\}$。将求出的 3 个集合求并集，得到最终的重要特征集 $F\left(F = \bigcup_{i=1}^{3} f_i\right)$。最终特征集合 F 容量为 100，见表 7-15，包含 20 个基础指标字段与 2 个时间指标字段，每个基础指标对应若干个统计特征。

表 7-15　重要特征集合

指 标 字 段	统 计 特 征
pdcp	kpi, last_hour, max, mean, med, min, samehour_max, samehour_mean, samehour_med, samehour_min, samehour_std, std
Radio_InitSuccConn_Rate	kpi, last_hour, min, samehour_max, samehour_mean
S1Sig_FailConnEstab	kpi, mean, samehour_med, samehour_min
RRC_FailConnEstab	last_hour, std
ERAB_FailEstab	kpi, mean, samehour_mean, std
UECNTX_AbnormRel	kpi, last_hour, mean, med, std
UECNTX_Drop_Rate	kpi, med, samehour_mean, samehour_med
ERAB_AbnormRel	kpi, last_hour, mean, samehour_mean
ERAB_Drop_Rate	med
RRC_ConnReestab_Rate	kpi, last_hour, mean, med, samehour_max, samehour_min
RRC_AttConnReestab	max, mean, samehour_mean, samehour_med
HO_SuccOutIntraFreq_Rate	kpi, last_hour, min, samehour_min, samehour_std, std
HO_FailOutIntraFreq	kpi, last_hour, samehour_med
HO_FailOutInterFreq	kpi, med, samehour_med, samehour_min
cqi_rate	kpi, last_hour, samehour_max, samehour_min, samehour_std
phy_rrurxrssimean_chan1	kpi, last_hour, min, samehour_max, samehour_mean, samehour_med, samehour_std, std
PDCP_SduLossPktUl_Rate	kpi, samehour_max, samehour_mean
PDCP_SduLossPktDl	kpi, last_hour, samehour_max, samehour_std
PDCP_SduLossPktDl_Rate	kpi, samehour_min, samehour_std
PDCP_SduDiscardPktDl_Rate	kpi, last_hour, max, mean, med, samehour_max, samehour_mean, samehour_med, samehour_min, samehour_std, std
hours	
DayOfTheWeek	

4. 基于重要特征的无监督异常检测

经过重要特征选择，最终保留了 100 个重要特征用于无监督模型的训练。接下来分别计算保留全部特征（256 维）与仅保留重要特征（100 维）下的 KNN、PCA、Isolation Forest、One Class SVM 4 种无监督算法的检测结果，并且通过与专家标注结果对比，来得到检测结果的 Accuracy、Recall、F1-Score、AUC 指标。其中 $Accuracy = T/(T+F)$，T 代表预测正确的样本，F 代表预测错误的样本。

表 7-16 结果显示，经过重要特征筛选后，在 4 种算法下的评价指标均有所提升，特别是 Recall 和 F1-Score 两种指标提升显著。因此，可以证明本节提出的通过小样本有监督算法筛选重要特征方法，可以提升无监督算法的检测性能。

最后对 4 种算法的检测结果进行了融合，通过对 4 种算法得到的异常得分值，按照 0.4∶0.3∶0.2∶0.1 的系数进行加权融合，最终得到了 31.1% 的 Recall 值以及 17.7% 的 F1-Score。相比 4 种算法的召回率，融合后的结果能够覆盖更多的异常情况，并且 F1-Score 也没有太多的降低，对于正常样本的误检测也保持在一个合理水平。

表 7-16　特征筛选前后评价指标对比

算　　法	评价指标	256-Features（%）	100-Features（%）	对比（%）
Isolation Forest	Accuracy	98. 5	98. 7	+ 0. 2
	Recall	11. 0	27. 5	+ 16. 5
	F1-Score	**8. 2**	**20. 5**	**+ 12. 3**
	AUC	55. 0	63. 3	+ 8. 3
One Class SVM	Accuracy	96. 7	97. 5	+ 0. 8
	Recall	23. 4	30. 3	+ 6. 9
	F1-Score	**8. 2**	**12. 5**	**+ 4. 3**
	AUC	60. 3	64. 1	+ 3. 8
PCA	Accuracy	98. 5	98. 6	+ 0. 1
	Recall	8. 4	20. 5	+ 12. 1
	F1-Score	**6. 2**	**15. 3**	**+ 9. 1**
	AUC	53. 7	59. 8	+ 6. 1
KNN	Accuracy	98. 6	98. 7	+ 0. 1
	Recall	11. 1	16. 2	+ 5. 1
	F1-Score	**8. 5**	**12. 6**	**+ 4. 1**
	AUC	55. 1	57. 7	+ 2. 6
4 种无监督算法融合	Accuracy	—	98. 3	—
	Recall	—	31. 1	—
	F1-Score	—	**17. 7**	—
	AUC	—	64. 9	—

通过结果发现 4 种无监督算法 Isolation Forest、One Class SVM、KNN、PCA 在对数据进行重要特征提取后的效果均优于原始特征下的结果，而且每种算法的 Recall 指标均有了明显提升，尤其是 Isolation Forest 与 PCA 算法，分别提升了 16.5% 与 12.1%，这说明有更多的异常样本被正确检测了出来。将正常样本与异常样本综合来看，4 种算法的 F1-Score 指标也有较大提升，同样是对 Isolation Forest 与 PCA 算法提升明显，分别为 12.3% 与 9.1%，这说明在更多异常样本被正确检测出来的情况下，并没有将大量正常样本误检为异常样本，在减少漏检的同时也减少了误检的发生。最后，在计算能力支持的情况下，可以将 4 种算法进行加权融合，Recall 指标提升了 3.6%，融合后的结果可以检出更多的异常网元。

通过可视化图形对比也可以发现，经特征选取后的算法结果比之前的结果更为准确，对于波动范围较大以及波动不怎么明显的指标集合（相比其他稳定集合）以及部分子序列与正常周期差别较大的情况均能有效检出（如图 7-19 所示）。

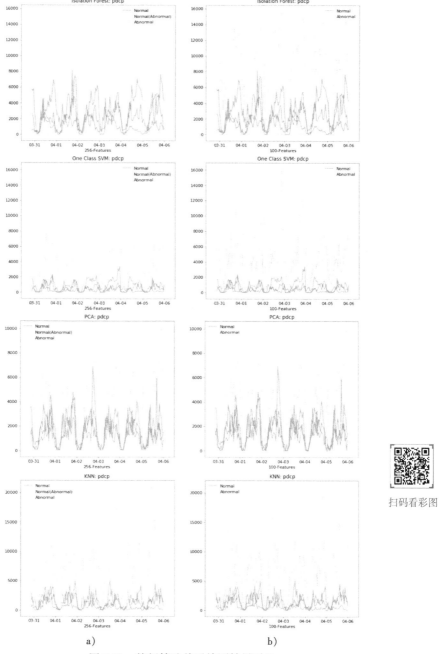

a)　　　　　　　　　　　　　b)

扫码看彩图

图 7-19　特征筛选前后检测结果对比

a）根据 256 维原始特征训练无监督模型得到的检测结果　b）使用 100 维重要特征检测出的异常网元

注：1）横坐标代表时间序列点，纵坐标为指标值；2）红色代表检出的异常网元时序数据，蓝色代表正常的网元时序数据，黄色代表异常数据但算法未检出的情况（算法判断为正常网元）；3）从上至下分别为 Isolation Forest、One Class SVM、PCA、KNN 的检测结果，本文选取了 PDCP 指标对多个网元进行了展示。

图 7-19a 是根据 256 维原始特征训练无监督模型得到的检测结果，图 7-19b 为使用 100 维重要特征检测出的异常网元。

5. 小结

在原始数据上构建特征集合并通过无监督算法进行异常检测的效果相对较差，而通过特征筛选后的特征集合在相同的无监督算法下检测效果均有很大提升。本节提出的试验方法意义主要有两个，一是在海量未标注数据中，通过小样本的标注数据以及有监督学习来构建重要特征集可以辅助无监督学习算法进行训练，从而提升无监督算法的检测性能；二是通过这种无监督算法的优化训练可以对大量数据进行预标注，为专家后续的标注工作提供辅助决策的作用。

最后，在无监督算法上，虽然特征筛选前后的模型结果 F1-Score 均不算高，主要原因在于网元异常检测场景极为复杂，缺乏大量可靠标签，全国网元数据整体的准确率并不高。可喜的是，在后期研发中，不同省的数据分开训练后，F1-Score 值有了大幅提升。

7.3.2　基于深度学习检测

与机器学习相比，深度学习可通过算法自动提取特征，可能比人工根据数据统计分布自定义的特征，让模型效果更好。

本节依然使用上一节电信运营商网元异常检测的场景和数据，使用深度学习通过特征筛选排除噪声特征的干扰，试图进一步提高检测性能，找出一些潜在的、未被专家规则、机器学习算法发现的异常网元。并通过与专家规则结果进行可视化对比，验证了深度学习方法在此场景下的有效性。

通过图 7-20 可以更清晰看出：传统运维通过专家规则、机器学习、深度学习都可以找出大部分的异常值，也都会犯第二类错误（即将正常值错误诊断为异常值）。基于此，本节的目的如下。

1) 深度学习法找出的异常值是否能包含大部分专家规则法找出的异常值。

2) 深度学习法找出的异常值是否比机器学习法更多，且更准确。

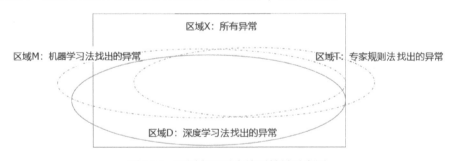

图 7-20　不同方法异常检测结果示意图

1. 算法选择

当前做异常检测常用也是较有名的深度学习方法是自编码器（Autoencoder）和变分自编码网络（Variational Auto-Encoders，VAE）。在这里除选用 VAE 之外，另外再选用常被用来通过时序预测做异常检测的长短期记忆（Long Short-Term Memory，LSTM）作为对照训练模型。

这两种方法可以不区分网元进行训练，且很方便地一次性输入多维特征。VAE 相较于传统的自编码器神经网络，其改进在于对样本隐变量的分布进行拟合，有效减少了过拟合的风险；而 LSTM 作为一种应用于循环神经网络结构的神经元，有能捕获较长序列信息的优点。

变分自编码网络是一种将神经网络和统计分布结合的、用于无监督学习的生成神经网络。变分自编码模型由变分网络和生成网络组成。变分网络通过各种自定义结构的网络层来达到从样本数据中学习后验分布 $Q(z|x)$ 以模拟隐变量 z 的分布 $p(z)$ 的目的，其中 $p(z)$ 服从 $N(0,1)$ 分布。用两个独立的网络层分别生成 $\log(\mathrm{var}(z))$ 和 $\mathrm{mean}(z)$ 来代表 $Q(z|x)$。生成网络则通过从隐变量 $Q(z|x)$ 中进行采样重新得到 z 后，利用网络层从隐变量中解码出 $p(x|z)$。最后得到的 $p(x|z)$ 是 VAE 通过编码和解码网络结构重组得到的重构输出。

在此所使用的 VAE 网络结构图如图 7-21 所示，由于输入的正常网元数据很少出现大幅度变动，局部变动通常较小，所以选用 SoftPlus 激活函数来学习隐变量 z 的 log 标准差：$\log(\mathrm{var}(z))$，同时加上一个很小的随机数 ε 来防止神经元输出无限接近于 0 的数值时所导致的梯度消失。

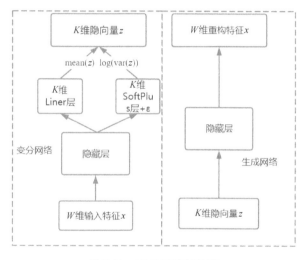

图 7-21　VAE 网络结构图

VAE 网络采用特殊的 ELBO 损失函数进行梯度下降优化。ELBO 训练损失函数由 L_{re} 和 L_{kl} 组成，其中交叉熵 L_{re} 反映生成网络的拟合效果，KL 散度 L_{kl} 反映变分网络拟合 z 的程度，具体公式如下：

$$L_{re} = p(x)\log(\hat{x}) \tag{7-1}$$

$$L_{kl} = KL(p(z)||N(0,1)) \tag{7-2}$$

$$L = L_{re} + L_{kl} \tag{7-3}$$

LSTM 是一种循环神经网络结构，适合捕捉序列数据中间较长期的历史信息。使用 LSTM 模型可以方便地进行多维时序的建模，相较于 VAE，参数量更小，进一步压缩了模型。LSTM 结构图如图 7-22 所示，其中最左边为输入门，控制着哪些新信息能进入神经元中，遗忘门（Forget Gate）决定哪些信息得以保留，而输出门决定信息的输出程度。

在此所使用的 RNN 的网络架构沿用了 seq2seq 的架构并加以改进，与在传统的时间序列预测的 RNN many2one 结构中以前 n 阶特征来预测当前特征值相比，用后 24 小时的真实值作为标签、用标签和预测值的总体预测误差作为损失函数，能减少训练样本量从而加快训练速度，同时学习到原始数据的整体周期性波动（如图 7-23 所示）。

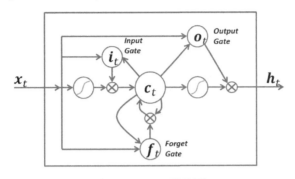

图 7-22   LSTM 结构图

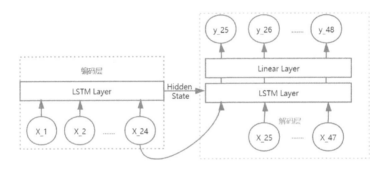

图 7-23   seq2seq 架构的 LSTM 网络结构图

2. 数据预处理及模型训练

选取 7841 个网元、200 多万条 KPI 数据作为样本数据，共计 21 个小时粒度的 KPI 指标。

首先，对原始网元数据根据传统运维中专家规则⊖判断是否异常，生成"伪标签"（相对于专家规则经过核查、处理、验证等审核后确认的"真标签"）用于后期与深度学习算法结果做对比。

其次，针对 VAE 进行数据预处理。由于 VAE 的训练目标是对分布正常数据进行重构，过多的异常数据会影响重构效果，因此，剔除掉模拟专家规则判断为异常的数据再进行训练。同时 VAE 对数据波动敏感，需要对较长时间内所有指标均没有波动的采集异常数据进行剔除。具体的方法是剔除一段时间内所有指标的标准差为 0（即一段时间内特征均没有变动），或所有特征标准差的最小值均大于特定阈值（即一段时间没有变动，另一段时间变动明显）的小区数据。

对清洗后的数据进行归一化处理，将 24 小时的 21 维 KPI 数据进行展开，扩展成 504 维特征，

⊖ 1）在网元异常检测领域，专家规则是指先通过 6-SIGMA 法判断每个指标是否异常，统计异常指标数量和类别，综合判断网元是否异常，得到伪标签；2）该规则仅针对网元异常检测场景，其他场景研发人员可根据业务需求自定义方法生成伪标签。

输入全连接层构建的 VAE 网络，通过 ELBO 训练损失函数进行梯度下降优化，最终得到 21 个 KPI 指标的重构数据。

模型训练完成后，对比重构后的 21 个特征样本均值折线图（如图 7-24 所示：图 7-24a 图为原

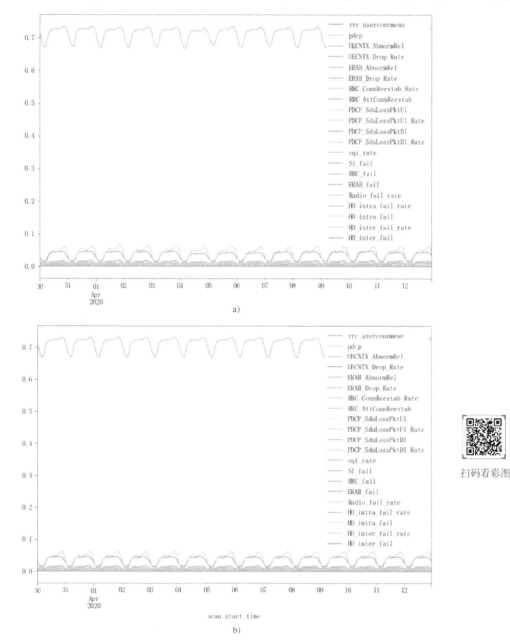

扫码看彩图

图 7-24　重构前后的 21 个 KPI 均值折线图

a）原始数据在时间维度上进行均值聚合绘制的折线图

b）VAE 重构后的数据进行均值聚合绘制的折线图

始数据在时间维度上进行均值聚合绘制的折线图；图 7-24b 图为 VAE 重构后的数据进行均值聚合绘制的折线图），重构后的周期性波动被成功还原，指标重构较为成功。

最后，对于 LSTM，使用前 24 小时的 KPI 数据预测未来 24 小时的 KPI 数据，将数据整理成宽带为 128、序列长度为 24、输入维度为 21 的三维数组作为样本数据输入模型，使用 MSE Loss 作为损失函数进行训练。

3. 初始模型训练

无论是利用 VAE 得到重构时序特征，还是用 LSTM 滑动窗口滚动预测得到新的时序特征，都需要利用时序还原前后的误差对比来反映网元在这 7 天的异常程度。利用绝对误差公式来计算重构误差，若某 KPI 指标在某时刻绝对误差超过预先设定的阈值，则判定为异常点。

单点误差计算公式为：

$$e = |X - \hat{X}| \tag{7-4}$$

计算得到每个网元 24 小时的误差时序矩阵后，每个网元按照一周的时间颗粒度对重构后的特征序列按顺序进行拼接，与同一周的原始 KPI 序列进行对比，计算重构误差，根据误差阈值判定各指标的异常点，最后与专家规则的结果判断一致程度。预测过程流程图如图 7-25 所示。

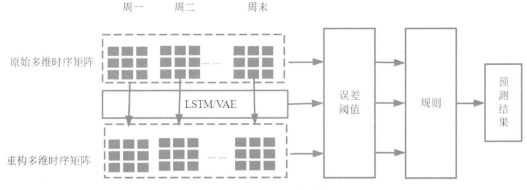

图 7-25 预测过程流程图

以模拟专家判断结果作为标签来计算反应模型性能的评价指标，包括准确率、精确率和召回率。定义 TP 为将异常判断为异常的网元数，FN 为将异常错判为正常的网元数，FP 为把正常错判为异常的网元数，TN 为把正常判断为正常的网元数，则准确率（Accuracy Score）、精确率（Precision Score）、召回率 Recall Score）的计算公式如下：

$$Precision\ Score = TP/(TP + FP) \tag{7-5}$$
$$Accuracy\ Score = (TP + TN)/(TP + TN + FN + FP) \tag{7-6}$$
$$Recall\ Score = TP/(TP + FN) \tag{7-7}$$

以专家规则判定的结果作为标签，绘制重构误差的阈值调整，相对比的准确率、精确率、召回率以及异常个数的关系图如图 7-26 所示，图 7-26a 为 VAE 预测的结果，图 7-26b 为 LSTM 预测的结果。

由结果可以看出，VAE、LSTM 与专家规则结果的召回率均较低（蓝色线的数值都在 0.2 以下），说明深度学习给出的异常小区和规则的判定结果存在差异性。

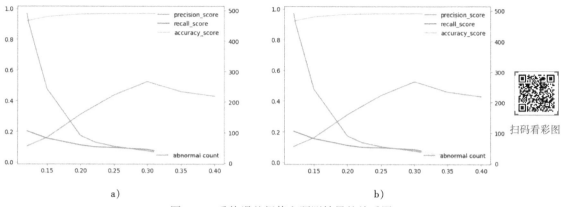

图 7-26 重构误差阈值和预测结果的关系图

a）VAE 预测的结果 b）LSTM 预测的结果

抽样选取部分样本，以其中一个 KPI 指标为例（Radio_fail_rate），按照专家规则，对 VAE 和 LSTM 判定的异常网元分别分组绘制折线图，如图 7-27 所示。由图可知，专家规则图（图 7-27a）

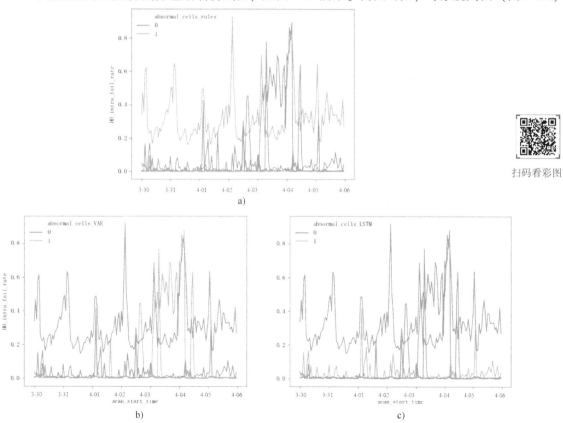

图 7-27 Radio_fail_rate 指标异常分组折线图（上图为专家规则，下左为 VAE，下右为 LSTM）

a）专家规则 b）VAE c）LSTM

中 Radio_fail_rate 超过了阈值被诊断为异常（图中红色曲线），但由于指标仍保持周期性变动，在 VAE 图（图 7-27b）和 LSTM 图（图 7-27c）中均未被判断为异常；同时 VAE 和 LSTM 通过拟合历史的 KPI 变动，找到了一些未超过阈值，但是存在指标突变的异常网元。可见，深度学习算法的结果与专家规则结果的差异非常明显。

4. 特征改进后的结果

VAE 和 LSTM 算法初步结果已证实，检测效果确实在一定程度优于专家规则，但同时存在与专家规则结果一致率低的问题，增加了运维人员检查复核的成本。为此，需借助已有的专家规则作为标签，提取部分重要特征，进一步优化深度学习算法。

在此选用 7.3.1 节中已被证明检测效果较好的机器学习算法 XGBoost 来提取重要特征。它是一种优化后的梯度树模型，通过训练集成模型时计算特征的重要性，可以对特征按照特征重要性进行排序，过滤掉重要性低的指标，摆脱噪声特征的影响。

通过对原始数据按照一周的时间粒度进行特征衍生，生成 21 个指标的均值、标准差、极大值、极小值等特征，使用专家规则标注的结果作为标签，通过 XGBoost 进行训练（具体过程如图 7-28 所示）。选用了 3 种方式计算特征对于 XGBoost 模型的重要程度，分别是特征分裂的次数、特征平均增益值和特征平均覆盖率，对排名最低的 12 个特征取并集，最后过滤掉了 rrc_userconnmean、PDCP_SduLossPktUl 和 HO_inter_fail_rate 这 3 个重要性比较低的指标。

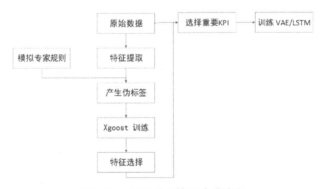

图 7-28　深度学习算法改进流程

经过特征改进后，VAE 和 LSTM 的检测结果与专家规则结果的一致率（Accuracy）等多项指标均得到一定提升，尤其是 VAE 提升明显，具体见表 7-17。表 7-17 显示，改进后的 VAE 在 F1-Score 上为 0.189，略高于改进后 LSTM（0.167）。与 7.3.1 节中 4 个机器学习算法相比，优于 One Class SVM（0.125）、PCA（0.153）、KNN（0.126）3 个算法，略低于 Isolation Forest（0.205）。可见深度学习算法并不一定比机器学习算法好。

表 7-17　改进前后的 VAE 和 LSTM 算法结果

	VAE	改进后 VAE	LSTM	改进后 LSTM
Accuracy	0.919	0.933	0.922	0.928
Precision	0.091	0.154	0.109	0.132

（续）

	VAE	改进后 VAE	LSTM	改进后 LSTM
Recall	0.171	0.243	0.199	0.227
F1-Score	0.119	0.189	0.141	0.167

经过特征改进后的检测结果一定会得到改善，因为模型训练前以专家标签为特征选择依据，训练后又以专家标签作为模型评价标准。在此，通过数据可视化和互相关函数两个角度，再次验证改进后的算法在业务上是否真的达到检测目的。

首先，进行数据可视化的验证，挑选检测出异常值数量较多的特征 cqi_rate 和 HO_intra_fail_rate，按照不同算法，分组对抽取的样本进行可视化对比。从图 7-29 可以看到，改进后的 LSTM 和 VAE 捕捉到了一些保持稳定周期变动、但在部分时间点存在突变的异常网元，而这些网元在改进前，均被 VAE 和 LSTM 判定为正常网元。这说明经过特征改进后确实可以检测出更多业务上的异常网元。

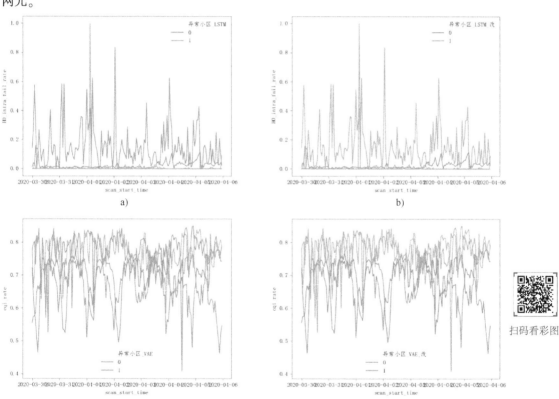

扫码看彩图

图 7-29　特征改进前后指标时序变化图

a）LSTM 对 HO_intra_fail_rate 指标检测结果　b）改进后 LSTM 对 HO_intra_fail_rate 指标检测结果

c）VAE 对 cqi_rate 指标检测结果　d）改进后 VAE 在 cqi_rate 指标检测结果；

注：红色为异常网元，蓝色为正常网元。

其次，通过互相关函数来验证。互相关函数是评价两个时间序列相关程度的指标。如有 m 个预测为异常网元的合集$R_a\{X_1,X_2\cdots,X_m\}$，n 个预测为正常网元的合集$R_n\{X_1,X_2\cdots,X_n\}$，定义指标$Corr_a$来评价正常和异常网元之间的平均相关程度。计算方式为异常和正常网元两两配对，利用网元的某一指标时序数据计算互相关系数后，对配对小区的互相关系数求均值如下：

$$Corr_a = \frac{correlate(X_i,X_j)\,X_i \in R_a, X_j \in R_n}{m * n} \tag{7-8}$$

同理，定义$Corr_b$来评价正常网元彼此之间的平均相关程度：

$$Corr_n = \frac{correlate(X_i,X_j)\,X_i \in R_a, X_j \in R_a}{n * n} \tag{7-9}$$

定义评价指标 Corr = $Corr_n/Corr_a$，来反映异常和正常网元在指标周期性波动上的差异程度，某个指标的 Corr 数值越大，则代表异常和正常网元在指标周期性波动上差异越大。

选用周期性较强的 pdcp 和 cqi_rate 指标来计算 Corr 值，计算结果如图 7-30 所示，改进后的模型的 Corr 值均大于专家规则的 Corr 值，说明模型找出的异常网元结果比专家规则找出的更好，尤其是 VAE 模型，明显高于专家规则。再次说明改进后的算法对异常检测结果在业务上有实质意义。

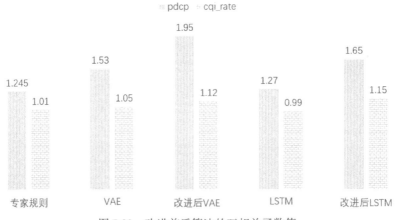

图 7-30　改进前后算法的互相关函数值

5. 小结

通过 VAE 和 LSTM 这类深度学习方法在异常检测领域的试验可知，其比传统运维的专家经验效果更好，在实际业务中具有可行性，但不一定比机器学习算法更优。

但此类方法仍然具有一定的不足和提高的空间。不足之处在于，由于异常标签需要经过一线运维人员的大量排查和长时间积累，所以试验中使用模拟专家规则判定的伪标签进行代替，具有一定的局限性。

可提升之处在于，现有前沿研究中，有一些针对特定多维时序预测场景的神经网络结构，在异常检测领域可能会有更好的效果。例如 MTNet 网络利用卷积层和 attention 层，能对不同历史时期的特征赋予不同的权重，提高模型性能；DeepGLO 网络针对传统时序预测中存在的指标间量级差异大以及没有比较全局信息的缺陷，可分别利用改进的 TCN 网络和矩阵分解加以弥补。

7.3.3　基于专家经验的综合评价法检测

7.3.1 和 7.3.2 节分别介绍机器学习、深度学习在异常检测领域的应用，它们在实际应用中，给运维人员提供了较多便利，提升了运维效率，但也增加了运维人员的一些烦恼，具体如下。

- 算法在精确率和召回率上仍不够理想，这个问题有时通过减少检测的异常数量来缓解，还可以接受。

- 通过这些算法找出的异常，往往很难解释为什么它们是异常的，通过关键指标的可视化展示，异常的原因也不够清晰。这是因为异常是通过算法提取后的特征再诊断出的，并非直接通过原始指标进行的分析，因此在原始指标上，被检测的异常事物可能并没有表现出明显的异常。

- 采用机器学习和深度学习方法在进行异常检测时，并未考虑每个指标取值的业务含义、不同指标取值上是否异常，除了考虑该数值的发生频率，还应考虑数值是否具有实际意义。如某网站时延很高，用户登录时一直发生卡顿，系统在时延 KPI 指标上连续都是 10 秒以上的取值，且维持很长时间，如按照传统算法，相近数值越多，异常概率越低，则发现不了这种时延的异常。需要人工设置该指标取值越小越好，最优值为 0 秒，取值越大越异常。

基于上述原因，笔者经过与各省运维人员多次探讨后，决定使用多变量综合评价法进行异常检测。常用的综合评价法有层次分析法（Analytic Hierarchy Process，AHP）、因子分析法、TOPSIS（Technique for Order Preference by Similarity to an Ideal Solution，优劣解距离法）、基于灰色关联度的灰色综合评价法、模糊综合评判法、数据包络分析方法（Data Envelopment Analysis，DEA）、系统动力学（System Dynamics，SD）等。

做综合评价通常需要给每个指标定义权重，定义权重的方法也有多种，如专家法、层次分析法等主观方法，也有因子分析法、信息量权数法、灰色关联度、熵权法等客观方法。

1. 算法选择

这里选用计算量适中，且容易解释的 TOPSIS 法，对网元进行异常检测。该方法是著名的多指标评价方法之一，最初是在 1981 年由 C. L. Hwang 和 K. Yoon 提出的，在 1992 年由 Chen 和 Hwang 做了进一步的发展。

TOPSIS 方法引入了两个基本概念：理想解和负理想解。所谓理想解是一个设想的、最优的解（方案），它的各属性值都达到各备选方案中最好的值；而负理想解是一个设想的、最劣的解（方案），它的各属性值都达到各备选方案中最坏的值。方案排序的规则是把各备选方案与理想解和负理想解做比较，若其中有一个方案最接近理想解，而同时又远离负理想解，则该方案是备选方案中最好的方案。

TOPSIS 通过最接近理想解且最远离负理想解来确定最优选择。这种方法假定了每个属性是单调递增或者递减，利用欧氏距离测量每个指标与理想解和负理想解的距离。计算过程大致分以下 6 步。

1）指标同向化、标准化：由于每个指标取值都有实际意义，需要将每个指标统一转化成取值越大越优，或者取值越小越优，并针对每个指标的取值做消除量纲的列标准化。

2）计算权重：为排除人为主观干扰，在此选用熵值法进行客观定权。

3）计算加权后的规范化矩阵。

4）确定正负理想解：正理想解为各指标最优的取值，负理想解为各指标最差的取值，在异常检测场景中可以只有正理想解。

5）计算各样本距离正负理想解的距离：同理，在异常检测场景中可以只计算与正理想解的距离。

6）计算各评价对象在所有指标上与最优解的累计距离，最终根据累计距离确定名为 TopN 的对象为异常对象，N 可以根据业务自定义。

为了考虑内容的可读性，在此省去了大量计算公式。读者如对此方法感兴趣，可通过阅读数学建模、综合评价方法等相关资料进行扩展学习。

2. 数据预处理

选取某地近 1 万个网元进行异常检测，时间为一周 7×24 小时的数据量。

指标初筛：通过专家和数据分析，初步筛选出 19 个重要指标（见表 7-18）。指标中大多具有最优值，那些未能定义出最优值的指标，在计算时选择对应时间内该指标最优方向的极值作为最优值。如"小区用户上行平均吞吐率"，该指标取值越大越好。在一次分析的时间范围内，该指标在不同网元的最大值假设为 95.6%，则该指标最优值为 95.6%，网元在该指标上与正理想解的距离，均用 95.6% 来计算。

表 7-18 各指标信息

序号	指 标 名	属 性	最 优 值
1	RRC 连接建立成功率	越高越好	100%
2	RRC 连接重建比例	越低越好	0
3	RRC 连接重建成功率	越高越好	100%
4	系统内切换成功率	越高越好	100%
5	5G 下切 4G 成功率	越高越好	100%
6	CQI 优良率	越高越好	100%
7	UE 上下文建立成功率	越高越好	100%
8	辅站（SgNB）添加成功次数（gNB 侧）/2.2 辅站（SgNB）添加请求次数（gNB 侧）	越高越好	100%
9	辅站（SgNB）异常释放比率（gNB 侧,%）	越低越好	0
10	辅站（SgNB）异常释放次数（无线层原因）	越低越好	0
11	SgNB 触发 SCG 变更成功次数/4.5 SgNB 触发 SCG 变更请求次数	越高越好	100%
12	小区用户上行平均吞吐率	越高越好	无
13	小区用户下行平均吞吐率	越高越好	无
14	小区上行每 PRB 平均干扰电平	越低越好	无
15	NG 信令连接建立成功率	越高越好	100%

（续）

序号	指标名	属性	最优值
16	初始 QosFlow 建立成功率	越高越好	100%
17	无线接入成功率	越高越好	100%
18	UE 上下文掉线率	越低越好	0%
19	QosFlow 掉线率	越低越好	0%

指标精筛：对每个指标取值的一致性进行分析，将那些 85% 以上取值相同的指标剔除。一致率过高，会在后续计算熵权时，由于权重过低而不具备代表性。另外，删除缺失率 50% 以上的指标。

指标取值上，删除错误值（即与常识不符的数值），缺失值由各指标最优值替代，即将缺失值不作为异常情况考虑。

3. 计算评价结果

将各指标权重乘以每个网元与最优值的距离，汇总得到累计距离。按由大到小对累计距离进行排序，分别筛选出不同数量的异常网元，与前述机器学习 One Class SVM 算法的结果做对比，具体见表 7-19。

当检测出 51 个异常网元时，TOPSIS 法的结果被专家复核确认后完全准确，均为异常网元，而 One Class SVM 算法结果只有 64.7% 的网元确实是异常。当检测出 96 个异常网元时，TOPSIS 法的结果准确率依然非常接近 100%，而 One Class SVM 算法结果准确率已经低于 50% 了。由于专家审核异常结果成本较高，未对 100 个以上的异常网元继续复核，但依然可以看出两种算法的差距。

两种算法检测结果重合率随着检测数量的增加，呈现出先增加后减少的分布，并非呈现出线性变化趋势。由此可知两种算法在衡量异常的标准上不是线性关系，相互之间不能在同一场景的异常检测中相互替代。

表 7-19 TOPSIS 与 One Class SVM 检测结果对比

TOPSIS 检测出的异常数	One Class SVM 检测出的异常数	两种方法重合的异常网元	重合率	专家审核后TOPSIS 异常率	专家审核后One Class SVM异常率
51	51	12	23.53%	100%	64.7%
96	96	37	38.54%	97.9%	37.5%
150	150	63	42%	—	—
207	207	89	42.99%	—	—
250	250	112	44.8%	—	—
293	293	130	44.37%	—	—
894	894	160	17.89%	—	—

从图 7-31 中可看出, TOPSIS 法检测出的 Top50 异常网元累计距离分布呈现逐渐递减的趋势, 并在第 4、9、16 个网元处存在拐点, 这些拐点也是筛选异常网元数量的一个标准。在业务人员确定的异常数量范围内, 可筛选出拐点前的网元作为最终异常对象。因为每经过一个拐点, 累计距离则下降一个明显幅度, 异常程度也随着下降一个等级, 越往后异常程度则越弱, 检测的实际意义越小。

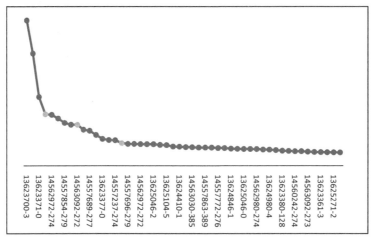

图 7-31　TOPSIS 法检测出的 Top50 异常网元累计距离分布图

4. 小结

本节选择的 TOPSIS 综合评价法在电信运营商的网元异常检测场景中, 结果不仅在准确率上明显高于传统算法, 解释性上也深得运维人员的认同。可以认为, 在那些多指标异常检测场景中, 如果指标取值具有实际意义且有最优值, 建议使用此类综合评价法进行异常检测, 除上述两个优点外, 采用 TOPSIS 综合评价法计算成本也有大幅度降低。

第8章

应用知识图谱解决网元异常问题

　　智能运维中，通过对多个指标进行异常检测，可以对重大故障的发生起到很好的预警作用，但产生预警之后，仍然需要运维工程师及时赶赴现场进行异常原因的排查。从得到预警消息到处理预警完成回单，这个过程仍然需要依赖人工以及工程师的经验积累来完成。

　　通过对历史故障案例的梳理，可以建立运维异常的知识库，通过知识图谱等相关技术来解决一些专业的运维问题。通过建立故障案例知识图谱，可以对异常现象进行推理演绎，找出异常原因，并通过以往的案例分析提出解决方法，进而让机器能辅助工程师提高运维效率，达到降低运维成本和节省时间的目的。未来演进到网络完全自治的高级阶段，可以减少甚至消除网络运维工程师和技术专家的运维值守压力，提供更精准更智能化的服务。

　　本章案例主要介绍在智能运维中进行完异常诊断后，如何解决异常的处理方案，主要包括以下几点。

- 传统异常网元的处理方案。
- 网元知识图谱的构建，包括实体标注平台、语义模型建立、实体抽取等。
- 网元知识图谱的应用成效。

8.1 网元异常诊断的传统方案

随着大数据时代的到来和新型网络技术的发展，移动通信行业正发生巨大的变化，面对移动数据流量的激增和各种服务的不同需求，无线网络基础设施的数量不断增加。然而，由于异构无线网络的大规模和高复杂性，当故障发生或将要发生时，如何预测和定位它们已经成为一个巨大的挑战。传统的故障检测和诊断算法不仅需要消耗大量的人力和物力资源，而且难以准确建立网络症状与故障类别之间的映射关系。

对于运营商来说，网元的概念是一种逻辑上的管理划分，是指网络管理中可以监视和管理的最小单位。在 LTE 架构中，网元可以包含多种传输设备，包含天线、RRU、BBU 等设备的基站可以算作一个网元，如图 8-1 所示，除此之外还有 MME、SGW、PDN 等。网元划分的粒度很多，根据用途有物理网元、逻辑网元、等效网元等。

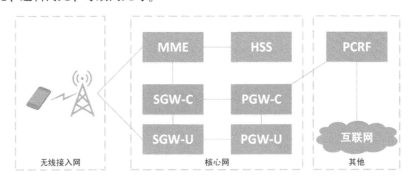

图 8-1 网络架构图

传统的网元异常诊断过程是一个被动的处理过程，按照流程可以分 4 部分：发现告警、系统派单、现场排查、解决告警。其中告警的发现为实时故障告警，一般是根据当前量化指标与检测门限之间的误差范围进行确定，根据误差大小划分告警的低、中、高级别。系统派单是根据生成的告警信息分配到不同的责任人主体。现场排查是一线运维人员赶赴现场实地分析、排查故障所在。解决告警是运维工程师查找到告警根源并解决，完成系统回单。

在网元的故障排查诊断中，主要有以下方法。

1. 观察分析法

观察分析法就是当系统发生故障时，在设备和网管系统上将出现相应的告警信息。通过观察设备上的告警灯运行情况，可以及时发现故障。故障发生时，网管系统会记录非常丰富的告警事件和性能数据信息。通过分析这些信息，并结合 SDH 帧结构中的开销字节和 SDH 告警原理机制，可以初步判断故障类型和故障点的位置。

2. 测试法

进行环回操作时，先将故障业务通道的业务流程进行分解，画出业务路由图，将业务的源和宿、经过的网元、所占用的通道和时隙号罗列出来，然后逐段环回，定位故障网元。故障定位到网元后，通过线路侧和支路侧环回基本定位出可能存在故障的单板。最后结合其他处理办法，确认故障单板予以更换排除故障，这就是测试法。

3. 插拔法

插拔法是指通过插拔一下电路板和外部接口插头的方法，排除因接触不良或处理机异常的故障。但在插拔过程中，应严格遵循单板插拔的操作规范。插拔单板时，若不按规范执行，还可能导致板件损坏等其他问题的发生。

4. 替换法

当用拔插法不能解决故障时，可以考虑替换法。替换法就是使用一个工作正常的物件去替换一个被怀疑工作不正常的物件，从而达到定位故障、排除故障的目的。这里的物件，可以是一段线缆、一块单板或一台设备等。

5. 配置数据分析法

在某些特殊情况下，如外界环境的突然改变，或由于误操作，可能会导致设备的配置数据遭到破坏或改变，造成业务中断等故障的发生。此时，故障定位到网元单站后，可通过查询、分析设备当前的配置数据；对于网管误操作，还可以通过查看网管的用户操作日志来进行确认。

6. 更改配置法

更改配置法更改的配置内容可以包括时隙配置、板位配置、单板参数配置等。因此，更改配置法适用于故障定位到单个站点后，排除由于配置错误导致的故障。更改配置法典型的应用是排除指针问题。

7. 仪表测试法

仪表测试法一般用于排除传输设备外部问题以及与其他设备的对接问题。通过仪表测试法分析定位故障，比较准确。

在传统的运维方案中，基本需要遵循上述 1~7 步骤进行逐一排查，处理效率较低。而且处理时长随工程师的经验不同有所差异，经验不足的工程师往往需要花费大量的时间来处理排查根源，虽然说积累了经验，但每个新加入的工程师都会重复这一过程，会浪费大量的人力物力，运维效率较低。

8.2　网元异常诊断知识图谱

在智能运维系统的规划中，与以往被动地处理网元告警、现场排查不同，智能运维包括提前预警、主动分析、方案推荐、现场操作、完成维护等步骤。提前预警是对设备故障的智能分析，根据历史量化指标的数据波动情况预测下一时段的指标趋势。当设备状态异常或发生故障时，系统根据建立的故障知识库进行主动分析推理，排出最为可能的故障原因。方案推荐也是从网元知识库中关联故障原因并自动推荐解决方案和相似故障案例。一线运维工程师可以根据推荐方案进行现场解决，如果发现并不是推荐的方案，可以根据相似案例进行分析；如果出现新的故障原因和处理方案也会加入知识库中，不断融合新的网元运维知识。

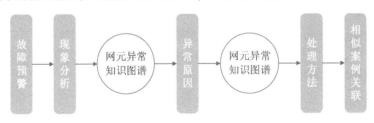

图 8-2 基于知识图谱的网元异常诊断

在本案例中，宏观上的需求是根据现有的网元异常诊断案例建立知识图谱，并纳入智能运维系统中，从而实现发现网元异常后的处理决策。在对原始需求进行进一步梳理，根据当前技术水平以及现有自动化运维程度进行细化分析后，梳理出以下要点。

● 网元异常诊断的输入是多样的。异常诊断的输入是某一种异常现象或者异常描述。异常现象指的是上游预警系统发出的某些监控指标发生异常。因为监控指标是固定的，所以异常现象可以视为一种固定的模式语言。异常描述则是由运维人员给出的一长串描述异常的语句，相比异常现象其描述形式更具有开放性。二者的区别是异常现象是由机器（预警系统）给出的，而异常描述是由人工给出的，但网元异常诊断需要对二者同时兼容。

● 知识库需要不断更新。网元异常的知识库永远都是处在不完备的状态下，构建出的知识图谱不可能包含所有的异常情况，所以需要对知识图谱不断完善和补充。

● 知识图谱是一种辅助手段，而不是替代手段。构建网元的异常诊断知识库是为了辅助人工快速解决故障，提升运维效率，而不是代替人工，让运维人员完全按照知识图谱给出的推荐方案来实施。

● 网元异常诊断的输出包含异常原因以及处理方法。根据输入的异常现象或者异常描述，从知识图谱中查找推理出异常原因并进行排序，根据得到的异常原因列表，进行二次查找与推理，得到处理方法。

● 返回的异常原因与处理方法可能包含多种。在某些复杂的异常现象下，可能由多个异常原因共同导致网元异常，这样也会出现多种处理方法共存的情况。

8.2.1 知识表示与数据获取

知识表示是知识图谱构建与应用的基础，是通过设计一种计算机可以存储、使用的数据结构来表示现实世界中的知识。在网元异常诊断知识图谱案例中，首先根据实际案例数据进行本体构建，目前主要涉及 5 种实体和 7 种关系。图 8-3 所示，实体类型包括网元实体、异常类别实体、异常现象实体、异常原因实体、处理方法实体。实体关系如下。

● 网元常见异常问题。

- 网元常见异常现象。
- 网元异常问题下常见异常现象。
- 网元异常现象追溯异常原因。
- 网元异常现象之间的关联关系。
- 网元异常类型下的常见异常原因。
- 网元异常原因对应的处理方法。

其中，最为关键的实体类型为异常现象、异常原因、处理方法 3 种，本案例会以这 3 种实体类型以及网元异常现象追溯异常原因、网元异常现象之间的关联关系、网元异常类型下的常见异常原因、网元异常原因对应的处理方法这 4 种关系为例，介绍后续的知识图谱建立和应用过程。

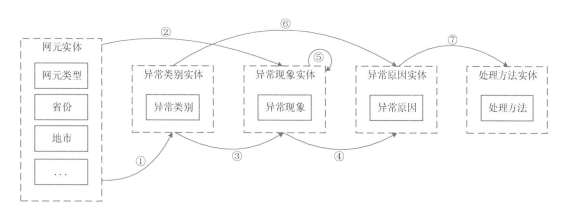

图 8-3　网元异常诊断知识图谱本体构建

在本案例中，累计共获取 9000 余条网元运维案例，这些案例是通过现有的自动化运维系统针对每次网元异常告警进行派单，由运维工程师进行现场判断，填写异常现象，并根据自身经验进行异常排查，处理并核查有效后上报填写异常原因和处理方法这样的一整套流程收集而来的。虽然数据获取方面相对于通用领域例如百科或者医药领域更为艰难，耗费的时间、投入的人力会更多，但是在原始数据的质量上比通用领域通过爬虫进行抓取得到的数据质量更高。建立知识图谱所需要的核心字段在前期数据获取上已经被划分成异常现象、异常原因和处理方法 3 个大类。本案例数据示例见表 8-1，序号 1 ~ 3 案例为预警系统自动给出的异常现象描述，可以很直观地看出它们遵循着某种模式，而序号 4 ~ 6 案例是由运维工程师给出的口语化描述。

表 8-1　网元异常诊断案例数据

序号	异 常 现 象	异 常 原 因	处 理 方 法
1	空口上行用户面丢包数：17 次；空口上行用户面丢包数：3 次	该小区覆盖 X 县开发区厂区，覆盖范围内用户数较多，导致忙时空口上行用户面丢包率较高	调整该小区的异频切换参数

（续）

序号	异 常 现 象	异 常 原 因	处 理 方 法
2	空口下行用户面丢包率：26 次；空口下行用户面丢包数：19 次；空口上行用户面丢包率：7 次；空口上行用户面丢包数：2 次	该小区为校园小区，9月份是学校开学高峰期，负荷较高	对该小区进行负载均衡优化
3	同频切换成功率：9 次；空口上行用户面丢包率：2 次	该扇区覆盖密集城区，负荷高导致上行丢包率增高	无线覆盖调整、邻区调整、调整电子倾角、控制过覆盖，同时删除超远邻区。
4	RRC 连接建立失败、UE 上下文建立失败、同频切换失败	高铁移动速度较快，切换不及时导致指标恶化	需优化切换参数、小区高铁属性
5	该小区流量异常，且连接失败次数较多	该小区越区覆盖	控制倾角由 1° 调整为 6°
6	UE 上行文掉线率与 E-RAB 掉线率异常	查看小区 MR，小区越区覆盖	已调整该小区功率由 22.2 降为 19.2，控制覆盖

8.2.2 实体关系的抽取与对齐

在根据原始数据定义好网元异常的实体和关系类型后，就需要对实体和关系进行抽取并对齐。在本案例中，实体分 3 类：异常现象、异常原因和解决方法，关系分 4 类：网元异常现象追溯异常原因、网元异常现象之间的关联关系、网元异常类型下的常见异常原因、网元异常原因对应处理方法。由图 8-3 和表 8-1 可以发现，每种实体的描述语句是分开的，将每种实体之间互相连线就可以得到关系。因此，在本案例中，关系抽取这一部分是略去的，通过在数据收集阶段设计了将现象描述、原因、解决方法分开填写。实体之间的关联关系是与生俱来的，不需要再进行额外的提取。这一点也说明了在其他领域场景中，如果需要从头开始积累数据，可以在数据收集阶段将其模式化。这可以节省后续很多处理环节，而且这种模式化并不会增加人工成本，反而可以大大减轻下游的处理任务。

对于网元异常诊断来说，异常描述、异常原因、处理方法对应的实体都应该是一个简短的描述。例如"该扇区位于 AB 交界处，A 侧基站距离边界较远，该扇区存在超远覆盖问题，致使 VOLTE 语音上下行丢包率异常"可以直接简化为原因实体"超远覆盖"。而且一段描述中可以包括多种实体，例如在"高铁移动速度较快，切换不及时导致指标恶化"中包含"高铁小区""用户移动速度过快"两个异常原因实体。因此，实体抽取的首要任务就是将一段开放性的描述简化成一个或者几个简短的实体描述。和通用领域百科图谱不同是，百科图谱中的实体大都是名词属性的词汇，可以通过先将句子分词再从分词列表中选出合适的名词结果。但是在网元异常诊断领域，这种形式是行不通的，例如在"RRC 连接次数异常"中使用通用词库会被切分成"RRC""连接""次数""异常"（如图 8-4 所示），这样得到的分词结果过于碎片，被切分的专业词汇无法还原实体短语。如果想在分词时保留专业领域的词汇不被切分，那么需要定义专业领域的词汇表。这在现实中的工作量与列举出专业领域的所有名词实体相差不大，也是很难实现全面覆盖的。

图 8-4　网元异常表述语句分词结果

在本案例中，采用了一种半监督的方式来进行实体的抽取。先对少量数据进行标注，然后训练得到一个实体抽取模型，再对余下的大量样本进行实体抽取。采用这种方式的原因是纯无监督算法在这些案例文本上的表现效果很差，很难达到"实用"的级别，而所有数据都采用人工标注的情况下，所花费的人力成本也同样难以负担。因此采用类似半监督的方式可以将二者的优缺点进行平衡，得到比无监督更高的准确率，同时成本比全量标注更少。

1. 标注平台

现有的实体抽取标注软件大多是和第 4 章中提到的 Brat 类似，通过鼠标拖拽来选择实体，单击实体后拖向另一个实体可以建立关系。但是在本案例中这些工具并不适用，因为网元异常诊断相关实体，并不是在一段语句中连续出现的一个长词语或者短句子，有时是需要稍微加工进行二次表述出来的。因此，在本案例中开发了一个较为合适的标注平台，如图 8-5 所示，针对 3 种类型有 3 个标注页面，结构上是大致相同的。首先是基础的查找和搜索功能，在数据检索折叠面板会显示案例序号详情、跳转案例序号、根据关键词模糊搜索案例描述以及根据地市省份过滤案例来源等。然后是上下文面板，会显示不需要标注的上下文关联信息，目的是用来辅助标注者，使其能够看到一个完整案例后再进行决策。接着是异常原因等需要标注的面板信息，后面跟随上下页切换以及保存等按钮。最下方的两块区域是两个核心区域，左侧是实体标注编辑区，可以自行添加、删除、修改已有的实体标注。右侧是根据已有的实体推荐出来的可能匹配的实体抽取结果，并给出了相似度，通过左移操作可以将推荐出的结果移入左侧作为正式的标注结果。这里的推荐列表是基于统计学模型 Levenshtein 距离计算得到的相似列表，不仅是为了方便标注，而且从一定程度上让标注结果不那么发散，减少之后的实体对齐工作量。

2. 实体对齐

在实体标注之后需要对标注产生的同义实体进行消歧。例如表 8-2 中，"深度覆盖不足"等价的实体短语有"覆盖楼宇""覆盖连站工业园和高铁""居民小区覆盖",与"边缘弱覆盖"具有相同含义的实体有"弱覆盖"和"覆盖较差"等。实体对齐这一步一般需要具备专业领域知识的运维人员来完成,可以采用先文本聚类,使用统计模型形成若干候选同义实体集合,再由运维工程师去判断聚类结果的合理性并做出修改。

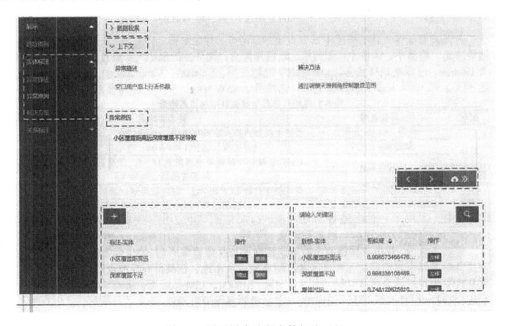

图 8-5　网元异常诊断实体标注工具

表 8-2　实体对齐举例

实 体 短 语	等价短语 1	等价短语 2	等价短语 3
深度覆盖不足	覆盖楼宇	覆盖连站工业园和高铁	居民小区覆盖
边缘弱覆盖	弱覆盖	覆盖较差	
排查干扰	排查上行干扰		

3. 实体抽取模型

实体抽取模型分两部分,一部分是统计模型,另一部分是语义模型。图 8-6 所示,原始文本与对齐后的实体会先经过统计模型完成候选实体的初次筛选形成候选实体列表,然后经过语义模型对候选列表计算与原始文本间的语义相似度并进行排序,通过设置相似度阈值或者排序后取 TopN 得到最终的实体抽取结果。

采用统计模型和语义模型融合的方式进行实体抽取主要是因为二者都有一些明显的缺点和优点。统计模型不受数据集大小限制、准确率高,但是相似度数值区分不明显;语义模型在小样本上容易过拟合,导致泛化能力不强,容易"死记"训练样本,但是计算出的相似度更容易找出具有区分度的阈值。

　　因为本案例数据属于垂直领域，包含大量的专有名词和缩写，所以与通用领域文本的处理方式有些不同。在预处理上，首先对原始案例文本进行停用词的去除，然后将文本中的英文字符统一转换为大写形式，最后通过正则表达式对文本内容中的数字与英文缩写进行提取，例如 2.4G、UE、ERAB 等。提取后的缩写作为一个单字进行处理，从而避免英文单词较多时，单词中字母的重复率较高影响整句话的抽取结果。在预处理之后，进入统计模型之前，还需要对实体进行一次初筛。在本案例中，每个实体都对应维护着一个关键词列表，例如"VOLTE 下行丢包率较高"，关键词列表为"VOLTE""上"，只有列表中的关键词在原始文本中全部出现过，才会进行统计模型的计算。这样做的目的是在通信领域往往存在着"上行""下行"这样的描述，而"上行"和"下行"是两种截然不同的概念，如果放在一句话中，不论是统计模型还是语义模型，都有将其混为一类的可能。

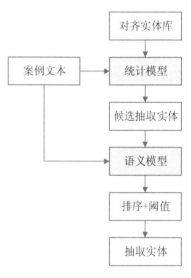

图 8-6　实体抽取流程

　　（1）统计模型

　　在本案例中，统计模型得到的实体匹配概率是基于编辑距离和最长公共子序列两个算法计算得到的。其中，编辑距离也就是 Levenshtein 距离，是指从字符串 a 到字符串 b 经过字符变换的次数，最长公共子序列（Longest Common Sequence）是通过动态规划算法求得字符串 a 和 b 之间公共的子序列。这两个算法都是较为经典的字符串相似度算法，在这里不再赘述相关原理。图 8-7 所示，将

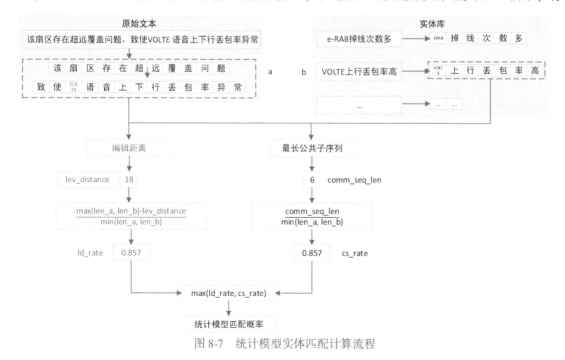

图 8-7　统计模型实体匹配计算流程

原始文本串 a 和实体库的某一条实体文本 b 经过预处理进行逐字拆分。其中英文或者缩写作为单独的一个字，分别计算 a 与 b 的编辑距离 lev_distance 和最长公共子序列长度 comm_seq_len，通过文本串 ab 的最大长度减去编辑距离并与最短文本长度做除法，得到编辑距离的实体匹配度。通过最长公共子序列长度与文本串 ab 的最短长度做除法，得到最长公共子序列的实体匹配度，取二者的最大值，作为最终输出。

（2）语义模型

在统计模型根据一个较为宽松的实体匹配概率阈值得到实体候选集合后，需要经过语义模型进行重新排序，并通过语义模型的置信度阈值进行二次筛选，得到最终的实体抽取列表。在本案例中，为了兼顾运行效率与准确率，采用了 Albert + 孪生网络（Siamese Network）的形式搭建语义模型。其中 Albert 是基于 Bert 模型的一个轻量化改良版，可以保证在 CPU 上的推理速度达到实时的要求。图 8-8 所示，Albert 作为特征提取器，分别对文本 a、b 进行特征提取，且左右的 Albert 网络结构是一样的，参数共享。通过计算两边特征向量间的距离并使用 Sigmod 函数将结果映射到 0 ~ 1 之间，来表示语义模型的实体匹配概率。

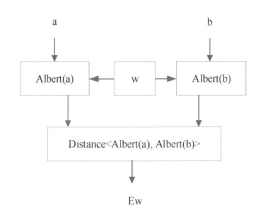

图 8-8　语义模型计算流程

为了训练实体匹配的语义模型，需要构造一批文本对作为训练数据。本案例通过已标注的约 1000 条样本，对多实体进行拆分，形成 < 原始文本—单实体 > 的文本对。这些文本对的标签均为 1，表示实体匹配概率为 100%；然后从实体库中随机抽取其他实体，并计算随机实体和该原始文本的统计相似度，小于 0.1 的作为负样本对，用标签为 0 来表示实体匹配概率为 0%。经过上述方法共生成了约 6000 个正负样本对，划分出训练数据和验证数据集后进行模型的训练，最终在验证数据集上达到 95% 的准确率。

表 8-3 所示，语义模型的实体匹配概率相比统计模型更关注一些描述不同、含义相近的实体结果。因此，通过语义模型对统计模型得到的实体候选集排序并进行筛选后，可以剔除上一步中识别错误的实体，同时提升语义相似实体的排序位次。

表 8-3 统计模型与语义模型匹配概率对比

原 始 文 本	实 体	统计模型匹配概率	语义模型匹配概率
RRC 连接重建请求次数比较多，空口下行用户面丢包数比较多	RRC 连接建立成功率低	0.909	0.011
CQI 优良比不达标	CQI 优良率低	0.6	0.998
E-RAB 掉线指标不正常，异常原因为空口定时器超时	E-RAB 掉线率高	0.6	0.997
RRC 重建请求次数异常	RRC 连接重建请求比例偏高	0.625	0.998

8.2.3 知识图谱的建立

在知识图谱的建立中，可以采用关系数据库的方式建立，也可以采用图数据库的方式建立。二者并没有很大的区别，主要是根据关系型数据库和图数据库的不同特性，以及实际的业务需求来选择。本案例中虽然实体类型较少，但基于推理查询以及关联查询方便的考量，选择图数据库进行图谱数据的存储，在这里以 Python + 社区版 Neo4j 为例进行操作。

1. 连接驱动

在搭建好 Neo4j 的本地开发环境后，使用 pip 安装 Neo4j 的官方驱动包。代码如下。

```
pip install neo4j
```

下一步是填入用户名和密码来声明一个驱动对象。代码如下。

```
uri = "bolt://localhost:7687"
driver = GraphDatabase.driver(uri, auth = ("neo4j", "neo4j"))
```

2. 创建节点

首先是声明用来创建节点的函数，需要注意的是如果采用"Create"关键词，在遇到同名的实体时会创建两个节点，而"Merge"则会在创建节点前寻找有无名字相同的节点，如果没有再去创建，如果已经存在则返回该节点。

然后是根据驱动对象读取会话信息，传入节点属性，创建节点。代码如下。

```
defmake_node(tx, string):
    tx.run("Merge (n: Descrip {name: $ name})", name = string)

withdriver.session() as session:
    session.write_transaction(make_node, "PDCP异常")
```

3. 创建关系

与节点的创建相同，需要先声明带 CQL 语句的函数，然后传入两端节点的属性和关系的属性，其中节点属性是用来查找节点，关系属性用来建立标识关系。代码如下。

```
defmake_desp_to_reason(tx, desp, reas,t):
    tx.run("match (a:Descrip {name: $ na}), (b:Reason {name: $ nb}) "
        "MERGE (a)-[:descrip_to_reason{times: $ nt}]- > (b)", na = desp, nb = reas, nt = t)
with driver.session() as session:
    session.write_transaction(make_desp_to_reason, "PDCP 异常", "人员流动", 5)
```

根据上述方法先建立不同类型的实体节点，然后构建实体之间的关系，形成网元异常诊断知识图谱，如图 8-9 所示。此时不同异常现象和异常原因之间的关联关系已经初见雏形，下一步可以进行推理应用了。

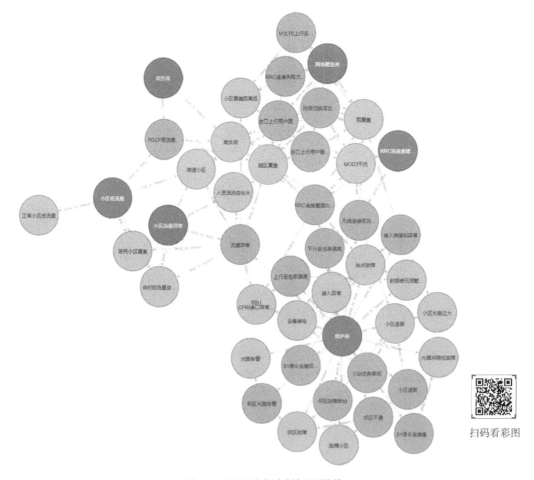

扫码看彩图

图 8-9　网元异常诊断知识图谱

8. 2. 4　知识图谱的应用

1. 推理异常的原因

在建立好网元异常诊断的知识图谱之后，就可以根据网元的不同异常现象查找推理异常原因并进一步返回处理方法。图 8-10 所示，在选择问题类别"网优参数类"以及异常现象"RRC 连接建立成功率低"后，会出现"越区覆盖""用户移动速度过快"等多个原因，而一般异常现象往往是多个同时出现，此时加入第二个异常现象"RRC 连接重建成功率低"，同时满足"网优参数类""RRC 连接建立成功率低"以及"RRC 连接重建成功率低"的异常原因就只剩下"越区覆盖"这一条了。通过对存在的多个异常现象进行查询并对结果取交集，可以得到较为准确的异常原因。

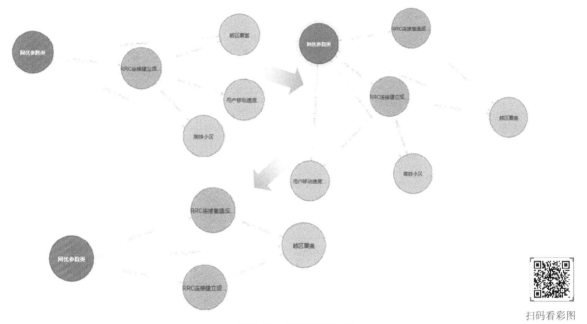

扫码看彩图

图 8-10　图谱推理过程

在本案例中，采用了多种查询推理方式进行组合并按相关性进行排序，相关性由高到低依次是：多种异常现象查询异常原因取交集、部分异常现象查询取交集、所有异常现象查询取并集。考虑到目前建立的知识图谱仍然不够完备，在初始阶段多种异常现象查询取交集后可能并没有返回结果，因此需要将查询可靠性的阈值降低，取半数异常现象查询结果的交集进行返回，如果仍然无结果，则取单一现象对应的原因取并集返回。

2. 查询结果可视化

本案例在推理查询图谱后，会在内部系统界面上以图形化的形式显示出查询结果。因为 Neo4j 并不单独提供网页版的渲染引擎，因此本案例采用了 Echart 的关系图组件进行前端可视化，如

图 8-11 所示，通过传入节点名称、关系名称、节点大小、边大小等动态渲染展示界面。其中，推理出的异常原因以及处理方案所对应的概率排序可以通过转换节点圆圈大小、出入边的粗细来直观展示。

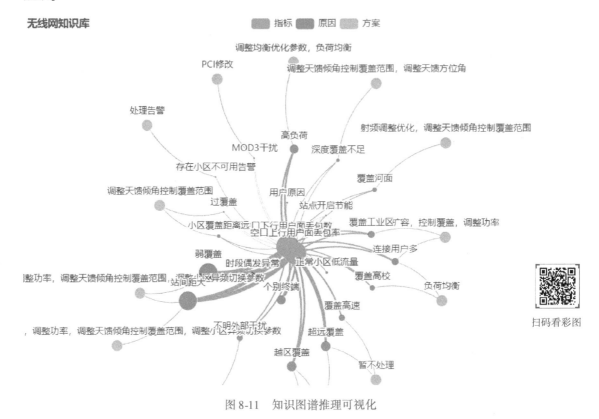

图 8-11　知识图谱推理可视化

8.3　应用知识图谱的成效

在完成知识图谱的查询以及推理之后，本案例对查询出的原因结果进行去重，并根据原因频次计算形成原因概率占比进行排序，如图 8-12 所示。原因概率越大代表该原因被更多异常现象所关联。在实际使用中，异常原因也会对应多种处理方法，如左上方的处理方法占比，该界面给出的处理方法占比是先查询出解决方法，然后根据解决方法关联真实案例，根据案例中方法使用的频次计算得出。同时，如果运维人员需要查看该方案给出的依据，可以单击相关案例查看历史案例中的异常现象、产生原因以及处理方法进行参考。

通过算法 + 人工审核的方式，本案例最终梳理出 7000 余个有效案例数据，提取出实体约 500 个，关系数已达 10 万余条。建立无线网元异常诊断知识图谱后，通过图谱推断出的 TOP5 准确率在 84% 以上。在全国多省的运维系统中嵌入试点后取得了较好成效，目前已正式上线使用（如图 8-13 所示），并计划推广至 5G 网络运维中。

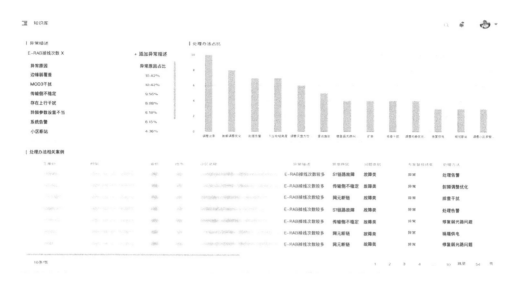

图 8-12　查询推理与方案展示

扫码看彩图

图 8-13　知识图谱成效展示

第9章

应用时序模型实现长短期趋势预测

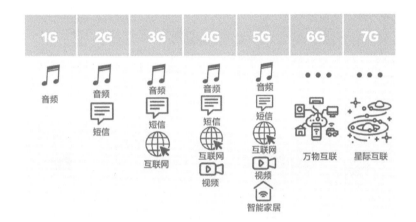

趋势预测是人工智能领域的一个重要方向，亦称时序预测，是相对于非时序预测而言的。非时序类的预测，如根据某人年龄、工作年限、学历等条件，预测其收入，这类预测的模型输入和输出变量都处于同一个时间截面。本章将重点介绍时序预测，因为在运维领域多以时序数据为主，对未来不同时期变化趋势的预测均有需求。

对系统故障、流量变化等业务时效性要求较高的业务，需要短周期的趋势预测，这类模型以时序类的预测模型为主。将数据中随时间变化的特征，通过人工或算法来提取，尽可能挖掘充分，预测下一个或多个时刻的取值。

对于资源规划、调度等中长期的业务，倾向于中长期的趋势预测，这类预测往往不借助时序类的预测模型。因为在输入数据一定的情况下，预测时长越长，模型预测误差越大，结果可信度越低，反而失去预测的意义。因此，中长期的趋势预测往往通过降低预测精细度（将数值预测转化为分类预测）来提高预测准确率，进而转化为分类预测问题。

本章将从以下几个方面进行阐述。

- 未来五分钟用户数的短周期预测。
- 未来一周网络流量的中周期预测。
- 未来半年扩缩容规划的长周期预测。

9.1　短周期预测：未来五分钟 IPTV 播放用户数的预测

IPTV 在线播放用户数每天都呈现固定的波动规律，但当播放用户数指标突然出现不符合规律的下降时，很有可能是网络设备群出现了大规模的故障，需要通知运维工程师及时去排除故障。本节将详细介绍进行播放用户数实时预测的动机，预测算法的选择和流程，以及实际应用的情况。

9.1.1　背景介绍

网络电视（Internet Protocol Television，IPTV）是我国三大运营商的一项重要业务，截至 2020 年 10 月末，三家运营商的 IPTV 总用户数达到 3.12 亿户。

为了更好地了解 IPTV 用户侧的真实使用体验情况，设备商通常会选择一部分设备来部署软探针，以实时采集用户的网络感知数据以及设备的 CPU、内存、温度等设备性能数据。因此，本节所述的在线播放用户数，实际是探针采集到的实时在线播放的用户数。理论上，数值要小于真实的在线播放用户数，但仍然可以反映现实中在线播放用户数的大致变动情况。

按照常理，一个区域内 IPTV 的播放用户数指标每天都呈现类似周期规律的波动。图 9-1 所示为某县在三天内的在线播放用户数变动规律情况，可以看出在线用户数在 6 点至晚上 23 点呈现增长趋势，其中在 12 点到 13 点，有暂时的下降趋势（部分人选择在这段时间午睡）；而在 0 点到 6 点呈现的下降趋势和人的生活作息紧密关联。

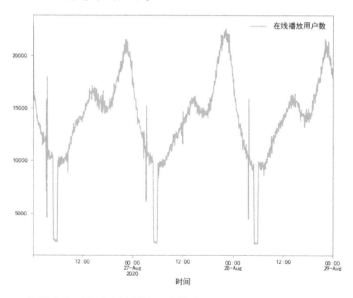

图 9-1　探针采集到某县在线播放用户数在三天内的变动趋势（5 分钟粒度）

每个地市或县市的在线播放用户数，都按照类似以天为周期的规律波动，看起来似乎很平稳。但事实并非如此，有时出现的各类意外情况会导致用户观看 IPTV 突然受到影响，引起播放用户数产生不符合日常规律的异常波动，产生快速且持续的数值下降。例如雷暴、雨雪等恶劣天气引发关键的设备或链路故障、上层网络设备拥塞导致的下层大量用户受到影响等。这类故障发生时间短暂、影响范围广，用户受到影响非常明显。

也正因为这样，当在线播放用户数不再像以往一样有规律地上升或下降，而是出现规律外的突然下降并持续走低时，就有网络设备出现大规模故障的风险。尽管探针采集的数据出现的下降并非意味着真实用户数出现突降（如，图 8-1 中存在的异常点是由于探针采集的数据在传输时不稳定而产生的瞬时波动，数据丢失会导致瞬时下降，数据重复会导致瞬时上升）。但由于大规模设备故障的代价过高，权衡之后为了保证召回率，也应该在容许少数误报警的条件下，去及时提醒网络维护工程师仔细关注设备的实时运行情况。

在运维相关的资料中，Google 运维团队出版的 *Google SRE：How Google runs production systems* 一书介绍了 Google 公司十余年的运维管理经验。其中部分内容为分布式系统监控的经验，总结了黄金监控指标的概念。之所以被形容成"黄金"，是因为它们能直观的反应用户端的感知。任何监控系统都需要通过对黄金监控指标的检测，继而产生告警，进行后续的根因定位、系统调度优化和容量预测，且这套流程适用于任何系统，监控指标包括以下几个方面。

- 延迟（Latency），指请求从发送和接收响应所消耗的时间。
- 通信量（Utilization），当前检测对象的流量，例如 Http 请求数。
- 饱和度（Saturation），当前服务的饱和度，例如磁盘占有率、内存状态。
- 错误（Errors），当前服务发生的错误数或错误率。

IPTV 地域播放用户数类似以上黄金指标中的"通信量"范畴。因此，对其进行实时监测告警，是确保 IPTV 运维系统及时发现故障、进行问题诊断的前提。

而面向播放用户的实时预测，则是对播放用户数进行实时监测的基础。这是因为面对周期性指标时，传统的固定阈值告警已经失去意义，需要依据历史的播放用户数进行实时预测，这种方法产生动态阈值才具有意义。

如果监控指标波动周期性不强，大部分时间数值表现平稳，此时使用传统的固定阈值产生的告警就可以捕捉到一些指标上的异常。而本场景中的播放用户数，由于呈现明显周期波动，则需要将真实值和实时预测产生的动态阈值对比来捕捉异常。图 9-2a 中的指标波动周期性不强，使用固定

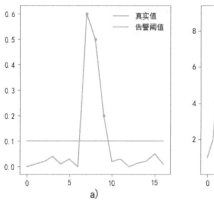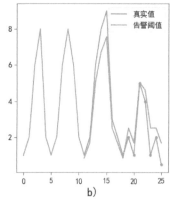

图 9-2　不同告警阈值产生的告警效果

a）固定阈值　b）预测产生的动态阈值

阈值就可以捕捉到突增异常，而图 9-2b 场景中的指标呈现周期趋势，动态阈值可以捕捉到固定阈值难以捕捉的缓慢下降异常。

9.1.2 算法选择

综上所述，由于用户数的波动呈现固定的周期趋势，直接套用固定的阈值去判断在线用户数是否存在异常波动并不符合现实状况。因此，需要选择一套时间序列预测算法去实时预测未来一段时间的播放用户数。

现能够应用在时间序列预测领域的方法主要包含 3 类：一是 ARIMA、SARIMAX 等传统时间序列方法；二是通过特征工程后，利用机器学习进行回归预测的方法；三是利用 RNN、LSTM 等神经网络进行预测。

由于本场景涉及的监控指标为单指标，考虑到第二种方法耗时长、结果不稳定，因此挑选了在时间序列上性能较好的 3 种模型，即 SARIMAX、Facebook Prophet 和 LSTM，分别在同样的样本数据上进行了建模，测试集上的预测结果见表 9-1。

表 9-1　挑选的 3 种时序模型的介绍

模　　型	超　参　数	单个样本训练时间	平均绝对误差
SARIMAX	AR 成分和季节成分等 7 个超参值 必须指定，一般使用网格搜索	0.8 秒左右	1609
Facebook Prophet	无必须设置的超参数	0.1 秒左右	179
LSTM	需要指定网络结构，设置优化方法、 学习率等训练超参	一般采用批训练， 训练时间最短	223

SARIMAX 面对周期性时间序列数据时预测表现较好，缺点是需要指定 7 个时序成分超参数，基于 BIC 或 AIC 进行网格搜索。对于数量庞大的样本集使用超参数统一的时序模型显然不太符合常理，因此在面对本场景下海量的时间序列样本，预测误差也随之增大。

LSTM 神经网络，需要花费大量时间进行超参数选择，优点是训练迭代和推理的时间消耗很小，缺点是由于神经网络的黑箱特点，预测效果不太稳定，对于某些播放用户数较少的县市，预测误差很大，且难以解释误差原因。

最后选用的是 Facebook Prophet 算法，原因是整个算法开源程度和完成度较高，模型自动化程度高，人工干预少，预测效果也比较稳定。

Prophet 是 2017 年 2 月 23 日 Facebook 开源的一套自动化程度很高的时间序列预测算法。它支持 R 和 Python 两种语言的接口，相较于传统的 ARIMA 时序预测模型，它似乎没有那么多建模前序的检验步骤以及严苛的假设条件限制。在官方网站的介绍中，它是一种累加回归模型（Additive Regression Model，ARM），即将时序曲线分解成趋势成分、季节成分后分别建模再累加，可以很好地拟合带有季节变动和节假日效应的复杂非线性趋势曲线。Prophet 的亮点除了其优秀的预测性能外，还包括以下特点。

- 能够自动处理历史数据中存在的缺失值和异常值情况。
- 能够导入用户自定义的重要节假日清单。
- 能够自定义多种季节变动，比如天周期、周周期、月周期。
- 能够考虑历史数据中的转折点，对趋势进行修正。
- 能够拟合非线性的增长，且能设置趋势增长的上限。

因此，在研发时间成本有限的条件下，直接使用业界开源的、文档以及功能十分完善的时间序列预测工具 Prophet 是一种比较高效的策略，省去了在建立传统时间序列模型时需要的大量前序分析和验证假设步骤，也方便了模型部署。

运营商在 0 点 ~6 点通常会进行网络割接，也就是选择在线用户较少的闲时对正在使用的网络设备进行配置更新、设备替换、软件升级等操作以优化网络体验，此时探针数据的采集和传输会受到一定的影响。由于数据传输的不稳定，在线播放用户数会出现部分时刻产生个别的瞬时突变的情况。无论其是否为真实的用户数异常波动，普遍意义上，如果针对模型所使用的历史数据不进行数据预处理的话，缺失值或异常值都会对预测产生影响。尽管 Prophet 工具能自动考虑缺失值和异常值，不用花太多时间在数据清洗上，但异常值仍会对趋势的拟合产生不好的影响，例如预测的区间过大。通常采用的方法是将异常值直接替换为缺失值。

本节选用的异常值判断方法为分位数法，即通过计算下四分位数 QL 和上四分位数 QU 以及四分位数间距 IQR，制定异常值的上界 QU + 1.5IQR、下界 QL − 1.5IQR。由于监控在线播放用户数主要在于监控突降数据，因此只剔除了超过下届的异常值。

图 9-3 所示，实心点为历史数据，实线为预测的第二天的用户数数据，实线附近的片状区域为

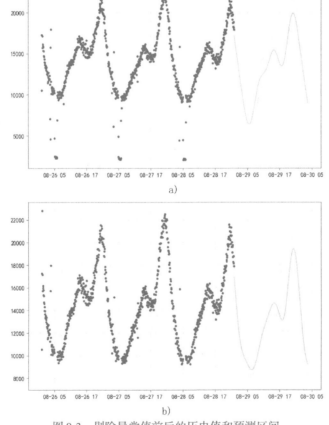

a)

b)

图 9-3　剔除异常值前后的历史值和预测区间

a）剔除异常值前的预测区间　b）剔除异常值后的预测区间

预测值的上下预测界限所构成的预测区间。可以看到，通过分位数剔除一些数据传输不稳定而产生的异常值后，预测区间明显缩小了，且预测曲线似乎和历史值相似性更高。

此外有些省份由于部署的探针不均衡，在部分县市部署数量过少导致收集的在线播放用户数过低，无法进行预测，针对这部分样本进行了剔除处理。

最后，在真实情况下，不会根据前 n 天的历史数据一次性连续预测出第二天的 288 个 5 分钟粒度的在线播放用户数。因为预测的步长越长，随着预测时间产生的误差也越大。出于预测实时性和准确性的衡量，选用预测天前一周的历史数据，加上截至模型运行时刻存储的当天采集的实时数据合并作为训练数据，每小时训练一次 Prophet，实时预测下一小时的 12 个 5 分钟粒度的在线播放用户数，通过提高训练预测频率，缩小预测窗口来降低预测误差。

9.1.3 参数选择

在确定好算法的训练预测周期，对数据进行了简单的筛选和预处理的情况下，由于 Prophet 不需要进行特征工程，因此决定 Prophet 模型性能的主要因素就是 Prophet 模型的参数了。Prophet 可调节的参数较为灵活，按照其控制的属性可划分为趋势参数、周期性参数、节假日参数和其他参数，根据官方文档和调参经验，总结了常用的参数汇总见表 9-2。

表 9-2 Prophet 模型的常用参数

	参 数	描 述
趋势参数	growth	growth 是指模型的趋势拟合函数，包括 linear 和 logistic
	changepoints	指定历史数据中，突变点发生的日期
	n_changepoints	最大突变点数量，和 changepoints 两者取一个
	changepoint_range	取 0~1 之间，指突变点的检测区间占总历史数据长度的比例
	changepoint_prior_scale	设置自动检测突变点的灵活性，值越大越容易出现突变点
周期性参数	yearly_seasonality	年周期性，设置是或否，或指定一个傅里叶极数项数 n，n 越大拟合性越好
	weekly_seasonality	周周期性，设置是或否，或指定一个傅里叶极数项数 n，n 越大拟合性越好
	daily_seasonality	天周期性，当时序数据为小时以下粒度时开启
	seasonality_mode	季节模式，累加型（additive）或乘法型（multiplicative）
	seasonality_prior_scale	周期性因素对预测值的影响强度
节假日参数	holidays	指定历史数据中的节假日等特殊时期
	holiday_prior_scale	假日模型对预测值的影响强度
其他参数	mcmc_samples	概率估计方式，设置为 0 则使用最大后验概率估计（MAP），大于 0 则以 n 个马尔科夫取样样本做全贝叶斯推断，主要影响预测值和预测区间
	interval_width	预测区间的宽度

其中很多参数使用默认值即可，调节这些参数对模型结果优化作用不大。因此，重点需要调节的参数主要包括 changepoint_range、changepoint_prior_scale、seasonality_prior_scale、seasonality_mode 等几个对预测效果影响较大的超参数。常用的自动超参数搜索方法主要为网格搜索法、随机搜索法和贝叶斯优化，但这些方法共同的缺点就是需要消耗很多的计算资源和时间。

其实针对 Prophet 的调参方法，手动调参反而是能节省时间和计算资源的方法。上述需要调整的超参数有一个重要的共性就是参数值对预测结果的影响是线性单向的。因此，不需要针对参数空间的每一个参数样本点均匀采样进行测试，只需要对参数逐个从低到高进行调试，直到预测的性能不再提升即可中断搜索，使用计算消耗大的自动调参方法反而有些"杀鸡焉有牛刀"。

9.1.4 计算结果

在考虑好选用哪种时间序列预测算法、数据的训练预测窗口，设置好训练参数后，就可以考虑对该套算法进行代码开发和线上部署了。但有一个明显的问题是，对全国已有的县市一个个进行训练预测所花费的总体时间是巨大的。尽管训练预测单个县市只耗费 0.01 秒左右的时间，但是考虑全国各县市庞大的数量，模型很可能会出现训练时间过长而没有及时产生预测值的现象。因此播放用户数预测的实时任务难以在单机上完成，必须考虑结合计算集群上的大数据开发框架进行并行计算。

欣慰的是，Spark 计算引擎拥有完好的 Python 接口，通过在 Spark 平台上大规模并行运行 Prophet 模型，时间消耗大大缩短，得以把每次训练预测的时间降低在分钟级别。

得益于大数据计算框架的快速发展，在悉数解决短周期实时预测的各种技术瓶颈后，就可以考虑将预测值和真实结果进行实时对比，进而产生播放用户数突降告警了。为了减少误告警所导致的告警灾难，突降告警的产生需要同时考虑变化率以及持续时长，以过滤掉一些无效告警。对于没有过滤掉的告警，则可以通过根据变化率和持续时长的具体数值，设置不同的告警重要程度，让网络运维工程师综合衡量。最后，当IPTV 在省维度产生用户数突降告警时，可能同时引发下属的多个县市也产生告警，需要进行告警归并处理，合并为一张省级别告警工单以消减冗余告警。整体的告警生成流程如图 9-4 所示。

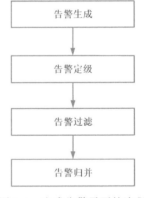

图 9-4　生成告警需要的流程

当然除了将预测值和真实值直接进行对比产生突降告警之外，由于 Prophet 能够输出预测区间上下界，也可以将真实值和预测区间下界进行对比，至于哪种告警的产生的方式更加合适，应该以实际的预测效果作为导向来选择。

下面对 Prophet 模型的实际应用效果进行展示。在接下来的案例中，将对几种常见的产生告警的场景和具体原因进行分析，针对误差提出相应的改进措施。

在图 9-5 所示的案例 1 中，小于 Prophet 预测值下界的时刻都可以被判定为疑似告警。尽管当日该地区产生了很多的数据瞬间上升和下降，但由于突变持续时间都小于 5 分钟，因此大部分都可以判定为数据采集导致的误差，通过告警过滤进行剔除。而在 5～6 点间产生的持续 1 小时的用户数下降，则被定义为真实用户数突降告警，通过及时将消息传输至运维中心进行了整改。

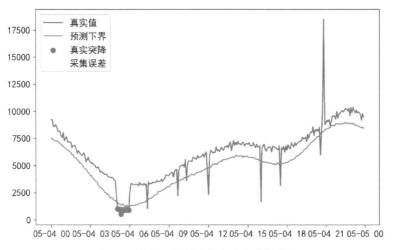

图 9-5　案例 1 真实用户突降和采集误差

在图 9-6 所示的案例 2 中可以看到，节假日同样对预测效果产生了一定的影响。由于 10 月 7 日为十一黄金周的最后一天，按照经验判断，用户数会在 8 号开始恢复正常水准，整体低于前一天水平，此时为正常节假日的抬升效应。Prophet 框架仍然可以通过对制定节假日单独拟合抬升趋势，来消除节假日前后的整体预测误差。

然而从实际数据曲线来看，事实是播放用户数从 9 号调休的那一天开始，才恢复到往日的水平。这使 9 号的预测下界偏高，导致了大量的误告警。因此，通过人为设定节假日名单来单独拟合节假日抬升趋势并不一定能反应实际情况，况且很多突发的大型直播节目或社会新闻等事件，都会导致类似的预测偏差。

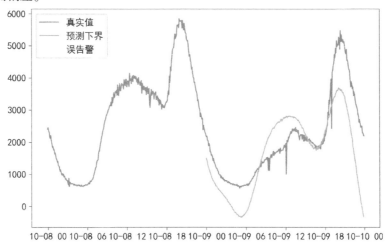

图 9-6　案例 2 节假日误告警

为此，这里对原始算法进行了改进以消除误告警。即当一天内 80% 的 Prophet 预测值均高于或低于真实值，或真实值和预测值之间的互相关系数低于阈值，则判定当天的波动水平或波动规律和历史数据产生了较大偏离，则提升了告警产生规则的敏感度，以消除误告警。

至此，从实时采集数据到 IPTV 用户数突降告警的产生的整体流程已经梳理完毕，整体流程图如图 9-7 所示。整体模块的预测核心由于直接套用了开源且发展成熟的 Prophet 时间序列预测算法，且在基于数据条件和环境较为完备的平台上进行开发，因此开发的成本很低。

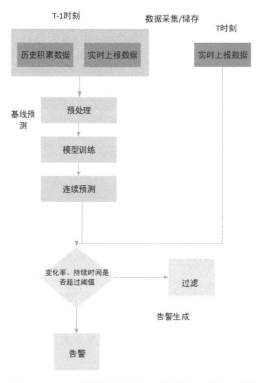

图 9-7　IPTV 播放用户数突降告警产生的流程图

当然，时至今日，本模块还是存在一定的缺陷。在技术架构上，由于开发时间仓促，与预测值进行对比的实时探针数据是已经在分布式文件系统（Hadoop Distributed File System Hadoop，HDFS）落地后的数据，实时数据从采集到 HDFS 落地，与现实世界存在滞后时差。再加上从 HDFS 读取预测数据和真实数据进行对比的程序运行时间，告警的产生和现实世界中指标开始出现异常的时间点存在着 5 分钟左右的延迟。尽管尚在容许范围内，但仍有提升空间。最直接的提升方法就是引入一些实时计算框架，例如 Spark Streaming、Flink 去避免读取落地后的离线数据而改为直接读取实时数据。

9.1.5　小结

本节探讨了 IPTV 播放用户数的预测算法选择、模型参数的选择方式以及产生用户数突降告警的流程。这是一个典型的通过时间序列预测达到实时异常检测目的的场景，相关领域的研究也较为成熟，而且对于类似播放用户数这样数值很大的指标而言，数据规律十分明显，预测难度较低。因此，引入一些业界通用的、开源成熟的算法框架，可以减少模型开发的试错成本，达到快速开发、高效落地的目的。

值得思考的是，在运营商的智能运维中，有很多类似的实时时间序列预测或异常检测的场景，建立一套能够自动适应各种时间序列类型，并自动进行预处理和建模预测的通用算法工具，是未来智能运维的发展方向。

9.2 中周期预测：未来一周网络流量变化的预测

网络流量预测类似交通流量预测，短期预测对网络设备的故障预警、网络资源临时调度均有实际意义，中长期预测对网络资源的扩缩容、规划也具有实际帮助。

本节以预测小区网络流量为例。预测时间为未来一周，共 7×24 个小时的数值，一定程度上可以看作是中周期的预测了，预测误差相对于短周期有一定增加。

小区网络流量受时间、位置（直接影响附近的人流量）、天气、特殊事件（如演唱会、赶集促销等大型活动）等外在因素的影响，同时还受到网络割接、信号屏蔽、基站节能、采集设备不稳定等内部因素的影响。对于某特定小区来说，其位置不变，网络流量主要受时间因素的影响；天气与时间也存在强关联，在此暂不考虑天气因素，用时间代替天气对网络流量的影响。

特殊事件存在一定随机性，有相关学者、专家提出，可通过某类票务 APP 或者本地公众号上发布的当地大型娱乐活动，补充这部分数据。笔者在此也不建议此种做法，原因有以下 3 个。

- 这些应用程序上发布的多是较大型活动，线下举办的超市促销、道路建设、道路设卡改道等影响人流的事件无法包括在内，收集到的数据量很有限。
- 事件活动类数据具有时效性强、更新频繁的特点，需要频繁地从这些应用程序上监控和爬取相关数据，再进行标记类型活动、时间、地点等，工作量很大。
- 最重要的是，笔者尝试收集某市大型活动的相关数据，加入模型训练后，发现数据对模型的贡献非常小，在特征筛选过程中就被剔除掉了。

因此，对于特殊事件，建议对历史数据进行人工标记（0 表示未发生特殊事件、1 表示发生特殊事件，或多类别标记），再加入到模型中训练。预测时默认不会发生特殊事件，如已知未来某个时间一定会发生特殊事件，则通过人工添加该分类特征对预测结果进行修订。其实，在对历史数据进行人工标记特殊事件时，可先进行异常值检测，再去查看哪些异常值是由于特殊事件引起的，因为发生特殊事件后的数值多半是异常值。

接下来，不考虑上述天气、特殊事件等因素对网络流量的影响，重点分析时间因素对网络流量的预测作用。

9.2.1 算法选择

在 9.1 节预测 IPTV 播放用户数时已梳理过，时序预测方法主要包含以下 3 大类。

- 基于业务的因子预测模型，主要以专家经验总结数据变化规律，建立因子预测公式。如机房用电量 = 日均基准量 × 天规律因子 × 周规律因子 × 事件影响因子。

- 传统时序预测模型，以指数平滑法、ARIMA 模型为主，是基于统计学对历史数据中季节性、周期性、增长趋势、随机性因素的特征提取与建模。
- 基于神经网络的深度学习模型，常见的有 LSTM、CNN、RNN、GRU 等，相对传统时序模型具备训练成本高、需要大量数据集、自动提取时间特征等特点，在正确率上与传统时序模型有一定互补性。

在算法大规模训练前，对小区网络流量数据的分布特征适用于哪种类型模型进行预测不确定，选用包含住宅、高铁、商业、地铁、高速等各场景近 100 个小区数据，对比最经典的两种模型（ARIMA、LSTM），进行试验对照，最终选择合适的算法。

ARIMA 模型将预测对象随时间推移而形成的数据序列当成一个随机序列。在预测过程中首先需要根据时间序列的自相关函数、偏自相关函数等对序列的平稳性进行判别。对于非平稳序列通过差分处理将其转换成平稳序列（ARIMA），对得到的平稳序列进行建模以确定最佳模型（AR、MA、ARMA 或者 ARIMA）。在 Python 的实现中，主要通过遍历模型参数列表的方式由 AIC 准则或者 BIC 准则确定最佳 p、q 阶数。对于每一个小区的时间序列，取前 2/3 个观测点为训练集，后 1/3 则为测试集，最终输出预测值和真实值的比较。

LSTM 算法是一种特定形式的循环神经网络（Recurrent Neural Network，RNN），在 RNN 的基础上加了 3 个门，对数据进行处理，处理成适合 LSTM 模型的数据。按照训练集训练好的参数，在测试集上测试。按照训练集输入等长的数据，然后对之后的数据进行预测。

为了评价模型的效果，引入错误率（error）、精度（accuracy）、正确率（precision）3 个指标。计算公式如下：

$$error = \frac{\sum_{i=1}^{n} |\frac{y_i - y'_i}{y_i}|}{n} \tag{9-1}$$

$$accuracy = 1 - error \tag{9-2}$$

$$precision = \frac{m}{n} \tag{9-3}$$

y_i 是某一指标在某个时间点对应的真实值；y'_i 是模型预测的某一指标在某个时间点的预测值；m 是错误率小于 0.2 的小时数量；n 是预测总小时数量。

试验结果见表 9-3。两种模型在不同类型小区的预测结果差异非常明显，ARIMA 模型整体不如 LSTM。传统 ARIMA 模型在高铁、高速这类网络流量数据周期特征并不明显的小区，预测效果很不理想，错误率达到 90% 以上；而在网络流量数据周期特征明显的地铁、商业类小区，ARIMA 模型预测效果相对较为理想，错误率下降到 50% 以下。这点从图 9-8 可以直观地看出，图 9-8a 为某高铁小区未来一周的预测值与真实值对比图，数值变化没有明显周期性，除了可以预测波动趋势外，数值上明显相差较大；图 9-8b 为某地铁小区，数值按天呈现出规律的变化周期，预测效果明显有所提升。总体上，ARIMA 模型在错误率上均明显大于 LSTM，后者在 5 种类型的小区错误率均在 30% 以下，且对周期特征数据的敏感性并不高。

表 9-3　两种模型测试集在不同小区类型的平均错误率

小 区 类 型	ARIMA	LSTM
高铁	0.9238	0.1898
住宅	0.6074	0.1185
地铁	0.3080	0.2831
商业	0.4405	0.2923
高速	0.9719	0.2341

因此，确定用 LSTM 算法对小区网络流量进行预测，并加入其他辅助特征进行研发。

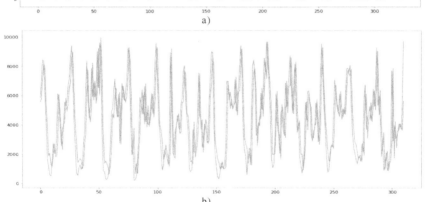

扫码看彩图

图 9-8　ARIMA 在预测高铁和地铁两类小区预测效果图

a）某高铁小区　b）某地铁小区

注：蓝色为网络流量真实值，红色为预测值。

9.2.2　数据预处理

以某省 150G 原始数据集，近 30 万个小区为例，其中有 14.5 万个小区连续记录不小于 1608 小时（67×24 小时）。覆盖城市中心、城镇、郊区位置，包含住宅、高校、商业等多场景小区。数据集主要为静态数据（小区属性数据）和动态数据（时间序列数据）两部分。

小区属性数据如场景类型、厂商 ID、网络扇区（可区分出重要等级）、扇区序号以及扇区频段指示标识。时间序列数据来自以小时为单位记录的、与网络流量指标 Pearson 相关性较高的其他指标数据，如平均时延分母、小区下行 DRB 数据调度时长、下行 PRB 平均利用率、小区上行 DRB 数据调度时长、PDCCH 信道 CCE 占用率分子等 KPI 指标。在小区属性数据和时间序列数据的基础上构建时间序列数据集，建立小区指标趋势预测模型实现对未来一周时间内各小区网络流量的趋势预测。

1. 数据选取

由于全省小区数量庞大，且存在一些非常规小区（如低流量小区）无须关注和预测。剔除这类非常规小区后，随机抽取 3000 个小区进行建模。这些小区的特征分布见表 9-4。

表 9-4　样本小区特征分布

场 景 类 型	小区数量	厂　　商	小区数量	重要等级	小区数量	频段标识	小区数量
住宅	1000	华为	1195	A	1218	1	555
重点高校	800	中兴	1406	B	1059	5	680
商业中心	400	诺基亚	289	C	367	6	147
办公楼宇	400	爱立信	110	D	356	0	248
普通学校	400	—	—	—	—	—	1370

样本小区中，住宅和重点高校类型的小区占比较多，基站厂商以华为和中兴为主。小区在网络优先保障等级上，大多为 A、B 等级，频段标识以 1、5 为主。

以 3000 个样本小区 3 月 1 日至 5 月 9 日（除 4 月 25 日和 26 日），连续 67 天的时间序列数据作为研究（样本）数据集。对样本数据集中的任一小区，若连续 67 天的有效数据（非空值）占比大于等于 80%，用相邻四个非空值填充进行空值处理；否则将该小区从样本数据集中去除。经处理，最终所用数据集包含的小区个数为 1953。

2. 特征工程

对于一个机器学习模型来说，给定数据集中既包含"重要特征"，也包含"无关特征"，需要通过一定方法筛选出那些重要特征，或者生成一些新的重要特征，此过程称为特征工程。

根据与小区预测的目标变量（网络流量）相关性较高的 5 个特征字段，平均时延分母（R1）、小区下行 DRB 数据调度时长（R2）、下行 PRB 平均利用率（R3）、小区上行 DRB 数据调度时长（R4）和 PDCCH 信道 CCE 占用率分子（R5），将其作为时间序列相关特征加入时间序列趋势预测中并组成初始特征集合 {R1, R2, R3, R4, R5}。

给定初始特征集合 {R1, R2, R3, R4, R5}，可将每个特征看作是一个候选子集。对每个候选特征子集通过逐步进入法进行评价。

第一步，将 5 个特征逐个作为子集输入到模型中，假定 {R4} 最优，于是将 {R4} 作为第一轮的选定特征集。

第二步，在第一步筛选的特征集基础上，增加一个特征作为子集，逐个输入到模型中进行筛选，得到包含两个特征的候选子集，假定在候选两个特征子集中 {R3, R4} 最优，于是将 {R3,

R4} 作为本轮的选定集。

第三步，在第二步筛选的特征集基础上，再增加一个特征作为子集，重复上述步骤，直至增加特征对模型准确率没有影响为止，停止筛选。

在每轮进行特征子集评价时，根据加入该特征后预测正确率增大、不变和减小的小区数量占比来衡量该特征对模型的贡献率，具体见表 9-5。

表 9-5　不同特征单独对模型的贡献程度

类　别	准确率增大	准确率不变	准确率减小
R1	0.67	0.11	0.22
R2	0.61	0.11	0.28
R3	0.78	0.00	0.22
R4	0.72	0.17	0.11
R5	0.44	0.00	0.56

从表 9-5 可以看出在第一轮 5 个候选特征对模型的贡献情况，加入特征 {R3} 后对 78% 的小区网络流量预测准确率会提高。相对其他几个特征而言，{R3} 可作为第一轮的选定集。依照上述筛选步骤，最终选定 {R1，R3，R4} 作为模型的时间序列特征。即本次样本数据集，可加入平均时延分母、下行 PRB 平均利用率、小区上行 DRB 数据调度时长 3 个时间序列特征作为输入特征，进行未来一周的趋势预测。

3. 数据存储

将每个小区的时间序列数据存放在一个独立的 csv 文件中，然后放在同一个文件夹下。对于每个 csv 文件的数据，是按照时间升序排列，包括小区 ID、时间，5 个相关指标（小区上行 DRB 数据调度时长、小区下行 DRB 数据调度时长、下行 PRB 平均利用率、PDCCH 信道 CCE 占用率分子和用户面下行包平均时延分母）和一个目标预测指标（网络流量）共 8 个字段，分别用 ID、Date、R1、R2、R3、R4、R5、T1 表示，具体见表 9-6。

表 9-6　数据存储格式

ID	Date	R1	R2	R3	R4	R5	T1
100073_49	2021/3/10 03：00	498586	991800	26.07	23845100	1290630	1435.4
100073_49	2021/3/10 04：00	517963	1007740	25.34	18618200	1186820	1265.35
100073_49	2021/3/10 05：00	672525	1276370	24.91	18933600	1919750	2024.73
100073_49	2021/3/10 06：00	190298	286287	6.97	10047100	448431	464.001
100073_49	2021/3/10 07：00	130909	121788	3.22	7688500	175807	141.635

4. 数据归一化

由于神经网络激活函数的特性，对输入数据十分敏感。同时考虑不同输入特征的量纲，需要对输入特征进行标准化处理。计算公式如下：

$$X_{new} = (X_{old} - min(X))/(max(X) - min(X)) \tag{9-4}$$

X_{old} 为原始特征数值，X_{new} 为标准化后的特征数值，$max(X)$、$min(X)$ 分别为每个特征的最大值、最小值。

为了保证神经网络的输出数据与输入数据数量级相符，对神经网络预测结果的输出也需要进行反归一化处理，公式为：

$$y(i) = y_i(max(x_i) - min(x_i)) + min(x_i) \tag{9-5}$$

y_i 为输出数值，$max(x_i)$、$min(x_i)$ 为输入数最大值、最小值。

9.2.3 计算结果

采用 Python 语言编程实现多变量 LSTM 神经网络的训练和预测过程，以 TensorFlow 作为深度学习框架，并利用 Keras 提供的序贯模型，进行多变量预测模型训练，并进行图形拟合和误差评估。

1. 数据集搭建

根据过去 60 天历史数据，预测未来 7 天的数据。即将样本小区前 60 天的数据作为输入（60 × 24 小时）、后 7 天的数据作为输出（7 × 24 小时）。按照以上构建思路，将初始数据集（dataset_list）转换成适用于时间序列预测的有监督数据集。用 pandas. dataframe 的切片方法将每个小区的数据分成大小为 past × 24 和 feature × 24 两个部分。（past 是 60、feature 是 7）。根据 col 参数确定的所在列号，可以有选择地设定输入数据特征。例如，根据小区前 60 天的上行 DRB 数据调度时长、小区下行 DRB 数据调度时长和下行用户面流量 3 个特征对未来 7 天的网络流量预测时，需要把该小区前 60 天 3 个特征数据作为输入，把未来 7 天的网络流量数据作为输出。

2. 模型构建

模型预测方式为利用前 60 天指标数据预测第 61~67 天的指标数据。训练方式主要是选取 90% 的样本小区进行训练，训练完成后再取剩余 10% 的数据进行测试。

利用 Keras 提供的序贯模型构建多变量预测模型，该模型包括 3 个 LSTM 隐藏层，每个 LSTM 隐藏层中定义 a 个神经元，如图 9-9 所示。然后对每个隐层加入 Droupout 层，引入 dropout 率进行优化

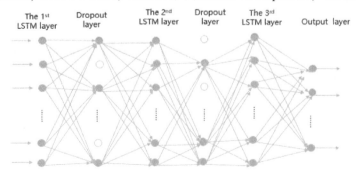

图 9-9　LSTM 神经网络预测模型架构图

避免过拟合，即神经元随即断开的比例为 b。第 4 层为全连接层，输出维度为 168（7×24），激活函数用 c 表示。Compile 方法是设置模型的训练参数，例如采用 adam 作为优化器，损失函数计算采用均方误差（MSE），每次迭代计算其误差和准确率。

3. 模型优化

为了得到在新样本上表现很好的学习器，应从训练样本中尽可能学出适用所有样本的普遍规律，这样才能对新样本做出较好的预测。LSTM 是一种 RNN 变形，适合处理和预测时间序列中间隔和延迟相对较长的重要事件。与普通神经网络相比，LSTM 通过输入门、遗忘门和输出门来实现信息的保护和控制。这些门可以通过阈值设定和激活函数限制打开或关闭，实现有选择性地让信息通过。可以通过增加训练轮数（epoch）、神经元个数、网络层数以及调整激活函数等提高模型的学习能力、降低泛化误差（在测试集上的平均误差）、提高预测正确率（真实值误差小于 0.2 的占比）。

为优化模型效果，借鉴网格搜索法对参数的可能取值进行验证调优。网格搜索法是指定参数值的一种穷举搜索方法，将估计函数的参数通过交叉验证的方法进行优化来得到最优的学习算法。将各参数可能的取值进行排列组合，列出所有可能的组合结果生成"网格"。例如，对 a、b 和 c 组成的参数组合进行参数调优，其中 a 的取值列表为［30，50，100，128，168］，b 的取值列表为［0.1，0.2，0.3，0.4］，c 的取值列表为［"tanh"，"sigmoid"，"relu"，"linear"］。最终选择效果最好的（128，0.2，"tanh"）作为模型参数。

4. 模型结果

按照上述模型进行训练，且迭代次数为 50 次或 100 次时，训练集数据对模型的训练使得预测均方误差均收敛于（0，0.04）之间。考虑到模型训练消耗的时间成本，最终迭代次数确定为 50 次，在内存为 16GB 单机上的训练时长为 5 小时 15 分，如图 9-10 所示。

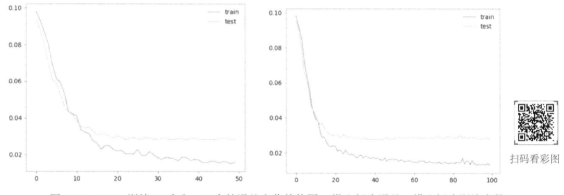

扫码看彩图

图 9-10　LSTM 训练 50 次和 100 次的误差变化趋势图（纵坐标为误差，横坐标为训练次数）

按照上述模型参数，对所有数据集中 1953 个小区按照 8：1：1 划分训练集、验证集和测试集。训练集的作用是用来拟合模型，通过设置分类器的参数，训练分类模型。后续结合验证集，会选出同一参数的不同取值，拟合出多个分类器。验证集的作用是当通过训练集训练出多个模型后，为了能找出效果最佳的模型，使用各模型对验证集数据进行预测，并记录模型准确率。选出效果最佳的模型所对应的参数。测试集是通过训练集和验证集得出最优模型后,用来进行模型预测。即当已经确定模型参数后,使用测试集进行模型性能评价。

表 9-7 不同精度和准确率的模型预测小区数

区　　间	不分小区场景		区分小区场景	
	不同预测精度的小区个数	不同预测准确率的小区个数	不同预测精度的小区个数	不同预测准确率的小区个数
(0.9, 1.0]	3	3	10	20
(0.8, 0.9]	188	34	176	82
(0.7, 0.8]	289	66	258	195
(0.6, 0.7]	222	117	379	327
(0.5, 0.6]	162	189	565	589
(0.4, 0.5]	147	245	369	445
(0.3, 0.4]	117	353	0	99
(0.2, 0.3]	70	359	0	0
(0.1, 0.2]	58	283	0	0
(0.0, 0.1]	51	108	0	0
小于 0	450	0	0	0

表 9-7 展示了模型在训练集和验证集的误差结果,预测精度(1 - 预测错误率)最大为 92%,预测精度在 50% 以上的小区占 49%,预测准确率(预测数值误差小于 20% 的小时数占总小时数的比例)在 70% 以上的小区只有 12.5%。可见大多小区预测效果并不太理想。原因可能有多种,各地区小区流量分布差异非常大,建立统一的模型进行预测非常困难。

对此,将小区重新以住宅、重点高校、商业中心等 5 种不同场景分别建模,得到的模型结果在精度和准确率上,提升效果非常明显。基于此,可以继续按照小区网络流量变化趋势的相似性进行分类,每类小区单独建立网络流量的预测模型,可预见的效果会进一步提高。

9.2.4　小结

本次案例揭示了在时序指标数据的中短期预测时,传统时序 ARIMA 模型预测效果明显弱于深度学习模型 LSTM。

该算法(模型)在实际应用时,根据业务场景中指标的变化趋势,还可以做以下改进。

1)周期特征明显的 KPI 指标,可以将输入时长缩短为 1 个月。

2)周期特征不稳定,且可能有季度周期存在时,输入时长需增加到 3 ~ 6 个月。

3)基于计量经济学中的格兰杰因果检验法,模型中可以加入其他相关字段的历史数据作为输入特征。与本案例中加入 {R1,R3,R4} 作为输入特征不同的是:本案例是通过第 61 天的 {R1,R3,R4} 来预测第 61 天的网络流量,而格兰杰因果检验法是通过第 1 ~ 60 天的 {R1,R3,R4} 来预测第 61 ~ 67 天的网络流量。即输入特征与输出特征之间存在滞后的因果关系。

4)运用其他领域已得到学者实践过的时空预测模型,如 ConvLSTM、引入图网络(STGCN)、引入注意力机制（ASTGCN）、时空同步 GCN（STSGCN）、Attention Only Model 等。

上述改进措施中，前 3 种笔者实测有效，第 4 种暂未尝试，感兴趣的读者都可以尝试。

9.3　长周期预测：基站扩缩容预测

当原有设备容量（如数据库集群、计算资源、基站覆盖等）满足不了业务需求时，则需要通过新增设备，或者直接在服务器内新增节点、增大基站天线覆盖角度等方式进行扩容，进而增加相应的设备容量，以适应当前增长的业务需求。相应地，当业务需求下降时，需要资源缩容，对应的措施有减少设备，或者在服务器内节点迁移后直接删除节点、减少基站天线覆盖角度等方式，进而降低资源成本。

可见，扩缩容与不同时期的业务容量紧密挂钩。从图 9-11 所示来看，最上面的平直实线表示传统采购部门、资源规划部门对应不同时期容量变化做出的规划决策，中间的平直虚线代表快速响应业务变化的弹性扩缩容（又称弹性伸缩：Auto Scaling，AS），最下面的弯曲虚线表示不同时期业务容量变化趋势。

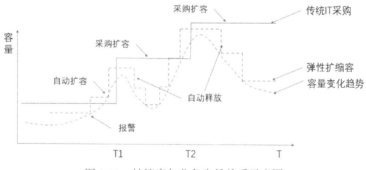

图 9-11　扩缩容与业务容量关系示意图

传统 IT 采购部门对资源的规划存在以下特点。
- 主要实施扩容，很少进行缩容。
- 以长远规划扩缩容为主，扩容时间与业务需求之间存在一定滞后性，响应速度通常较慢。
- 扩缩容决策以专家、领导主观经验为主，数据预测为辅。

弹性扩缩容是针对中短期业务快速变化，基于运维工具（如 kubernetes）辅助运维人员进行的一种扩缩容方法，常见于云计算和容器相关领域。其可以实现"哪些服务应该在哪个时间点扩容、缩容多少比例"，以自适应的方式应对业务需求的变化。能很好执行弹性扩缩容的前提是中短期容量预测的精准性，这正是 9.2 节所阐述的内容。

本节主要是针对传统 IT 采购部门的痛点，其在进行资源采购规划时同样需要预测数据作为依据，但存在基于长周期的容量预测误差较大、可应用的时序模型较少等问题。在此，以运营商规划基站容量的采购需求为例，深入探讨基站扩缩容预测的算法。

9.3.1　算法设计

传统运营商 IT 采购部门在基站扩容决策时，也会依据数据进行评估，评估标准主要有以下

4个。

- 设置多个 KPI 指标的阈值。如下行 PRB 平均利用率超过 50%、PRACH 信道占用率超过 60% 则达到预警条件，下行 PRB 平均利用率超过 65%、PRACH 信道占用率超过 75% 则达到扩容条件。
- 空口优化标准。对 Top10 PRB 的指标分析是否有无线优化空间，如 CQI 差和双流比低，同时 PDCCH 等需要核查参数，具体分析后再确认是否需要调整天馈或新增站点。
- 小区流量排名分析。将扩容监控的 KPI 指标与该地区月流量排名进行交叉分析，优先保证高价值区域的扩容需求。
- 投诉量。针对那些扩容监控 KPI 指标达到扩容条件，但月流量不高的区域，需要再根据投诉量和小区特殊性（如政府、部队等），需新增设备扩容。

可见，上述评估以专家规则为主，仍然带有较大主观性。本节将试图通过小区性能 KPI 数据、投诉量、小区属性数据进行扩容预测。具体实施思路如图 9-12 所示。

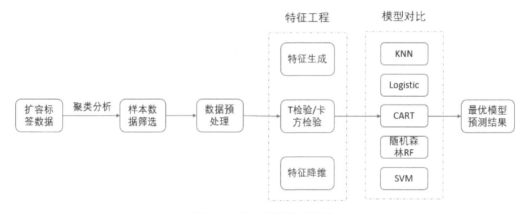

图 9-12　扩容预测算法思路

首先通过聚类分析法筛选已有的扩容标签数据。因为历史上需要扩容的基站，原因不仅仅是性能 KPI 指标增长，还可能是设备老化、投资规划等外在非容量不足的因素，而通过模型只能预测出那些由性能因素引起的扩容需求。再通过数据预处理后进行特征工程，包括特征生成、基于统计学和机器学习方法进行特征筛选和降维等。最后通过 5 种经典的机器学习分类模型对比，选出最优预测模型和得到预测结果。

9.3.2　数据预处理

收集到某省 2020 年 4～5 月共 363 个通信基站扩容数据。通过这些基站 ID 匹配对应所有非新增小区的静态属性、性能 KPI 数据，时间为 2019 年 1～10 月、2020 年 4～5 月全部数据，即通过上一年各小区业务数据预测未来半年后哪些小区需要扩容，共 980 个小区。

另外，在其他未扩容基站的小区中随机选取 1575 个，并保留这些小区 2019 年 1～10 月、2020 年 4～5 月全部数据作为非扩容小区原始数据。

通过聚类分析对所选择的 2555 个小区分成两类，再与扩容标签建立混淆矩阵，选择两者重叠的小区，即为本次需要的样本小区。在进行聚类分析前，首先对输入变量进行特征生成和预处理。

1. 特征生成

原始每个小区的性能 KPI 指标超过 500 个,经数据相似性和重要性筛选,再与专家讨论后筛选出 50 个指标。

按照小区编号对原始数据分组,使用 SQL 语言和 Numpy 科学计算库分别计算这 50 个字段的平均值、最大值、标准差、和、25% 分位点、50% 分位点、75% 分位点、大于均值样本比例、大于75% 分位点样本比例等共 450 维新特征。

为了便于存储,对上述特征用英文重新编码,在原特征后添加_avg 表示均值、_max 表示最大值、_sum 表示和、_std 表示标准差、_con25 表示 25% 分位点、_con50 表示 50% 分位点、_con75 表示 75% 分位点、_con 表示大于均值的样本数、_count75 表示大于 75% 分位点的样本数。

小区静态属性数据包括重要等级、应用类型、覆盖类型、频段指示标识。其中,重要等级分为A、B、C、D,用数字 1、2、3、4 对应表示;应用类型分为 W、N、Z,代表室外、室内、室外室内综合,用数字 1、2、3 对应表示;覆盖类型分为 C、J、N,代表城市、郊区、农村,用数字 1、2、3 对应表示;频段标识指示分为 2.1G、1.8G、800M,用数字 0、3、1 对应表示。上述 4 个属性字段均进行 one-hot 编码,共 13 维新特征。

目标变量为小区是否需要扩容,0 表示不需要,1 表示需要。输入特征共 463 维,输出特征共 1 维。

2. 聚类计算

经过上述筛选的 2555 个小区中,每个指标的缺失比例均超过 20%,采用相邻 4 个时刻进行缺失值处理。先将 2020 年 4 ~ 5 月共 463 维输入字段,通过主成分分析降维到 28 维,再输入到 K-means 聚类算法中进行分类,得到结果见表 9-8。

聚类得到两类小区,没有出现某类小区数量极端的情况,说明没有极端异常小区需要剔除。第 1 类小区共 2225 个,第 2 类小区共 330 个。依据经验可知,如果是由性能指标原因导致的扩容,那扩容和未扩容小区一定分布在两类之中,不可能分在一个类中。因此,按照此筛选标准,如在第 1 类中筛选扩容小区,则应在第 2 类中筛选未扩容小区。即可以选择第 1 类不需要扩容和第 2 类需要扩容的小区,共 1465 个小区;也可以选择第 1 类需要扩容和第 2 不需要扩容的小区,共 1090 个小区。

优先选择数量更多的方案,即 1465 个小区作为预测模型的数据集。

表 9-8　聚类结果与扩容标签的混淆矩阵

		聚类结果	
		第 1 类	第 2 类
是否需要扩容	否	1355	220
	是	870	110

9.3.3　特征工程

接下来,对筛选出的 1465 个小区,选取 2019 年 1 ~ 10 月静态属性和 50 个 KPI 指标数据。首先按照上述聚类分析中的特征生成方式，得到 463 维输入数据和 1 维输出数据。

其次，进行特征筛选。数据和特征决定了机器学习的上限，需要选择有意义的特征输入机器学习的算法和模型进行训练。通常来说，从以下两个方面来考虑选择特征。

- 特征是否发散：如果一个特征不发散，例如方差接近于 0，也就是说样本在这个特征上基本没有差异，这个特征对于样本的区分来说并没有什么用。

- 特征与目标的相关性：这点比较显见，与目标相关性高的特征，应当优先选择。

根据特征选择的形式又可以将特征选择方法分为以下 3 种。

- Filter：过滤法，按照发散性或者相关性对各特征进行评分，设定阈值或者待选择阈值的个数，选择特征。

- Wrapper：包装法，根据目标函数（通常是预测效果评分），每次选择若干特征，或者排除若干特征。

- Embedded：嵌入法，先使用某些机器学习的算法和模型进行训练，得到各特征的权值系数，根据系数从大到小选择特征。类似于 Filter 方法，但其是通过训练来确定特征的优劣。

这里每个维度特征的方差都较大，没有不发散特征，主要从与目标相关性角度进行过滤法筛选。

1. 基于统计法筛选

由于目标变量为 0、1 分类值，输入变量既有分类变量又有连续变量，因此选用 t 检验和卡方检验两种方法，计算输入变量与目标变量之间的相关性。筛选标准为显著性概率 P 值为 0.3，大于此值则表示与目标变量相关性不高，可删除。

t 检验和卡方检验均属于统计学中经典的假设检验法。t 检验适用于一个分类变量和一个连续变量的相关性检测，计算 t 统计量，并转化得到显著性概率 P 值来判断原假设是否成立，其用来检验 50 个 KPI 指标生成的 450 维特征与目标是否存在相关性。卡方检验适用于两个分类变量的相关性检测，计算卡方值（Chi-Square），同样得到概率 P 值来判断原假设是否成立，其用来检验 4 个静态属性指标与目标是否存在相关性。

两种方法共剔除 72 维特征，筛选效果不大，需要继续提取重要特征。

2. 因子分析降维

在数据建模中，如果特征维度过多，会发生所谓的维度灾难。维度灾难最直接的后果就是过拟合现象，原因如下。

- 维度增加时，有限的样本空间会越来越稀疏。模型会在训练集上表现良好，但对新数据缺乏泛化能力。如果训练集可以达到理论上的无限个，那么就不存在维度灾难，可以用无限个维度去得到一个完美的分类器。训练集样本越少，越应该用少量的特征。如果 N 个训练样本足够覆盖一个一维的特征空间，那么需要 N^2 个样本去覆盖一个同样密度的二维特征空间，需要 N^3 个样本去覆盖三维的特征空间，即训练样本的多少需要随着维度指数增长。

- 维度增加时，每个样本数据越来越不可能符合所有维度，这使得大部分样本都变成了噪声数据。特征降维就是用来减少维度，去除过拟合现象的方法。特征抽取是指改变原有的特征空间，并将其映射到一个新的特征空间。抽取前后特征值的数值会发生变化，维度会降低，且维度之间会更加独立。

由于训练样本过少，无法同时对所有特征进行因子分析降维。因此，首先通过回归分析，计算各特征的方差膨胀因子（VIF），其是反映各特征之间共线性的一个指标。根据 VIF 值将特征分 3 组分别进行因子分析：VIF > 1000 为第 1 组、1000 > VIF > 100 为第 2 组、VIF < 100 为第 3 组。每组内的特征相关性高于组间的特征相关性，因此可以进行分组降维。

第 1 组特征共 109 维，采用方差极大法对因子载荷矩阵实行正交旋转。将因子载荷大于 0.5 规定为是否进行特征抽取的标准。根据累计方差贡献率超过 80% 的标准，提取 6 个因子时，累计方差贡献率达 84.881%，已经包含大部分特征信息，满足标准。利用原始样本与因子得分系数矩阵的乘积，可得降维后新生成的 6 维特征。

第 2 组特征共 94 维，根据旋转载荷矩阵、al_avg、as_con50 的载荷值明显小于 0.5 不进行特征抽取。当提取 11 个因子时，累计方差贡献率达 80.372%，满足标准，共得到 11 维特征。

第 3 组特征 78 维，根据旋转载荷矩阵，ae_max、ah_con、bb_con、g_std、az_max、al_count75、x_std、bf、g_count75、y_con 的载荷值明显小于 0.5 不进行特征抽取。当抽取 17 个因子时，累计方差贡献率达 80.002%，满足标准，共得到 17 维特征。

最终，3 组提取的特征，加上那些不参与因子抽取的特征，共得到 46 维特征。

9.3.4　计算结果

经过上述过程后，共筛选得到 1465 个小区，46 维特征的数据集。由于特征和数据量均较少，适用机器学习模型。在此选用 KNN、Logistic、CART、随机森林、SVM 5 种经典机器学习模型分别对样本构建分类模型，通过比较精确率、召回率、F1 值与 ROC 曲线，选择最佳分类模型。

1. 算法原理

（1）KNN（K 近邻）

该算法主要考虑 3 个要素，分别是 K 值、距离度量和分类决策规则。K 值的选择，没有固定的经验，选择较小的 K 值，相当于用较小领域中的训练实例进行预测，训练误差会减小，只有与输入实例相近或相似的训练实例才会对预测结果起作用。与此同时带来的问题是泛化误差会增大，换句话说，K 值的减小就意味着整体模型变得复杂，容易发生过拟合。选择较大的 K 值，就相当于用较大领域中的训练实例进行预测，其优点是可以减少泛化误差，但缺点是训练误差会增大。这时候，与输入实例较远（不相似的）的训练实例也会对预测器产生作用，使预测发生错误，且 K 值的增大就意味着整体的模型变得简单。所以，需要采用交叉验证法确定最合适本课题数据集的 K 值。

对于距离的度量，常采用欧式距离，即对于两个 n 维向量 x 和 y，两者的欧式距离定义为：

$$D(x,y) = \sqrt{\left(x_1 - y_1\right)^2 + \left(x_2 - y_2\right)^2 + \cdots + \left(x_n - y_n\right)^2} \tag{9-6}$$

对于分类决策规则一般采用多数表决法，即训练集里和预测的样本特征最近的 K 个样本，拥有最多类别数的类别则为预测值。

（2）Logistic

Logistic 中文意思为逻辑回归，是一种分类算法，它可以处理二元分类以及多元分类。线性回归的模型是求出输出特征向量 y 和输入样本矩阵 x 之间的线性关系系数 θ。此时 y 是连续的，所以是回归模型。对线性回归的结果做一个在函数 g 上的转换，可以变化为逻辑回归。函数 g 一般取 sigmoid 函数，形式如下：

$$g(z) = \frac{1}{1 + e^{-z}} \tag{9-7}$$

当 z 趋于正无穷时，$g(z)$ 趋于 1，而当 z 趋于负无穷时，$g(z)$ 趋于 0。令 $g(z)$ 中的 $z = x\theta$，得到二元逻辑回归模型的一般形式如下：

$$h_\theta(x) = \frac{1}{1 + e^{-\theta x}} \tag{9-8}$$

其中 x 为样本输入，$h_\theta(x)$ 为模型输出，可以理解为某一分类的概率大小。而 θ 为分类模型需要求出的参数。对于模型输出 $h_\theta(x)$，二元样本输出 y（假设为 0 和 1）有这样的对应关系。如果 $h_\theta(x) > 0.5$，即 $\theta x > 0$，则 y 为 1。如果 $h_\theta(x) < 0.5$，即 $\theta x < 0$，则 y 为 0。$h_\theta(x)$ 的值越小，而分类为 0 的概率越高，反之，值越大的话分类为 1 的概率越高。如果靠近临界点，则分类准确率会下降。

逻辑回归的损失函数为：

$$J(\theta) = -\sum_{i=1}^{m} \left(y^i log(h_\theta(x)) + (1 - y^i) log(1 - h_\theta(x^i)) \right) \tag{9-9}$$

利用梯度下降法使损失函数达到极小值，即可求得参数 θ，即：

$$\theta = \theta - \alpha\, x^T (h_\theta(x) - y) \tag{9-10}$$

（3）CART

CART 分类树算法使用基尼系数来代替信息增益（比），基尼系数代表了模型的不纯度。基尼系数越小，则不纯度越低，特征越好。这和信息增益（比）是相反的。在分类问题中，假设有 k 个类别，第 k 个类别的概率为 P_k，则基尼系数的表达式为：

$$Gini(p) = \sum_{k=1}^{k} p_k(1 - p_k) = 1 - \sum_{k=1}^{k} p_k^2 \tag{9-11}$$

对于二分类问题：

$$Gini(p) = 2p(1 - p) \tag{9-12}$$

对于给定的样本 D，假设有 k 个类别，第 k 个类别的数量为 C_k，则样本 D 的基尼系数表达式为：

$$Gini(D) = 1 - \sum_{k=1}^{k} \left(\frac{|C_k|}{|D|} \right)^2 \tag{9-13}$$

对于样本 D，如果根据特征 A 的某个值 a，把 D 分成 D_1 和 D_2 两部分，则在特征 A 的条件下，D 的基尼系数表达式为：

$$Gini(D,A) = \frac{|D_1|}{|D|} Gini(D_1) + \frac{|D_2|}{|D|} Gini(D_2) \tag{9-14}$$

CART 分类树算法每次仅仅对某个特征的值进行二分，而不是多分。这样 CART 分类树算法建立起来的是二叉树，而不是多叉树。CART 分类树建立流程如下。

1）假设当前节点的数据集为 D，如果样本个数小于阈值或者没有特征，则返回决策树子树，当前节点停止递归。

2）计算样本集 D 的基尼系数，如果基尼系数小于阈值，则返回决策树子树，当前节点停止递归。

3）计算当前节点现有各特征的特征值对数据集 D 的基尼系数。

4）在计算出来的各特征的特征值对数据集 D 的基尼系数中，选择基尼系数最小的特征 A 和对应的特征值 a。根据这个最优特征和最优特征值，把数据集划分成两部分 D_1 和 D_2（建立当前节点的左右节点，左节点的数据集 D 为 D_1，右节点的数据集 D 为 D_2）。

5）对左右的子节点递归地调用前 4 步，生成决策树。

（4）RF

随机森林使用了 CART 决策树作为弱学习器。在使用决策树的基础上，其对决策树的建立做了改进。对于普通的决策树，会在节点上所有的 n 个样本特征中选择一个最优的特征来做决策树的左右子树划分。但是随机森林通过随机选择节点上的一部分样本特征，这个数字小于 n，假设为 nsub，然后在这些随机选择的 nsub 个样本特征中，选择一个最优的特征来做决策树的左右子树划分。这样进一步增强了模型的泛化能力。

算法的流程如下。

1）对于 $t = 1$，2，…，T。对训练集进行第 t 次随机采样，共采集 m 次，得到包含 m 个样本的采样集 D_t；用采样集 D_t 训练第 t 个决策树模型 $G_t(x)$。在训练决策树模型节点的时候，在节点上所有的样本特征中选择一部分样本特征，在这些随机选择的部分样本特征中选择一个最优的特征来做决策树的左右子树划分。

2）分类算法预测，则 T 个弱学习器投出最多票数的类别或者类别之一为最终类别。

（5）SVM

SVM 中文意思为支持向量机，是最经典的机器学习算法之一。分类学习基本的想法就是基于训练集 D 在样本空间中找到一个划分超平面，将不同类别的样本分开。目标函数为：

$$\min_{w,b,\xi_i} \frac{1}{2} \|w\|^2 + C \sum_{i=1}^{m} \xi_i \, s.t. \, y_i(w^T x_i + b) \geq 1 - \xi_i \, \xi_i \geq 0, i = 1, 2, \cdots, m \tag{9-15}$$

通过拉格朗日乘子法可得到如下的拉格朗日函数：

$$L(w,b,\alpha,\xi,\mu) = \frac{1}{2} \|w\|^2 + C \sum_{i=1}^{m} \xi_i + \sum_{i=1}^{m} \alpha_i (1 - \xi_i - y_i(w^T x_i + b)) - \sum_{i=1}^{m} \mu_i \xi_i \tag{9-16}$$

其中 $\alpha_i \geq 0$，$\mu_i \geq 0$ 是拉格朗日乘子。令 $L(w, b, \alpha, \xi, \mu)$ 对 w，b，ξ 的偏导为 0 可得：

$$w = \sum_{i=1}^{m} \alpha_i y_i x_i \tag{9-17}$$

$$0 = \sum_{i=1}^{m} \alpha_i y_i \tag{9-18}$$

$$C = \alpha_i + \mu_i \tag{9-19}$$

将式 9-17～式 9-19 代入式 9-16 中可得式 9-15 的对偶问题：

$$\max_{\alpha} \sum_{i=1}^{m} \alpha_i - \frac{1}{2} \sum_{i=1}^{m} \sum_{j=1}^{m} \alpha_i \alpha_j y_i y_j x_i^T x_j \tag{9-20}$$

$$s.t. \sum_{i=1}^{m} \alpha_i y_i = 0, 0 \leq \alpha_i \leq C i = 1, 2, \cdots, m \tag{9-21}$$

KKT 条件为：

$$\begin{cases} \alpha_i \geqslant 0, \mu_i \geqslant 0 \\ y_i f(x_i) - 1 + \xi_i \geqslant 0 \\ \alpha_i (y_i f(x_i) - 1 + \xi_i) = 0 \\ \xi_i \geqslant 0, \mu_i \xi_i = 0 \end{cases} \tag{9-22}$$

接下来，用 SMO 算法求出式 9-15 最小时对应的 α 向量的值。即可求得超平面所需的 w、b。

2. 算法结果

采用 Scikit-learn 机器学习工具包实现上述 5 种分类算法，将数据集随机划分为训练集与测试集，训练集与测试集的比例为 5：5。5 种算法预测结果见表 9-9。

表 9-9　5 种算法预测结果

		真 实 值		精 确 率	召 回 率	F1
		0	1			
KNN	0	678	6	1.000	0.889	0.941
	1	0	48			
Logistic	0	671	0	0.885	1.000	0.939
	1	7	54			
DT-CART	0	671	8	0.868	0.852	0.860
	1	7	46			
RF	0	678	1	1.000	0.981	0.991
	1	0	53			
SVM	0	671	1	0.883	0.981	0.930
	1	7	53			

KNN 算法，当 K = 3 时，模型预测效果达到最佳，F1 值为 0.941；Logistic，当优化算法为 loglinear 时，模型预测效果达到最佳，F1 值为 0.939；DT-CART，当最大深度为 6 时，模型预测效果达到最佳，F1 值为 0.860；RF，当弱分类器个数为 50、单个弱分类器最大深度为 6 时，模型预测效果达到最佳，F1 值为 0.991；SVM，当核函数为 rbf、惩罚系数 C 为 0.6 时，模型预测效果达到最佳，F1 值为 0.930。可见，5 种算法预测效果均较理想，从 F1 值来看，随机森林算法最优。

从图 9-13 所示 5 种算法的 ROC 曲线来看，5 种模型除决策树略差些，其他 4 种模型相差较小。Logistic 和 SVM 算法最终的 AUC 值最大，均为 0.99，但 Logistic 曲线高于 SVM 曲线。随机森林 AUC 略小，为 0.97。

综合精确率和召回率两个评估指标，最终选取随机森林作为扩容预测算法的分类模型。并用另外一个省的小区数据进行测试验证，预测得到需要扩容基站小区共 3652 个，不需要扩容小区共 30518 个，需要扩容基站小区占 10.7%，准确率达 95.1%。模型依然适用。

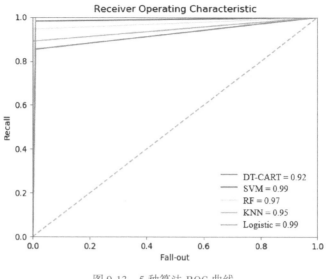

扫码看彩图

图 9-13　5 种算法 ROC 曲线

9.3.5　小结

对于智能扩缩容这类长周期预测，考虑使用时序预测模型的误差较大，建议使用分类机器学习模型，并通过运营商基站扩容预测案例证明其具有可行性。比传统扩容评估标准更加客观，且预测周期更长，具有实用参考价值。

第10章

应用分类预测模型实现质差设备预见性识别

在传统运维优化领域，质差（质差是运营商运维人员的惯用口语，意思是用户感知体验较差）识别与挖掘主要依靠用户投诉和人工经验关联优化模式，或者基于整体关键业务指标进行评估。与移动通信网络和宽带网络不同，物联网和天翼高清设备服务对象为物而非人，终端本身并不具备感知或反馈的能力。基于用户申诉的被动式优化手段已经难以满足产业需求，需要保障方提供更为精准的态势感知和质量评估能力。同时，基于人工经验的优化模式或基于整体指标的评估模型，无法适配高度多样性的终端产品形态，实现覆盖全业务的质差优化较为困难。

由于目前运维领域仍然缺乏智能质差预测手段，因此本章基于物联网业务及高清电视业务特性，引入人工智能和大数据技术，设计了物联网业务质差预测模型和天翼高清网络设备隐患预测模型。并介绍了实际落地部署方案，为智能运维提供借鉴和参考。

本章将从以下几个方面阐述应用分类预测模型实现质差设备预见性识别相关的知识。

- 物联网 NB（Number Band，窄带）设备质差预测模型的建立与应用。
- OLT 网络设备质差预测模型的建立与应用。

10.1 物联网 NB 业务质差预测

随着 5G 时代的到来，物联网产业得到迅猛发展，开卡终端数和客户数也迎来了快速增长。在业务快速扩张的同时也产生了很多保障难题。一方面与传统业务相比，物联网业务流程长、环节多，涉及终端侧、无线侧、核心网侧、物联网专网、应用平台等多个节点（如图 10-1 所示）。当出现故障时，常常需跨专业跨部门逐级进行人工定段排查，不仅沟通成本较高，而且极易出现部门间推诿，导致排障时间延长。另一方面，物联网的行业应用场景繁多，包括高校、高铁、商业区和写字楼等多多种类型。在各种复杂应用场景与用户业务行为相互影响下，由于所处的用户群体的使用特征不同，其表现的业务特征和网络指标也会有所差异，给网络弱覆盖优化与质差识别挖掘工作带来了很大的难度。

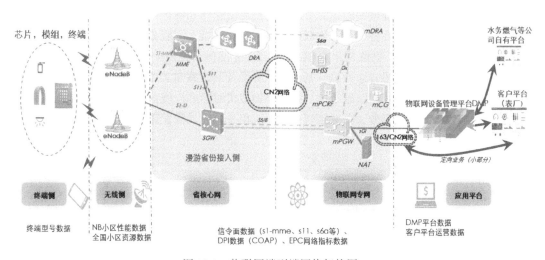

图 10-1 物联网端到端网络架构图

10.1.1 需要解决的问题

结合物联网业务保障现状，经前期与运维运营人员、企业客户大量沟通交流后，总结物联网业务保障存在以下几点需要重点解决的问题。

（1）缺乏预见性维护机制，客户满意度较低

目前，网络质差、终端故障、平台连接失败等原因会导致物联网业务上报失败，影响用户正常生产，进而遭到用户投诉与质疑。因此，需要建立一种量化用户业务体验感知指标体系，尽早消除潜在隐患，提升客户满意率。

（2）缺乏业务量化感知指标体系，难以适配业务多样性

由于目前维护方式重点关注网络类指标，但网络类指标优良并不一定业务稳定，急需对业务类指标建立感知体系。同时物联网终端设备具有场景繁、品牌多、更新快的特点，不同厂商不同型号业务感知指标评价方法存在相似性的同时，也存在较大差异性，在某一型号下的成熟感知评价模型

很难适配多个厂商或多种型号。因此，需要总结通用指标的同时，针对各行业差异提炼专有指标。

（3）缺少闭环预警排障系统，部门间协同困难

由于物联网业务涉及部门范围广、涵盖终端多、流通环节长，且需人工质差定段，需要较高的协调沟通成本。可采用数字化手段，打通部门壁垒，在系统内实现质差识别、智能定段、工单整治的全流程闭环操作。为方便运维人员准确定位相关终端，系统需要对识别的质差终端能输出关联信息（如号码、企业、位置等），能对因欠费等原因造成的质差进行过滤。为方便运维人员准确定位相关终端，需要对质差相关信息进行输出。同时由于少量终端处于待调测或欠费状态，极易误判为质差，需要准确过滤筛选，减少误告警。

10.1.2 方案设计

针对上述物联网运营过程中急待解决的问题，构建覆盖全流程的物联网业务保障系统势在必行。其核心是打通各环节专业壁垒，建立分企业分产品量化感知指标体系，实现故障精准定位，协助运维人员快速高效地提升业务感知。物联网业务包括网络接入、服务接入、网络切换、服务切换4个部分，横跨客户平台侧、物联网平台侧、核心网/专网侧、无线侧和终端侧多个环节，可以采用大数据采集技术汇聚各阶段日志数据，基于业务画像及网络感知实现质差精准识别，通过历史故障、因果关系完成快速定位定段。基于此，在上层构造实时的客户质量监控及质差诊治应用，明确业务质差的影响因素与责任划分，并对接现有电子工单系统完成派发闭环，实现日常隐患的高效优化。具体架构如图 10-2 所示。

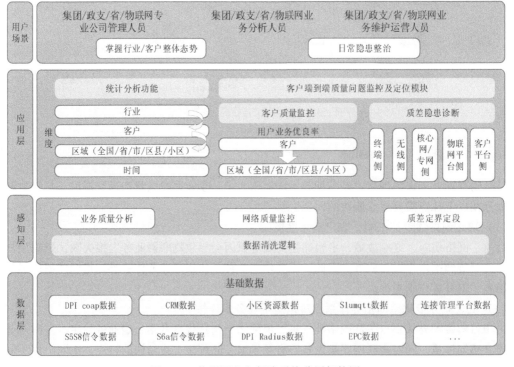

图 10-2 物联网业务保障系统分层架构图

1. 搭建全流程感知指标体系

为满足多样的、动态变化的行业客户业务需求，首先需要灵活完备的指标感知体系。图 10-3 所示，在已有通用的网络类指标感知指标基础之上，增添了专用的面向行业类感知指标。指标体系包括网络层、业务层和用户感知层 3 层架构。其中网络层和业务层主要提取通用指标，如无线连接成功率、寻呼拥塞率、终端在线率等，重点关注终端的接入及网络的连通，保障用户业务稳定可用。用户感知层则针对不同行业的业务特点，研究不同客户的需求差异，筛选出客户最关注的业务指标，力争做到在用户感知质差前消除隐患，实现精准防治。

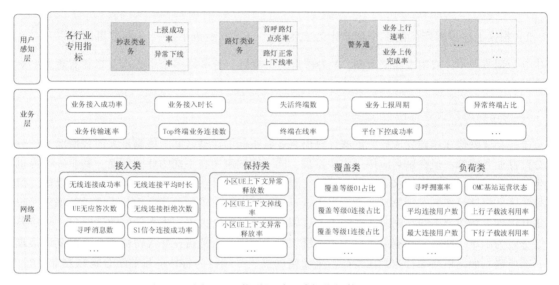

图 10-3　物联网质差感知指标体系

3 层感知指标体系的搭建，使物联网业务保障从传统的网元类指标保障升级至业务网络双提升模式。借助统一数据湖技术完成网络与业务感知全量数据采集，利用 Spark、Hadoop 等大数据处理技术实现各指标的快速计算，形成实时准确的感知研判体系。3 层指标自下而上，重要程度依次增强，指标越往上层与客户体验相关性越强。用户感知层保障优先级最高，触发时一般需要立刻派单整治；网络层重要性则相对较低，可以采取预警结合观察研判的方法进行防治。

2. 构建企业画像

上文介绍了全流程感知指标体系的搭建，指标可以分为面向网络指标及面向业务和用户类指标。目前，网络指标已有成熟的感知评估体系，通过设定网络连接成功率、网络传输时延等关键绩效指标 KPI，超过阈值触发告警，有效保障了网络质量。不过日常运维中经常出现网络感知优良但用户申诉业务异常的情况，如异常下线、无法注册、终端失活等。与网络指标较为平稳不同，由于物联网终端的使用场景及厂家偏好设置的不同，业务行为存在相似性的同时也存在较大的差异性。如水表、气表等抄表类业务，使用物联网卡重点是实现数据智能上传，因此客户对上行包是否发送成功较为关注；而路灯等寻呼类业务，重点则是接收路灯开灭下控指令，较高的下控成功率是保障业务平稳运行的关键。同时由于同一形态终端开发厂家不同，设定的上报周期、心跳频率等业务指标也有较大区别，需要分企业建立特征指纹库。

首先基于已有历史终端业务数据，构建分产品分企业单用户单日特征宽表，并在此基础上结合专家经验筛选特征提取物联网终端质差特征矩阵；然后基于滑窗聚类算法寻找指标中心点，并基于密度分布情况粗粒度估算指标偏移情况，形成企业特征指纹库。具体步骤如下。

1）针对单一指标或多个相关性较强指标集合（如单日业务上报次数、单日注册次数与注册成功率），确立滑动框半径 a，随机选取点 O 为中心点，记录滑动框中覆盖点数。

2）滑动框每次迭代均向覆盖点数会更多的方向迭代，即滑动窗口不断向覆盖点密度更大区域移动；上述多个随机点会产生多个滑动框，取框中值最大 3 个点作为初步中心点。

3）根据上述步骤产生的多个初步中心点为中心，调节涵盖半径 r，r 调节机制为 $\dfrac{X_1 - X_2}{r_1 - r_2} > \theta$，其中 θ 为调节因子，被用来调整范围，X 为覆盖的点数目。若最终多个中心点及半径有重叠，则进行合并，完成初步企业质差指纹库构建。

3. 构建单终端行为画像

上述企业画像库构建完成后，能够计算出企业各指标的浮动区间，能满足大部分情况下的分企业分产品业务感知。但在试点应用过程中发现，同一终端应用在不同的业务环境，其业务行为也会发生较大差异。以抄表类的水表终端为例，一般状态下其单日业务上报次数集中在 5 次以内，但在高校等需要频繁计费场景下单日业务上报次数可能百次以上，单纯地依靠企业画像质差识别，很容易将其误判为频繁上下线。同时，在终端安装调测时，经常会人工产生大量失败注册包，与质差业务区分较为困难。此外，终端是否在平台注册、终端网络是否覆盖良好等特性在企业维度均很难体现，需要建立面向单终端行为画像特征，进而精确描述终端行为特性。目前结合物联网业务行为，单终端画像主要记录业务上报、平台注册、基站切换 3 个维度。

（1）业务上报

终端上报次数与所属企业相关程度较低，与所属应用场景表现强相关。基于此规律，通过统计各终端历史平均上传频率，针对每个终端设置不同的上传上限阈值，进而识别终端异常上报。

（2）平台注册

由于目前录入终端管理系统显示为"在用"终端中，存在实际属性为调测终端的情况。而调测终端一般在平台中尚未注册，其注册类指标全为超时或失败，极易与质差终端混淆。为解决上述问题，针对单个终端涉及历史上行注册行为的统计指标，只要历史行为中有一次以上平台注册成功即认为在用终端，否则为待调测终端。

（3）基站切换

经过质差终端分析，发现部分质差终端接入的网络扇区会频繁发生切换，质差原因疑似为网络弱覆盖。因此，在建立单终端用户行为画像时，通过记录其最近三日接入小区，若该终端确为质差，再比对其历史接入小区切换频繁程度，若频繁切换，则作为网络弱覆盖辅助依据。

10.1.3 应用效果

以物联网 NB 水表在某运营商中部 A 省 B 企业为例，介绍质差分析及定界定段相关实践过程。

其月活跃 NB 终端约 10.1 万个，安装该终端 NB 小区约 1100 个。

（1）构建企业指纹库

由于网络感知指标随业务场景变化不大，且相关定义已较为成熟，水表及其他产品均采用统一指标及阈值进行质差识别，具体见表 10-1。网络类感知指标由无线网、承载网、设备管理平台侧 3 部分组成，当网络类指标出现轻度质差且业务感知良好时，前期先预警观察；若业务及用户感知出现质差波动，则派发维护工单，并利用相关网络指标变化情况辅助定界定段。

表 10-1　物联网网络感知关键指标及质差区间表

指标类别	指标名称	指标描述
无线网	RRC 建立成功率	eNodeB 收到 UE 的 RRC 连接请求后，为其建立 RRC 连接的成功率
	NB-IoT 小区上行子载波利用率	NB-IoT 小区内上行使用的子载波资源的利用率
	NB-IoT 小区 01 覆盖占比	NB-IoT 小区内等级 0 与等级 1 覆盖小区比例
	NB-IoT 小区下行子载波利用率	NB-IoT 小区内下行使用的子载波资源的利用率
	PRACH 信道占用率	接入信道占用率
承载网	附着成功率（排除客户原因）	除去客户原因外的 NB-IoT 小区的 EPC 附着成功率
	PGW/NAT 带宽峰值利用率	PGW/NAT 上连 CE 电路总带宽峰值利用率
	承载成功率	PDP 连接利用率
设备管理平台侧	北向推送成功率	从 IoT 平台向厂家服务器推送客户上报数据等信息的成功率
	北向命令下发成功率	从 IoT 平台向终端发送命令的成功率
	北向下行消息数	服务器调用 IoT 平台接口的消息数

水表是典型的监测上报类业务，其以上行通信为主、下行通信为辅，因此业务感知分析时重点关注激活特性和终端上报特性类指标。由于产品规格和用户习惯的差异，不同企业的 NB 水表终端在数据特性上存在一定的差异性，但其又同时具备水表场景的业务特点。以注册激活特性指标为例，部分企业水表终端设置为常带电状态，只需上电后与平台通信注册成功一次，日常无激活注册包；部分企业设置了休眠模式，水表在每次唤醒上报前均需向平台注册，同时业务上报的频率及失败重传次数不同企业的设置通常会有所区别。图 10-4a 所示，69% 水表终端平台在 1 ~ 3 天内向平台发起注册请求，但也有约 6% 终端设置不休眠状态，单终端平均发送注册请求在 10 天以上；而同一企业其注册行为较为一致，如图 10-4b 所示，因此针对业务指标需要分企业设置不同质差标准。

按企业计算各业务指标分布后，可采用聚类或统计分布方法完成质差区间选择。图 10-4b 所示注册周期类指标分布较为聚集，采用各种算法均能取得良好效果。但某些指标分布较为分散，且有多个正常中心点，采用距离聚类或统计分布方法就不再适用。图 10-5a 所示，由于业务次数及业务成功率其分隔都较大，采用基于距离的聚类方法较难确定符合业务认知的质差区间。图 10-5b 所示，首先基于密度确定数据点的质心位置，然后通过调整中心点囊括范围确定各指标质差区间，最终取得较好识别结果。

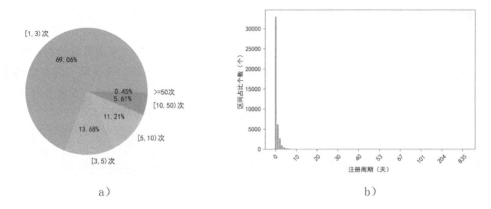

a)　　　　　　　　　　　　　　　　b)

图 10-4　NB 水表注册周期分布图

a）A 省 NB 水表各企业终端平均注册周期分布图　b）A 省 B 企业下属 NB 终端注册周期分布图

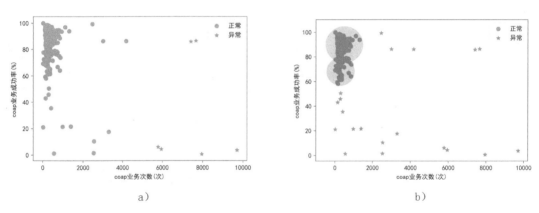

a)　　　　　　　　　　　　　　　　b)

图 10-5　A 省内 B 企业下属水表终端 coap 通信次数与成功率质差聚类结果图

a）基于距离聚类质差判定结果　b）本文基于密度聚类质差区间判定结果

（2）单终端行为画像分析

上述步骤可以确定水表企业通用指标质差区间，但由于工作场景及环节的不同，终端历史行为存在偏差。图 10-6 所示 A 省 B 企业各小区单日业务上报次数分布示意图，客户总体单日业务上报次数虽然聚集在 0～20 以内，但其受使用场景因素影响较大，在高校等频繁计费场景下单日平均上报可能在 700 次左右。因此，在企业指纹库基础上需要补充终端历史业务行为作为扩充，根据单终端历史业务行为数据聚类确定质差区间。

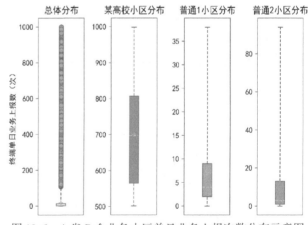

图 10-6　A 省 B 企业各小区单日业务上报次数分布示意图

此外由于水表在安装过程中会进行多轮调试，调测过程中由于终端未激活等原因会产生大量失败业务请求，拉低终端及小区业务成功率，导致系统误告警。这时可基于单终端行为画像记录其历史激活行为，进而区分调测终端。

基于上述（1）（2）步骤，系统对 A 省 B 企业月均自动识别质差 39.4 起，派发经运维人员验证后准确率达到 80% 左右；月均识别待调测终端 125.4 个，有效降低了系统误报，经应用方评估已能满足业务感知监控需求。

上述物联网业务质差识别通过对接电子工单系统可以实现落地应用，业务流程如图 10-7 所示。系统首先基于大数据湖技术，统一采集汇聚各省网络类、业务日志及性能数据，实现业务集中管控；然后结合指标感知体系、质差识别及定界定段模块，实现质差快速预警与定界；最后将告警消息与定段推送至数据共享平台，实现业务告警与电子工单系统对接，完成质差发现、故障定界与派单整治闭环构建。

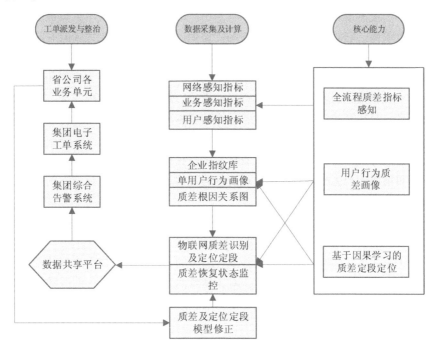

图 10-7　物联网端到端业务保障能力业务流程图

10.1.4　小结

相比于物联网业务的快速发展，目前对于物联网业务的保障手段远远滞后于产业增长水平。本小节聚焦用户、业务、网络三层感知结果，基于大数据画像技术和因果关系分析方法，探索了一套自动化质差识别与定界定段方案。这套方法通过在实践中不断迭代验证，实现了运维模式由网元 KPI 向业务关键感知指标（Key Quality Indicator，KQI）的转型，提升了物联网运维工作的效率和准确性。

10.2　网络设备隐患预测

本节以网络设备的隐患预测为例，介绍运营商在智能运维场景下，质差设备预见性识别的分析以及建模过程。在现实场景中，算法开发者面临的数据资源条件很可能天差地别，再加上不同系统的具体预测场景也存在差异，导致智能运维领域在模型建立的阶段很少通过一个公认最好的（SOTA）方法去解决。因此，本节挑选了两个较为典型的案例，详细介绍了在进行隐患设备预测时，应该如何正视现有的数据缺陷，减少其对模型的影响，最终达到提前感知设备质差的目的。

10.2.1　背景介绍

对于运营商的运维保障系统而言，运维系统对网络设备进行保障的手段主要有两种。第一种是事后维护，即较为严重的故障发生后，已经影响到用户的业务体验，技术人员被告知后，紧急赶往现场进行快速修复故障。它有着诸多天然的缺陷，比如由于故障的发生大多具有随机性，运维人员到达现场解决问题花费的时间难以保证，故障短时间内无法恢复，造成的损失较大。

另外一种是预防性维护，即通过初期人员的定期保养、周期性的异常检测和派单维护，进而减少故障的产生，或者在重大故障发生之前进行提前干预。做到传统的故障发现、故障诊断、故障修复这样的生态闭环，只能算是满足了网络设备运维的基本需求，解决了对于已发生的故障快速修复的问题。

对于如何预防故障的产生，保证网络设备尽量维持在稳定监控的运行状态，就需要考虑，是否可以识别出一些目前尚未产生故障、但综合近期的运行状态来看存在故障隐患的网络设备，以达到对网络设备进行预防性维护的目的。

本节应用的实际案例，来自 OLT 设备的隐患预测场景，OLT 网络设备是一种重要的局端设备，主要用以对用户端设备 ONU 实现控制、管理、测距等功能。由图 10-8 所示可以看到，从网络业务结构上来看，OLT 承接了互联网、网络电视等多种类型的上游任务，往下连接的是每个使用网络业务的用户终端，包括个人用户和酒店。因此，对于运营商来说，OLT 设备的运维保障在网络设备运维中占据十分重要的地位，OLT 设备的运行健康程度，直接关系到下游用户使用网络业务时的感知情况。

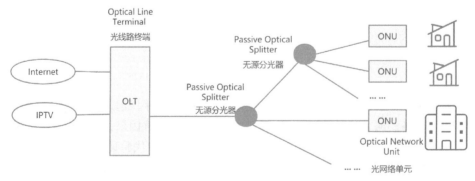

图 10-8　与 OLT 相关联的业务类型和用户类型

当网络设备下连的用户出现大规模质差时，网络设备很可能出现故障需要检修，在数据分布上的表现通常是用户感知指标超过告警阈值。常用反应用户质差的指标如下。

- 视频播放质差率。
- 平均用户体验评分。
- 丢包率/卡顿率。

因此，如果 OLT 设备在未来一段时间可能出现用户感知质差现象，对于网络设备运维保障系统而言是一个很大的运维故障隐患。在故障未发生时，做到对隐患故障进行提前感知，主动干预，就能够大大减少 OLT 故障发生的概率，进而减少大规模故障带来的重大经济损失。

10.2.2　面临的挑战

在理想条件下，想要依靠数据模型来完成网络设备隐患的预测，数据的积累非常重要。通常良好的数据条件主要包括两个方面：好的数据质量和丰富的数据种类。对于后者而言，数据的特征类型越丰富，越能建立起复杂的机器学习模型进行拟合泛化；而前者主要包括基础数据采集的连续性和数值的精确性、样本数量的充足度以及尽量拥有先验知识构造的数据标签。

在真实场景中，要想利用算法去解决生产运营中的难题，在构建算法流程时总会面对各种各样的挑战，现有可以支撑进行算法开发的数据大多数情况下并非是一份完美干净的数据集。在 OLT 隐患预测案例中，需要面对的两个挑战恰恰就是特征过少以及样本失衡。

1. 数据种类不丰富

在项目实践中，各地区的数据资源条件相差很大，有些地区能力提供给算法开发者的可能只有 1 ~ 2 个可用的指标数据，特别是一些指标本身，缺乏波动规律，无法在时间维度上呈现变动的趋势性。

针对这样的数据环境，在数据提供的信息不够充分的条件下，并不建议花过多的时间试验过于复杂的机器学习/深度学习模型。因为数据种类不够丰富导致了输入模型的特征空间并不复杂，此时使用参数和结构层级较为复杂的学习器，容易陷入局部最优，造成严重的过拟合现象，因此，应该把更多的时间花在数据分析以及特征提取上。当数据特征不够丰富时，直接使用过于复杂的模型即使在测试集上取得较好的结果，在实际落地中也面临着过拟合的风险。

一种可行的解决方法是，站在业务角度去考虑质差设备在指标上通常具有哪些特性、如何利用所给的数据特征、对质差设备的大体特征进行画像，通过简单的统计学方法提取一些对描述设备质差非常关键的特征。在提取一些关键的设备画像特征后，就可以尝试利用模型或直接使用规则去建立一套筛选质差设备的流程来进行预测，这样往往也能够达到理想的效果。

同时，算法开发者也需要和项目经理进行沟通，在数据条件无法满足的情况下，必须在一定程度上降低项目的预期，毕竟在特征丰富度过低的条件下难以建立起具有强大泛化能力的复杂预测模型。在这样的数据基础上无论是选用模型还是强规则方法，都难以在精确率和召回率上全部取得"双赢"的效果，需要在一些反应预测性能的指标上有所取舍。当然最重要的还是尽早提升数据丰富度，争取部署泛化能力更强、参数更多的学习器。

2. 样本失衡

样本失衡是解决分类问题时经常面临的一种现象，在实际的运维场景中，由于 OLT 设备的质差极少发生，因此样本失衡难以避免。

对于决定使用有监督学习算法的开发者而言，有一些常见的技巧可以缓解样本失衡对模型带来的不利影响。例如，使用过/欠采样技巧、使用对样本分布不均衡更加鲁棒的模型、调整预测阈值、使用 Facol Loss 损失函数等。但需要特别注意是，部分技巧改变了原始训练集的分布，有严重的过拟合风险。为了降低过拟合，仍然需要获取大量有标签数据构建测试集，进行多次交叉验证来避免。然而故障样本获取本身就较为困难，这样会再次陷入标签量少的陷阱。

另外一种解决思路是使用无监督学习算法。如果面临的是分类问题，且找出"故障""异常"的样本具体定义仅仅是找出特征数据偏离正常分布的样本，而非构建对数据集的分类边界时，抛弃标签、使用无监督学习算法从特征分布本身去构建学习目标是一种低成本的解决思路。读者可以省去收集标签、人工核验标签准确性的大量时间。

对于监督学习和无监督学习的区别，绝大多数人的第一反应是以是否使用了标签数据做判别依据。然而，只从两种方法上的差异性上进行解释似乎没有触及两种方法的本质不同，二者在学习过程上也有一些根本的不同。在现实场景中，考虑运用哪种方法去解决问题时，需要仔细思考模型学习的目标。

图 10-9 展示了两者的不同，有监督学习通过标签 y（反应在图中就是○和×）学习特征 X 到标签 y 的映射，对于特征 X 而言，y 是模型学习时施加在数据空间 X 上的一种"约束"和"引导"，通过 y 的引导抑或说是约束，使得模型能学习到将 X 映射到一种更简洁的数据表达 z。由于有了 y 在模型学习时的引导，重新构建的数据表达 z 对于解决标签 y 绑定的特定下游问题效果非常有用。然而也正是因为 y 的约束，也导致了数据表达 z 的通用能力更弱。例如训练好的猫狗分类器，很难对训练标签中不存在的兔子、老虎进行分类。

而无监督学习则不同，由于没有了标签 y 的约束，无监督学习通常根据数据分布自动设定学习目标，进而学习数据表达 z，从中建立原始特征 X 和训练后重建的 X' 直接的映射。例如 Autoencoder 或是 VAE 学习目标是 X 和 X' 的重构误差达到最小，Kmeans 的学习目标是组内欧氏距离误差达到最小（反应在图 10-9 中就是不同的虚线圈）。

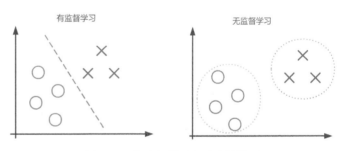

图 10-9 有监督学习和无监督学习

而正因为没有了标签 y 的约束，使得数据表达 z 的通用能力更强。比如使用预训练好的 BERT 语言模型，可以配合少量有标签样本进行微调去建立一个文本分类的模型，也可以通过切换标签去完成其他下游任务。

当然，失去标签的引导作用也会导致无监督学习天生存在的缺陷，例如部分无监督算法依赖度量样本间的距离计算，然而面对特征维度巨大的样本数据时，模型的训练效率难以保证；以及多数无监督算法通常依赖各种假设条件，导致算法的分类结果可能和人的直觉存在差异，模型可解释性有限。

当短期内数据标签存在一定的收集问题，抑或是标签的质量本身就不高，人工标签并不能很好地引导模型更好地优化预测误差，以建立起一个有效的数据映射时，读者可以多尝试使用无监督学习方法去解决问题。

10.2.3　在特征较少的条件下进行预测

以 A 省为例，该省提供的数据指标有小时粒度的 OLT 播放质差用户占比、CRC 流出误差数、端口流量流出利用率以及发送光功率 4 种指标，期望是能达到天级别的隐患质差预测。

在所提供的指标中，播放质差用户占比为判断 OLT 质差的关键性指标，其余 3 个 OLT 性能指标和 OLT 播放质差用户占比呈现一定的相关性。例如，图 10-10 所示 CRC 流出误差数和 OLT 播放质差用户占比在同一时间突升和下降。

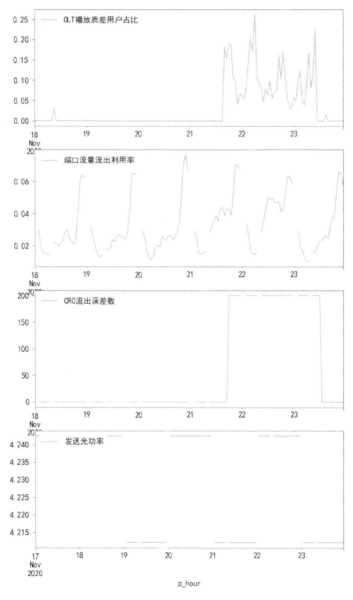

图 10-10　业务关键指标和性能指标的联系示意图

　　然而，经过分析发现，并不是所有 OLT 在质差出现时都会伴随着在性能指标上出现异常波动。因此，性能指标并不适合直接纳入模型作为判断是否出现质差的依据，而只能作为事后进行质差根因推断的证据。在前期构建模型时，尝试过将性能指标加入到特征中，对预测结果却产生了负面影响。

　　因此，质差设备预见性维护流程图如图 10-11 所示，将 OLT 质差用户占比作为判断 OLT 质差的唯一指标，而性能指标则作为识别质差后，辅助运维人员判断定位的预测根因。

图 10-11　质差设备预见性维护流程图

　　在项目前期，曾经使用原始的时间序列数据作为特征，利用诸如 LSTM、TCN 等神经网络建立过时序分类模型，效果并不太理想。对结果进行分析后，得出的结论是：由于所给的指标除了端口流量流出利用率以外，其他指标没有呈现出一定的趋势性或周期性，再加上使用的数据种类不够丰富，模型捕捉不到设备发生质差前的指标规律特点。

　　有了前期一些失败的建模经验，总结并提出了两个改进方案。首先是调整项目的预期，由于数据条件的限制，难以做到精确率和召回率的双赢，经过和相关部门的沟通交流，最终选择在提升精确率上进行优化，而降低对召回率的要求，只预测一些具有重大质差隐患的 OLT，不考虑日常业务上出现过波动但并不频繁的 OLT，后者在现有的指标上难以总结出普遍的规律特点；再者，不再直接使用原始的时序数据作为特征，而是先考虑对播放质差用户占比上升持续且明显的典型质差样本进行案例分析，总结出规律，在此基础上提取出重要的统计学特征。

　　针对第一点改进，对质差样本的 OLT 播放质差用户占比进行详细的分析，发现已有的质差样本中，实际包含了两类质差类型。在图 10-12 中列出了两种不同质差类型的 OLT 设备在指标上的区别。图 10-12a 所示的设备指标波动较为频繁，但是质差持续时间短，质差间隔较长，难以提前预测。图 10-12b 所示的设备在播放质差用户占比上质差持续时间保持较长，可以利用设备在质差持续产生且尚未消除前的特征来预测未来一天的感知质差。因此，最后选择主要识别图 10-12b 所示类型的质差设备。

　　而经过以上对选定的质差设备类型进行个例分析后，可以总结质差设备的两个普遍特点：一个是在过去一段时间内，质差波动用户占比波动频繁，即设备的历史运行健康度较低；另外一个是设备的质差用户占比长期保持较高水平甚至有增长趋势，即未来可能继续出现质差。

　　针对这两个质差设备的特征特点，进而在特征的具体表现和对应特征提取方式进行了总结，具体见表 10-2。总而言之，预测未来的质差设备可以分为两步：首先是筛选在过去一段时间内，运行状态处于亚健康的隐患设备，具体表现是质差用户占比指标产生过频繁波动，可以利用熵或标准差等统计学分布特征来反映；第二步是在第一步的基础上，识别出未来可能出现质差的设备，具体表现为质差播放用户占比较高且持续一段时间（由滑动窗口均值、中位数反映），或质差播放用户占比有未来呈现上升的趋势（表现为历史数据拟合的直线斜率过大）的设备。

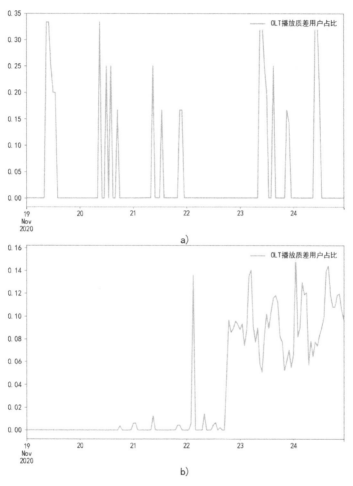

图 10-12　质差设备常见的两种类型
a）设备 1　b）设备 2

表 10-2　两个设备画像维度下，指标的具体表现和可提取的特征

设 备 隐 患	具 体 表 现	可提取的特征
历史运行健康度	波动频繁程度	分箱熵、标准差
未来可能质差	质差率持续较高水平	滑动窗口均值、中位数
	质差率呈现增长趋势	拟合直线斜率，趋势检验结果

经过上述统计学特征刻画的质差 OLT 设备，尽管不能反映所有质差 OLT 样本的特点，但是其特征往往能够筛选出一些频繁质差，但是又没有被传统规则或人工巡检发现的设备，识别此类型的设备对提升用户感知具有重大意义。

在总结了针对故障样本的特征提取方法的基础上，又选出了两种方法对 OLT 质差用户占比指标进行隐患预测建模。不同的方法根据实际验证优化，选择了不同的特征，具体见表 10-3。

表 10-3 各类模型使用的特征

特征方法	原始数据	分箱熵	样本熵	标准差	预测前 24 小时均值	预测前 24 小时斜率
Baseline	√	×	×	×	×	×
LightGBM	×	√	√	√	√	√
规则	×	√	×	×	√	√

其中，早期利用简单预处理后的原始记录数据和 TCN 神经网络进行建模的方法作为 Baseline；在后期的案例分析后，又对提取的时序统计特征结合 LightGBM 机器学习模型和规则建立隐患预测流程，并对预测的结果在现网中进行实际验证，结果见表 10-4。

表 10-4 各类模型验证的精确率

特征方法	实际验证精确率
Baseline	0.67
LightGBM	0.82
规则	0.87

需要说明的是，利用机器学习模型 LightGBM 进行预测的实际验证效果不如规则。主要原因是 LightGBM 模型训练的质差标签是根据质差播放用户占比指标设定的阈值和规则人工设定的，和实际场景中真实的设备质差情况有一定差距，因此训练好的模型针对真实故障进行预测时会存在一定的偏差。在现有故障标签较少的情况下，最后选用了特征提取加规则的模式进行落地部署，实际部署的规则流程如图 10-13 所示。

总而言之，本小节通过细致的数据分析，一步一步缩小了质差 OLT 设备的查找范围，通过特征提取加规则的方法成功识别出了一些频繁质差的隐患设备，获得了较为理想的精确率。当然，利用规则去识别还是存在一定的风险，例如泛化能力较差、没有考虑整体的动态变化等。因此，当收集到一定数量的被规则成功命中的设备标签时，可以重新考虑选择例如 Light-GBM 的机器学习模型进行有标签的模型训练。

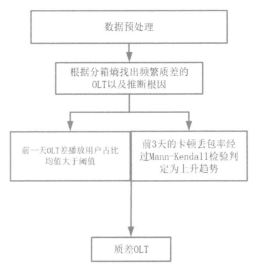

图 10-13 质差设备识别实际部署的规则流程

10.2.4 在数据粒度较细的条件下进行预测

和 A 省相比，B 省的数据资源较为充裕，省数据中心存储了用户级别的底层探针数据，并在此基础上进行了数据汇聚。采集来的数据在业务上可以划分为 IPTV 感知、网页浏览感知、视频体验感知、游戏体验感知 4 个部分。

通过评估，挑选出数据质量较好的、采集频率较高的 IPTV 感知和网页浏览感知这两部分数据作为进行接下来分析和建模的基础数据，使用的特征字段见表 10-5。

表 10-5 使用到的感知指标

IPTV 感知指标	网页浏览感知指标
告警时段占比	首屏时延
单播告警时段占比	DNS 时延
组播告警时段占比	TCP 连接时延
丢包数	服务器响应时延
抖动次数	下载时延
错误码次数	—
播放抖动时段占比	—

其中，由于 IPTV 感知数据和网页浏览感知数据是从两个不同的系统采集的，因此样本采集的频率并不相同。本小节使用的 IPTV 感知数据已经进行了天维度的聚合，特征能够反应当天单用户的 IPTV 观看感知情况。

而网页浏览感知的数据，则是未加工的分钟级别探针数据，每条样本记录了用户以及对应测试地址的延迟类感知指标。需要注意的是，感知指标的数值大小除了与用户侧的网络情况有关，与测试网站本身类型也有关系，比如打开含较多图片或视频的大型网站时，时延通常要大于打开只含简单文本的网站。

如图 10-14 所示，以 bilibili、taobao 和 baidu 3 个大家熟知的网站进行测试为例。在首屏时延指标分布的箱型图上可以看出，当探针选择 bilibili 为测试网站时，首屏时延通常整体较高，延迟数值分布较广；在测试 taobao 时，延迟的均值以及四分位数值更小；而网络内容最简单的 baidu 的延迟整体最低。以上不同测试网站的延迟分布情况也符合我们日常浏览网站时的直观体验。

因此，如果不对测试网站进行区分，而直接将单用户的分钟级别探针数据，聚合到天维度的话，会产生较大的误差，难以反应用户真实的感知水平。基于上述情况，首先需要消除不同的测试网站由于延迟指标整体分布的不同，对用户感知指标在数值上产生的影响。此处的做法是对单个用户按照测试网站进行分组，对同一测试网站分组下的所有单用户的延迟类指标进行标准化处理。

由于采集到的数据是较为底层的单用户数据，如何通过 OLT 下挂的单用户的感知特征，去反映 OLT 整体质差情况也是需要重点考虑的问题。此处提出了两种方案，如图 10-15 所示。其中图 10-15a 所示的方案 7 将单用户的感知特征在 OLT 设备层进行聚合，提取 OLT 级别的特征，再针对 OLT 特征进行连续多日的质差判断，根据最近 m 天内每天的质差判断情况综合判断第 $m+1$ 天的质差情况。图 10-15b 所示的方案 2，则是首先在单用户层进行质差判断，用质差分数判断每天单用户的质差情况，再利用一定的方法对单用户的质差分数进行聚合来反映 OLT 网络设备的整体质差情况，最后利用连续 m 天的 OLT 质差分数对第 $m+1$ 天进行推理。

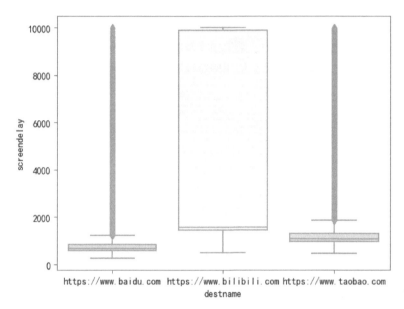

图 10-14　首屏时延在不同网站上的分布差别

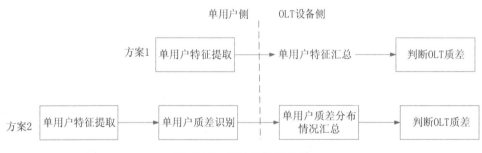

图 10-15　两种方案的差别

最后选用的是方案 2，因为在实际验证中，方案 2 建立的隐患 OLT 识别方法的精确率通常要高于方案 1。这是因为直接对单用户的感知指标通过统计学方法聚合至 OLT 层的特征后，再建立质差判断的模型方法时，损失了一些特征信息，导致预测精确率不如方案 2。

除此以外，方案 2 能够同时输出单用户异常以及 OLT 异常，也是考虑选择此方案的原因，这方便了运维人员根据单用户质差名单去进行排查隐患。

当然，两个方案除了选择在用户层还是 OLT 层进行质差判断建模上有所不同以外，也具有两个共同的设计要点需要去思考如何解决。第一是质差模型需要输出一种异常分数，通过连续的分数值来反映出 OLT 以及单用户的异常感知程度；第二是得到 OLT 的异常分数后，如何利用前几天的

OLT 质差情况，去识别隐患质差设备。

对于第一点，选择孤立森林模型作为判断 OLT 或单用户质差的方法，原因主要有以下两点。

1）当选择方案 2 时，需要对单用户进行质差判断，会面对数量庞大的样本，而孤立森林的运行速度以及内存消耗在异常检测的机器学习算法内都表现得较为理想。

2）孤立森林能够根据样本的路径长度给定一个异常分数值，异常分数值越接近 1，样本被判定为异常样本的概率越大。

具体来说，孤立森林算法的核心设计思想就是，将异常定义为容易被孤立的离群点，即在数据空间分布中密度较为稀疏的样本点。基于这个特性，如果选用一个随机超平面来切割每个子空间，循环下去，直到每子空间里面只有一个数据点为止，那么处于分布密集区域的正常样本需要切割很多次才会停止，而处于稀疏区域的异常数据则很容易地被切分出去。

孤立森立算法的大致流程是，随机选择特征 i 和分割值 p 对样本数据 X 进行分割，直到达到收敛情形（收敛条件通常是满足以下条件中的一个：树深度达到最高限制、所有样本孤立在一个节点、节点中的所有特征值都相同），通过上述步骤，建立多个 iTree，然后通过以下公式计算异常分数。

$$s(x, \Psi) = 2^{-\frac{E(h(x))}{c(\Psi)}} \tag{10-1}$$

$h(x)$ 为 x 在每棵树上的高度，$c(\Psi)$ 为给定样本数 Ψ 时路径长度的平均值，用来对样本 x 的路径长度 $h(x)$ 进行标准化处理。当 $s(x, \Psi)$ 越接近于 1，也就是样本在孤立森林中每棵树的深度越浅，样本为异常样本的可能性越大。

在利用单用户特征和孤立森林算法输出异常分数后，可以通过阈值来判定每个单用户的感知是否属于异常；同时，也需要思考如何将单用户的质差判断结果反映到 OLT 的质差程度上，计算 OLT 的异常分数。

本方法选择将每个 OLT 下的单用户异常分数进行分箱离散化操作后，计算熵值，以此作为 OLT 的异常分数。由于绝大多数的单用户感知正常，因此当 OLT 的熵值较大时，有较多的用户落在单用户异常分数较大的桶内，即 OLT 异常分数越大，OLT 下越多的单用户出现异常。

在选择好单用户和 OLT 两个层面在当天是否发生质差的判断方法后，需要思考如何通过过去 m 天的 OLT 质差分数去识别隐患 OLT。经过试验分析，选用类似 9.2.3 节的规则去识别隐患 OLT，识别的目标质差 OLT 为最近 5 天内 OLT 的异常分数总体呈现较高水平。

不同的是，本节并没有使用拟合直线斜率或是 Mann-Kendall 检验来识别一些在 OLT 的异常分数上具有上升趋势的设备。这是因为 B 省使用的是天粒度特征，在时间维度上来说采样频率太低，通过最近 5 天的 OLT 异常分数去判断整体趋势具有很大的误差；而 9.2.3 节由于采集的是小时粒度的 KPI 指标，即使同样采用 5 天的历史时间窗口，采集频率更高也使得趋势拟合的误差更小。

本方法使用规则来筛选频繁出现业务质差的 OLT 设备，即将过去 3 天异常分数的均值和最小值都超过设定阈值的 OLT 判断为隐患 OLT。

此外，在上述整体方案中，并没有选择有监督学习方法。这是因为在项目初期，曾经人工收集积累过一些感知异常用户的标签，用户之间的类别差异如图 10-16 所示。由于已知的异常用户标签只占真实情况下发生感知异常的用户的很小一部分，因此人工收集的异常标签数量还是太少。当被标记为异常的用户和剩下的用户组合成训练集时，出现了严重的样本不均衡问题，所以在初期使用的有监督学习模型，并没用产生较好的效果。

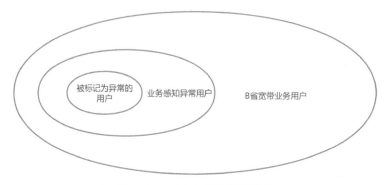

图 10-16　用户之间的类别差异

最后，对于 IPTV 和网页浏览感知两部分特征，由于两种数据来自不同的采集系统，不能对其直接简单合并后进行质差识别。选择利用两部分数据特征，分别进行隐患质差 OLT 识别，标注两种不同的质差类型（IPTV 和网页）。如果同时出现在两种类型的质差，则将隐患等级标记为严重。

通过以上结合孤立森林和强规则的整套算法得到 OLT 隐患设备标签后，经过派发工单实际核验 OLT 设备业务质差情况的结果显示，算法的准确率在 82% 左右，已经达到了初期的期望。可以看到，从业者在面对部分智能化运维场景时，有时难以通过单个机器学习模型来解决复杂多样的难题和需求。从业者需要将模型与业务理解相互结合，将机器学习模型作为工具选项而不是唯一途径，这样才能更好地满足智能运维的目的。

10.2.5　小结

本节内容对 OLT 的设备业务情况进行了介绍，并对从业者在进行隐患预测类场景时，容易遇到的数据上的难点进行了概括。对此，本节列举了两种不同数据条件下进行 OLT 隐患设备识别的案例，介绍了分析问题和解决问题的思路，具有一定的借鉴意义。

第11章

应用因果分析实现故障根因定位

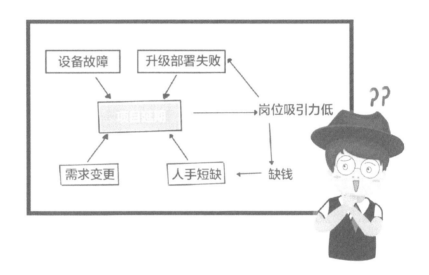

在智能运维场景中，根因定位是完成运维闭环的一个重要环节，也是实现部署落地难度较大的一个环节。根因定位需要借助多种机器学习、深度学习、传统算法等方法，在告警发生后能够及时准确地识别故障类型、界定故障层级、定位故障根因。故障根因定位的主要目的有两个：一是通过不同层级的告警根因定位，合并语义重复的冗余告警、压缩告警工单数据、精简告警派发数量；二是精确定位故障，辅助运维人员完成故障整治，提升运维人员解决故障的整体效率。

本章将从以下两个方面阐述应用因果分析实现故障根因定位相关的知识。

- 物联网 NB 业务质差预测后，根因分析模型的建立与应用。
- IPTV 设备质差预测后，根因分析模型的建立与应用。

11.1 物联网 NB 业务根因的因果分析

11.1.1 背景介绍

近年来，随着物联网业务规模的持续扩大，物联网业务呈现出流程繁、规模大、环节多的特点，质差（或称"异常"）发现与根因定位困难的问题日益显著。准确定位物联网业务质差的根本原因可以帮助运营商及客户快速恢复业务并降低损失。

目前，物联网质差定位手段主要依靠人工审查的方式，需要工作人员具有丰富的运维经验。但由于涉及环节众多，需要层层排查，费时费力，难以准确定位，容易发生误判。具体而言，在当前的物联网业务中，当收到用户报修，例如上报投诉物联网终端无传输数据等情况时，物联网业务平台运维人员首先会人工关联无线网侧 KPI 指标，以进行无线侧排查；随后，运维人员再人工检测平台侧连接数据是否正常，以进行平台侧人工排查；最后再派遣外勤人员等赴现场排查异常终端。

再者，由于物联网异常定位涉及终端侧、平台侧、无线网小区侧、核心网侧等多个环节，人工审查定位费时费力。更关键的是，由于物联网系统中各环节间耦合紧密，基于简单的相关性指标难以准确定位异常的根本原因。这是由于在物联网系统中各环节间耦合紧密的前提下，同一性能类别指标相比不同性能指标天然相关性更强。如果上层环节发生异常后，通常会发出群障告警，往往容易定位至中层（如核心网侧异常易误判至无线网小区侧），从而难以定位到根本原因。

目前现有的根因分析方案往往仅通过关联关系推理，容易最终定位浅层原因而未发现根本原因。或者由于未考虑造成业务异常的多个维度间存在耦合关联关系，忽视了上游异常势必导致下游异常，从而难以更为精准地定位根因。

鉴于上述情况，针对物联网异常的根因定位，业内急需一种智能化分析手段，用于进行物联网异常的精准根因定位，从而提升物联网业务质量。

11.1.2 面临的挑战

目前电信运营商已经实现对网络指标以及部分业务指标的数据采集，同时也能对指标进行实时监测和告警推送。但是目前由于各指标的强相关性及上下游的故障传播，在物联网智能根因定位上主要存在以下两个问题。

（1）资源冲突与故障传播

图 11-1 所示，不同的终端之间共享着相同的网络及平台资源。当故障发生时，可能会对平行设施产生业务干扰。例如，图 11-1 中终端 1 和终端 2 共用小区 1 无线网资源，当终端 1 发生频繁连接故障时，可能会导致网络资源占用，进而影响终端 2 的业务传输。

此外，当上游发生故障时，一般下游相关指标均会表现异常。例如，当地市本地网出现故障时，其辖区内的无线小区 1、无线小区 2、终端 1、终端 2 等相关性能指标一般也会较差，出现故障传播现象。

（2）指标间强异常相关性

物联网系统中某个指标表现异常时，同一时间内其他非根因指标可能受到性能干扰出现类似的异常状态。如何筛除干扰的性能指标，找到深层次的故障根因具有较大难度。

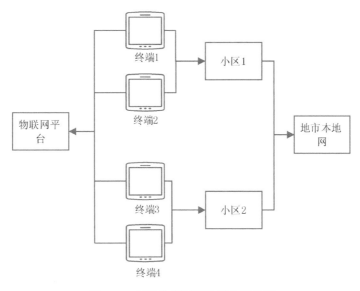

图 11-1　部分物联网模块耦合结构图

本章将探索一种基于因果学习的物联网质差根因定位方法，物联网根因分析框架图如图 11-2 所示，其包括数据采集和根因分析定位两部分（模块）。数据采集部分主要基于历史运维结果及专家经验完成根因传播图构造；根因分析部分主要基于已经构造的根因传播图，计算前后节点的根因概率，进而通过随机游走算法迭代各节点为根因的概率，最后输出诊断结果。

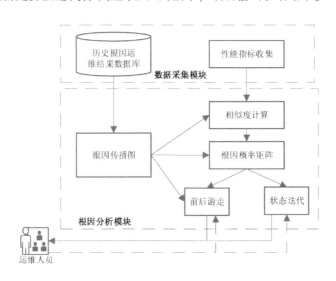

图 11-2　物联网根因分析框架图

11.1.3 算法实现

1. 根因图构造

故障定位前提是完成根因传播图构造。首先采集历史异常根因样本，并且结合本业务领域专家知识对相关根因进行补充，然后根据图 11-3 所示的物联网质差根因图构造流程图进行，首先构造所有异常结果与异常原因的全连通图，即对所有节点进行连接，然后根据历史运维经验及业务专家知识删除无关变量，确定连接方向。具体步骤如下。

1）每个物联网质差原因/结果对应根因图中的每个节点。

2）根据因果关系确定连接方向，例如 A->B 表示，A 出现的原因可能是由于 B 指标出现波动。

3）将相互影响的关系表示为无向连接（可理解为双向连接），即 A-B 表示，可能是 A 原因导致 B 波动，也可能是 B 原因导致 A 波动。这种情况在物联网质差中可能是经常出现的情况，例如单终端质差且频繁失败导致小区无线网指标质差；同时小区无线网质差也会导致小区内终端业务连接失败。

根因传播图的相关定义如下。

E：为有向边（单向相关）和无向边（双向相关）的集合。

V：根因节点集合，即所有物联网质差现象及质差根因的总结。

$G(V,E)$：根因传播图，即节点和关系的集合。

$e_{i,j}$：根因传播路径，其中 i、j 在节点集合 V 中，$e_{i,j}$ 在有向边集合 E 中。

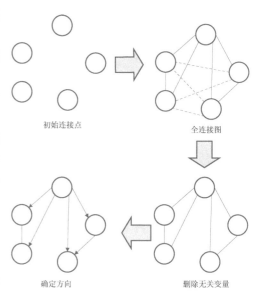

图 11-3 物联网质差根因图构造流程图

初始连接点　　　全连接图

确定方向　　　删除无关变量

2. 相关性评估

由于根因节点之间有明显的相关性，因此可以计算根因传播图相邻节点之间的相关系数，来表示两个根因的相似度。

（1）指标选择

选择相关性能或者时延指标，如无线小区连接成功率、终端业务上报成功率、平台下控成功率、终端失活率、网络传输时延等。

（2）相关系数计算

在根因传播图 $G(V,E)$ 中，对于其中 $e_{i,j} \in E$，则去计算相邻两节点 i 和 j 的皮尔森相关系数，作为评价其相似度的依据，其计算公式如下。

$$S_{i,j} = \left| \frac{\mathrm{cov}(x_i, x_j)}{\sigma_{x_i} \sigma_{x_j}} \right| \tag{11-1}$$

其中x_i和x_j分别是节点i与节点j归一化后的性能或时延数据，最终计算得到的$S_{i,j}$在［0,1］之间，数值越大代表其相关程度越高。

3. 状态转移概率矩阵

上述相似度越高，其节点间发生故障传播的可能性越高，但有可能出现两指标天然相关性较高的情况，并不足以描述其质差间的因果关系。因此，相关性高仅是推断质差根因的充分条件，只使用相关性定位会导致根因误判。同时，质差有较强的传播能力，在根因定位分析时质差的传播概率也是主要因素。

结合随机游走过程根因分析方法可以较好地解决上述问题，基于前后向游走过程来模拟质差的传播过程。定义p_{ij}为节点i传播到节点j的转移概率，随机游走过程包括前向游走、后向游走和原点停留。根因图的状态转移概率矩阵W计算过程如下。

（1）前向游走

如果在集合E中包含$e_{i,j}$，表示质差发生时，可能由节点j传播到节点i（即节点j是导致节点i质差的根因）。相关性$S_{i,j}$越高，其传播的可能性越大。上述在相关性计算过程中，相关性$S_{i,j}$在［0,1］之间，因此可以定义转移概率p_{ij}等于$S_{i,j}$。即：

$$p_{ij} = S_{i,j}, \ if \ e_{i,j} \in E \ \& \ i \neq j \qquad (11\text{-}2)$$

（2）后向游走

如果随机游走到与起始节点的相关性低的节点上，则允许按照一定的概率返回一步，并重新选择游走节点。因此，对于$e_{i,j} \in E$且$e_{j,i} \notin E$，当游走者位于 j 时，从节点 j 后向游走到节点 i 的概率公式定义为：

$$p_{ji} = \beta \times S_{i,j}, \ if \ e_{i,j} \in E \ \& \ i \neq j \ \& \ e_{j,i} \notin E \qquad (11\text{-}3)$$

上述公式中β为在［0,1）之间的调节因子。当β取值较小时，由于后向游走的概率较小，应该严格限制前向游走的过程。当β取值较大时，其前后游走更加灵活。当根因图与真实情况越接近时，β取值越小。

（3）原点停留

允许游走按照一定概率停留在当前节点不发生移动。当节点i与其父节点的相关性越高，且与子节点相关性越低，其停留概率越大。其原点停留的概率为：

$$p_{ij} = \begin{cases} \max\{\max S_P - max\ S_k, 0\}, if \ \ S_P \neq \phi \ and \ S_k \neq \phi \\ max\ S_P, if \ \ S_P \neq \phi \ and \ S_k = \phi \\ 0, 其他 \end{cases} \qquad (11\text{-}4)$$

其中S_P、S_k定义如下：

$$S_P := \{S_{p,i} | p : e_{p,i} \in E\} \qquad (11\text{-}5)$$

$$S_k := \{S_{i,k} | p : e_{i,k} \in E\} \qquad (11\text{-}6)$$

（4）标准化

最后对矩阵按行进行标准化，得到最终转移概率矩阵。

4. 随机游走根因定位

上述步骤（3）实现了概率矩阵的计算。根据统计概率理论，在随机游走的过程中，大多数游走停留的点就更可能是质差根因，即在多个告警节点随机游走后，按停留节点次数多少排序即可输出对应根因概率。具体实现过程如下。

1）根据当前系统所有的质差节点指标，为每个质差指标分配 N 个游走者（N 为动态调节常数）。

2）每个游走者从各初始节点出发，根据上述步骤 3 计算得到的概率转移矩阵随机游走，并保存记录每个游走者首次停留的节点。

3）统计所有告警节点的所有游走者停留节点的次数（相当于计算每个节点停留的概率），输出次数排名前三或前五的节点，作为可能的根因结果。

11.1.4 应用效果

以群障质差和单终端质差两个典型场景为例，说明上述算法定位流程。

图 11-4 所示为单终端质差告警场景。其业务场景为一个终端发生故障，频繁发包失败导致单终端业务率低，且无法向平台上报业务数据，同时由于重复失败次数较多拉低了小区业务成功率，导致小区质差。图 11-4 中出现多个节点告警，为每个告警节点分配 3 个游走节点，按照 11.1.3 小节前向及后向游走思路，最终统计停留节点最多的告警节点为根因节点。

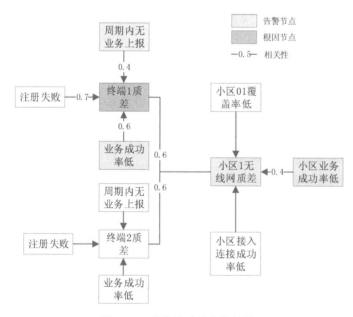

图 11-4　单终端质差告警场景

图 11-5 所示为无线小区群障质差告警场景。其业务场景为无线网小区接入网出现质差，导致小区内终端出现网络无法接入、业务上传失败等告警。与单终端质差告警场景一样为每个告警节点

分配 3 个游走节点，按照概率矩阵以及前后向游走规则计算各节点停留次数，最后推理出可能的质差根因。

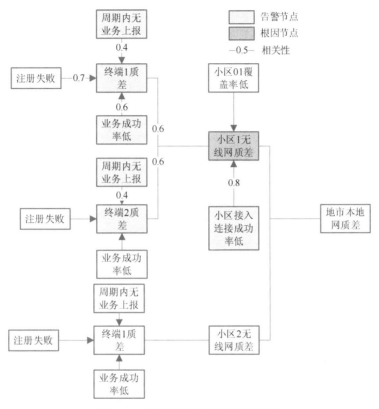

图 11-5　无线小区群障质差告警场景

11.1.5　小结

针对物联网质差根因运维存在的环节多、耦合紧、定位难等问题，本小节设计了一套基于因果分析的物联网质差根因定位方法。该方法基于监测指标因果关系、历史异常标签、业务领域知识等构造根因图谱，描述潜在可能异常根因。通过随机游走过程优化根因概率，并对接现网业务指标，实现物联网质差根因的准确定位。

11.2　IPTV 设备根因的因果分析

11.2.1　背景介绍

由于 IPTV 业务的大规模发展，各省 IPTV 业务系统的越发复杂，为了维持总体业务的健康发展，给用户提供稳定的产品体验，某运营商在全国各省通过统一数据接口，建立了一套在全省范围内适用的 IPTV 业务实时监测平台，架构如图 11-6 所示。该平台通过统一的数据标准从各省的 IPTV

平台上传输数据，在数据中转 FTP 服务器上进行数据汇聚和数据预处理，存储至全国 IPTV 数据库。

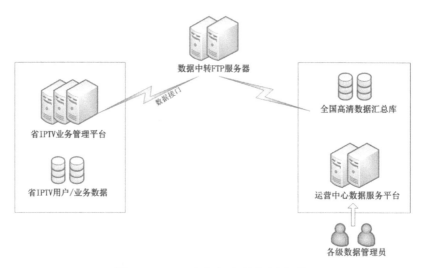

图 11-6　IPTV 业务实时监测平台架构

　　在全国 IPTV 数据汇总库中，在分钟、小时、天、周等不同时间粒度上，收集了设备维度、区域维度、节目维度等多个业务维度的汇总业务质量统计信息，通过页面可视化展示，以及向各省运维中心派发告警工单两种运维保障手段来监测 IPTV 业务的运行健康状况。

　　在众多的 IPTV 业务维度中，由于网络设备层处于节目源派发和用户接收内容两者之间的重要中转环节，网络设备层的运行健康状况对用户感知的影响极大，因此网络设备一直是运维保障系统所关心的重点环节。由于网络设备在结构上的复杂性，网络设备维度既是 IPTV 业务链路中的核心部分，同时也是用户感知质量告警频发的一个业务维度。可以将 IPTV 业务转发流程简单地梳理如图 11-7 所示，可以看出，图中各层网络设备节点呈现由上到下，分层级的拓扑结构。除了 IPTV 业务转发链路上的BRAS、交换机和 OLT 三种层级的网络设备外，对于故障出现频次较高的 OLT 设备，又对 OLT 设备内的板卡和板卡包含的 ONU 下的用户感知体验指标进行了采集。

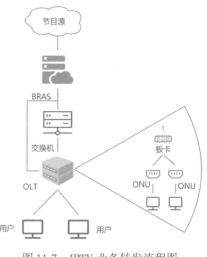

图 11-7　IPTV 业务转发流程图

　　在原有的网络设备运维保障中，对 BRAS、交换机、OLT 和 OUN 口这 4 个比较重要的网络设备节点，独立地进行业务感知监测，派发用户感知告警工单。这种方法在架构上耦合度低，架构简单，某种设备的告警模块出现运行问题时并不影响另一种设备的感知监控继续运行，在前期运维系统的初步运行阶段，在短时间内做到了一个"堪用"的程度。

　　其中，BRAS 是宽带接入网和骨干网之间的重要桥梁，它提供基本的业务接入手段以及宽带接入网的管理功能，而部分 OLT 设备和 BRAS 设备之间，通过了交换机进行网络转换和数据传输。因此，BRAS 和交换机属于网络设备层级中较高层的设备，一旦出现故障，对下挂用户感知影响范围较大。

而 OLT 设备属于系统的局端（提供终端接入的一方）处理设备，也是系统的核心组成部分。它可以与汇聚层交换机/BRAS 使用网线相连，转化成光信号，用单根光纤与用户端的 ONU 进行相互连接；ONU 是系统中靠近用户侧的终端处理设备，负责用户终端业务的转发和接入。OLT 和 ONU 是经常出现故障告警，并直接影响用户感知的网络设备。

然而随着告警系统在各省的稳步部署和运行，收集到了一些省公司在系统运行过程中反馈的问题，原有的 4 个设备维度独立运行监控运维模块的架构暴露出了一些短板，最大的问题就是缺乏告警定段定位信息。在此，本节将"定位"理解为找到引发用户体验感知下降告警的设备具体性能指标，"定段"理解为找到引发用户感知下降告警的具体设备层级。缺乏前者的定位信息会导致省公司运维人员接收设备告警工单进行排查时，并没有同时接收到辅助排障的相关指标表现信息，只能遍历相应设备的所有性能指标的大致情况再进行排障，运维效率较低。这一点比较好解决，可以针对经常出现故障的性能指标，对设备数量、设备故障占比绘制帕累托图来找到性能指标异常的阈值即可，如图 11-8 所示。当 CRC 误码超过 10 左右时，故障设备占比开始快速增长，因此可以将 10 作为 CRC 误码指标的告警阈值。最后，当设备出现告警时，超过设定阈值的指标优先作为排障依据附加在告警派发工单上。

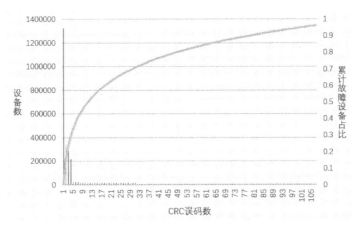

图 11-8　累计故障占比和设备数的帕累托图

而缺乏告警定段信息所导致的后果则更加严重。在某些时候，一部分设备产生用户感知告警时，真正产生故障的设备节点并非是该设备，而是由于上层根源设备产生的故障，或是由下层设备中有少许设备感知非常差引发的。由于原有的网络设备告警模块在不同设备层级上运行时的关联性较低，导致出现真正故障设备的上下层设备均可能产生告警，造成了冗余告警，给省内运维人员造成了困惑。也有少量时刻由于 CDN 或节目源产生故障，导致某省所有的 OLT 和 BRAS 设备都产生告警，引发告警灾难，派发了大量无效告警工单增加了运维人员的工作量。

针对现有 IPTV 业务检测告警系统的不足，结合对网络设备告警进行故障定段的需求，本节设计了以下步骤，提出了网络设备告警定段的大概解决思路。

1）按照一定的方式，将数据库内的各层网络设备按照真实的链路连接关系进行关联，还原拓扑结构。

2）按照如下逻辑对本日产生的告警进行根因定段：如果设备下挂的下联设备用户感知情况在数值上分布均匀，则可能是本设备或上联设备产生的故障；此时如果上联设备的用户感知分布不均匀，则可以确认为本层设备，否则需要往网络层上层继续推理；若此设备感知分布不均匀，则该设备的感知告警可能是某几个下联设备故障引发的。以这种推理逻辑，在告警所在的设备节点的一定链路范围内进行上下推理。

3）最后将本日所有告警中定段语义结果有重叠的部分冗余告警进行归并处理，减少告警工单数。

11.2.2　算法实现

1. 构造网络设备节点图

原有的告警模块是通过对比各层网络设备的播放优良用户占比和告警阈值来产生用户感知告警，使用的数据包括设备信息和设备指标信息，均存储在 HDFS 和 HIVE 表中。本节同样通过这些数据来进行告警定段。

如果想要对拓扑结构的各层网络设备进行告警定段，第一步需要思考如何在结构化数据库内体现设备的父子节点连接信息。为此，对原有设备的 ID 信息进行了更新，对于每台网络设备，新的设备 ID 除了描述设备本身的 ID 外，还应该描述处于 IPTV 业务转发链路上游的父级设备 ID。例如，原有的某 OLT 设备名称为“OLT1”，这台 OLT 没有接入交换机（以下简称 SW），而是直接接入了 ID 为 BRAS1 的 BRAS 设备。对此，可以利用连接符“___”对该 OLT 设备上联的所有父级设备关系进行语义描述，新 ID 名称可以设为“BRAS1__-1__OLT1”，-1 表示空缺占位符。这样规范 ID 命名方式的目的是可以通过连接符解析设备上游的链路设备信息，打破原有的设备信息相互孤立的状态。

10.4.1 小节所述的告警定段的步骤中，一个实现的技术难点是需要对每一台出现告警设备的父节点、子节点和兄弟节点设备进行遍历查找，对比其子节点或兄弟节点的感知分布情况。如果直接在原有的结构化数据库 HIVE 上进行频繁查找，消耗的时间成本巨大，难以满足设计原始需求。常见的解决方法是将传统的结构化数据库换为 NoSQL 数据库进行重新存储，例如 Neo4j 图数据库。

当然本节的解决办法更加简洁，为了减少 IO 消耗，在读取 HDFS 中的设备信息和设备指标数据后，按照 ID 中解析的拓扑信息，存储在临时的 Hashmap 数据结构中，如图 11-9 所示。每一台设备都可以看作是一个 Node 节点，它包含一些基本属性，例如下挂设备列表、播放优良用户占比、用于判断下挂设备的质差分布状况的 gini 系数等，节点之间按照现实中业务转发的上下层关系存储于嵌套的 Hashmap 内。

2. 根因节点遍历查找

10.4.1 小节中告警定段思想的另外一个关键点，就是如何利用下挂设备的播放优良用户占比来判断设备的整体感知分布情况。当某网络设备节点大多数下级设备的优良用户占比都处于较低水平时，真正的根因节点很可能位于该网络设备本身或父级设备。当下级设备的优良用户占比分布差别过大时，很可能是下级少数一些设备用户感知非常差引发该设备产生的告警。

常用反应数据分布的指标有标准差、熵值、基尼系数等。在本节使用基尼系数来反应下挂设备的播放优良用户占比的分布情况，原因是 gini 系数通常分布在 0 ~ 1 之间，制定向上层或向下层推理故障点的阈值时更加方便，无须考虑不同层次设备的播放优良用户占比的量级差异。GINI 系数计算函数的 Python 代码如下所示。

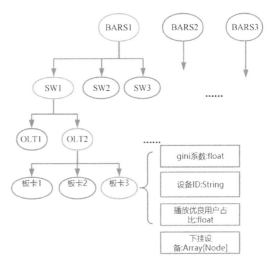

图 11-9 IPTV 网络设备的节点关系图

```python
import numpy as np

def gini_coef(kpi_num):
    cum_kpi = np.cumsum(sorted(np.append(kpi_num, 0)))
    sum_kpi = cum_kpi[-1]
    xarray = np.array(range(0, len(cum_kpi)))/np.float(len(cum_kpi)-1)
    yarray = cum_kpi/sum_kpi
    B = np.trapz(yarray, x = xarray)
    A = 0.5 - B
    return A/(A+B)
```

最后，告警定段算法具体实现步骤如图 11-10 所示，需要制定两个阈值：当节点的 gini 系数大于向下推理阈值 down_threshold 的时候，推理故障点位于告警节点的下层。当节点的 gini 系数小于向上推理阈值 up_threshold 时，推断故障点位于告警节点的本身或上层，故对于父节点设备继续进行判断。

需要注意的是，当根因定位的算法向父节点方向进行推理时，可能由于推理误差的逐渐累积（包括数据采集误差、阈值判断导致的误差），导致根因定段点偏离真实告警节点太远。因此，为了缩小推理时的搜索范围，算法针对推理结果进行了剪枝，只判断故障节点是否位于父节点、子节点还是告警节点本身，并不做更深层次的细节推理。

Algorithm 1: 网络设备故障定段算法

Input: 告警设备节点 $AN\{node_i\} \subset N\{node_i\}$, 向上推理阈值 up_threshold, 向下推理阈值 down_threshold, $node_i$ 的 gini 系数 $gini_i$;

Output: 输出每个告警节点的根因节点;

1 初始化: 将 $node_i$ 存放 Hashmap 中 ;
2 **for** $node_i \in N$ **do**
3   **if** $gini_i > down\_threshold$ **then**
4   故障发生在下联设备, 输出优良播放用户占比最低的前 5 个下联设备;
5   **end**
6   **if** $gini_i < up\_threshold$ **then**
7   对于 $node_i$ 的父节点 $node_j$;
8   **if** $gini_j \nless up\_threshold$ **then**
9   故障发生在本节点;
10   **else**
11   故障发生的上联父节点;
12   **end**
13   **else**
14   无法判断故障所在点;
15   **end**
16 **end**

图 11-10 告警定段算法具体实现步骤

3. 告警压缩

当得到告警的定段信息后，可以根据告警定段的结果对冗余的告警工单进行合并，合并规则可以总结为以下两条。

1）当告警工单的定段结果推理所在的网络设备，同时出现在今日告警工单中，则只保留其中一条告警工单信息。

2）当某省的 BRAS 层和 OLT 层出现的告警条数过多、超过阈值时，真正的故障根因很可能并不在网络设备层，而是处于业务层，此时删除该省所有设备层告警，生成一条节目源告警。

11.2.3 应用效果

通过上述算法的告警根因节点定段以及告警工单压缩后，IPTV 监测系统每日产生的告警工单量大幅降低，下降至告警定位定段前的 45% 左右，但告警的精确率并未发生显著下降。

下面通过一个案例来说明告警根因节点定段的应用效果。图 11-11 所示为根因节点推理案例，某日某省有 3 台设备出现了告警工单，分别是 OLT 设备 OLT1、OLT2 以及交换机设备 SW1。这 3 台设备属于同一个 BRAS 下的转发链路，产生告警原因都是日均播放优良用户占比低于 95%。此时算法设定的向下推理阈值 down_threshold 为 0.5，向上推理阈值 up_threshold 为 0.2。

第一步：对产生告警的 OLT1 和 OLT2（由于其 gini 系数小于 0.2）进行向上故障推理至 SW1；存在告警的 SW1 使用同样流程，故障推理至 BRAS1 节点。

第二步：对于 OLT1 和 OLT2，在推理至 SW1 基础上继续向上查找，发现 BRAS1 节点的 gini 系数大于向下推理阈值，因此停止向上搜索，判断故障节点为 SW1。而对于 SW1 告警，同理判断为 SW1 本身故障，停止搜索。

第三步：由于 3 张工单同时判断根因节点为 SW1，因此将 3 张工单压缩为 1 张 SW1 工单，为了避免判断误差导致的漏告警，将 OLT1 和 OLT2 的相关告警信息附加在一张工单上。

这种方法计算复杂度并不高，但是仍然能做到较为精准的故障根因定段，通过减少冗余告警的方式极大地减少了一线运维人员的工单处理压力。

IPTV 网络设备的告警定位定段对于运维保障人员而言，具体的应用效果还包括以下几个方面。

1）通过上线告警根因定位，运维人员选择优先对根因设备和定位指标进行排查，相比于以往需要根据设备所在的业务转发链上所有节点设备一一排查，大大提高了效率，缩短了排障时间。

2）通过父子节点的网络设备告警的归并，达到了告警聚合的目的，方便运维人员梳理和管理历史告警。

同时，由于运维人员排障效率的上升，IPTV 用户感知满意度也有略微上升。综上而言，尽管由于告警根因定位场景难以通过标准的机器学习 Pipeline（流水线）作业解决，导致告警根因定位的算法开发难度比较大，根因识别准确率也未必很高，但告警根因定位对于运维系统整体效率的提升是巨大的。因此，告警根因定位也成为智能运维场景中的一个热门方向。

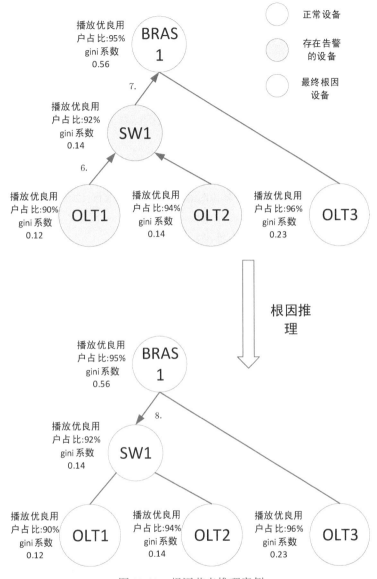

图 11-11 根因节点推理案例

11.2.4 小结

针对现有的 IPTV 业务质量监控告警平台存在的工单语义重复、容易发生告警灾难、缺少辅助排查信息等一些不完善的缺陷，本节设计了一套 IPTV 业务质量定位定段方法，并针对关键的故障链路定段环节进行了重点介绍。该方法通过构造节点网络结构，利用既定规则进行上下链路推理，收敛到一个合适的问题根因节点。最后，通过对判断互为故障根因节点的设备告警工单进行归并，大大减少了工单派发量，提高了运维的整体效率。

参 考 文 献

［1］ Platforms. ［EB/］https：//www. gartner. com/en/documents/4000217-market-guide-for-aiops-platforms

［2］ CHEN T, XU R, HE Y, et al. Improving sentiment analysis via sentence type classification using BiLSTM-CRF and CNN ［J］. Expert Systems with Applications, 2017, 72：221-230.

［3］ CUI W, XIAO Y, Wang W. KBQA：An Online Template Based Question Answering System over Freebase ［C］//IJCAI. 2016, 16：09-15.

［4］ WANG Y, GE Z, YAN H, et al. Semantic locality - based approximate knowledge graph query ［J］. Concurrency and Computation：Practice and Experience, 2019, 31 (24)：e5345.

［5］ 蒋秉川, 等. 多源异构数据的大规模地理知识图谱构建［J］. 测绘报, 2018, 47 (08)：1051-1061.

［6］ PUJARA J, MIAO H, GETOOR L, et al. Knowledge graph identification ［C］//International Semantic Web Conference. Springer, Berlin, Heidelberg, 2013：542-557.

［7］ PUJARA J, LONDON B, GETOOR L, et al. Online inference for knowledge graph construction ［C］//Fifth International Workshop on Statistical Relational AI, www. semanticscholar. org ［accessed：27. 05. 2018］. 2015.

［8］ MIKOLOV T, CHEN K, CORRADO G, et al. Efficient estimation of word representations in vector space ［J］. arXiv preprint arXiv：1301. 3781, 2013.

［9］ LIN B Y, XU F F, LUO Z, et al. Multi-channel bilstm-crf model for emerging named entity recognition in social media ［C］//Proceedings of the 3rd Workshop on Noisy User-generated Text. 2017：160-165.

［10］ 刘志勇, 等. 统一数据湖技术研究和建设方案［J］. 电信科学, 2021, 37 (01)：121-128.

［11］ 师圣蔓. 基于机器学习的网络流量预测与应用研究［D］. 北京：北京邮电大学, 2019.

［12］ 张杰, 白光伟, 沙鑫磊. 基于时空特征的移动网络流量预测模型［J］. 计算机科学：1-9 ［2019-12-25］.

［13］ 郭芳, 陈蕾, 杨子文. 基于MGU的大规模IP骨干网络实时流量预测［J］. 山东大学学报（工学版）, 2019, 49 (02)：88-96.

［14］ 韩宪斌. 基于回归神经网络的动态流量预测模型及应用［D］. 北京：北京邮电大学, 2019.

［15］ ZHANG H, DAI L. Mobility Prediction：A Survey on State-of-the-Art Schemes and Future Applications ［J］. IEEE Access, 2018：1-1.

［16］ Barlacchi G, De Nadai M , Larcher R , et al. A multi-source dataset of urban life in the city of Milan and the Province of Trentino ［J］. Scientific Data, 2015, 2：150055.

［17］ XU G, GAO S, DANESHMAND M, et al. A survey for mobility big data analytics for geolocation prediction ［J］. IEEE Wireless Communications, 2017 (99)：2-10.

［18］ CHON J, CHA H. LifeMap：A Smartphone-Based Context Provider for Location-Based Services ［J］. IEEE Pervasive Computing, 2011, 10 (2)：58-67.

［19］ 周志强, 叶通, 李东. 多状态马尔可夫信道的时延分析［J］. 电信科学, 2016, 32 (9)：22-28.

［20］ Nurul 'ain Amirrudin, Coe U, Ariffin S H S , et al. Mobility Prediction via Markov Model in LTE Femtocell ［J］. International Journal of Computer Applications, 2013, 18 (18)：40-44.

［21］ 李伟民. 超密集无线网络业务流量预测及其应用［D］. 西安：西安电子科技大学, 2018.

［22］ 田中大, 等. 高斯过程回归补偿ARIMA的网络流量预测［J］. 北京邮电大学学报, 2017, 40 (6)：65-73.

［23］ 王浩，等．基于格兰杰因果关系贝叶斯网络的大规模无线局域网流量预测方法 ［J］．电信科学，2015，31 （8）：46-50.

［24］ 左雯．基于深度学习的恶意 URL 检测算法研究与设计 ［D］．北京：北京邮电大学，2019.

［25］ 卓勤政．基于深度学习的网络流量分析研究 ［D］．南京：南京理工大学，2018.

［26］ ZHOU Y，FADLULLAH Z M，MAO B，et al. A Deep-Learning-Based Radio Resource Assignment Technique for 5G Ultra Dense Networks ［J］．IEEE Network，2019 （8）：37-44.

［27］ 程杰仁，等．基于 LSTM 流量预测的 DDoS 攻击检测方法 ［J］．华中科技大学学报：自然科学版，2019 （4）：32-36.

［28］ LI X，LI M，GONG Y J，et al. T-DesP：Destination Prediction Based on Big Trajectory Data ［J］．2016，17 （8）：2344-2354.

［29］ BAI S，KOLTER J Z，KOLTUN V. An empirical evaluation of generic convolutional and recurrent networks for sequence modeling ［J］．arXiv preprint arXiv：1803. 01271，2018.

［30］ AGGARWAL CC. Outlier analysis ［C］//Data mining. Springer，Cham，2015：237-263.

［31］ ARYAL S，TING K M，WELLS J R，et al. Improving iforest with relative mass ［C］//Pacific-Asia Conference on Knowledge Discovery and Data Mining. Springer，Cham，2014：510-521.

［32］ CHEN T，GUESTRIN C. XGBOOST：A scalable tree boosting system ［C］//Proceedings of the 22nd acm sigkdd international conference on knowledge discovery and data mining. 2016：785-794.

［33］ CHEN M，LIU Q，CHEN S，et al. XGBoost-based algorithm interpretation and application on post-fault transient stability status prediction of power system ［J］．IEEE Access，2019，7：13149-13158.

［34］ 马金．基于深度神经网络的序列异常检测研究 ［D］．电子科技大学，2018.

［35］ AN J，CHO S. Variational autoencoder based anomaly detection using reconstruction probability ［J］．Special Lecture on IE，2015，2 （1）：1-18.

［36］ XU H，CHEN W，ZHAO N，et al. Unsupervised anomaly detection via variational auto-encoder for seasonal kpis in web applications ［C］//Proceedings of the 2018 World Wide Web Conference. 2018：187-196.

［37］ MALHOTRA P，VIG L，SHROFF G，et al. Long short term memory networks for anomaly detection in time series ［C］//Proceedings. Presses universitaires de Louvain，2015，89：89-94.

［38］ 陶涛，周喜，马博，等．基于双向 LSTM 的 Seq2Seq 模型在加油站时序数据异常检测中的应用 ［J］．计算机应用，2018：79-80.

［39］ ZHENG H，YUAN J，CHEN L. Short-term load forecasting using EMD-LSTM neural networks with a Xgboost algorithm for feature importance evaluation ［J］．Energies，2017，10 （8）：1168.

［40］ 王勇，等．AI 深度学习在移动网异常小区检测分类中的应用 ［J］．邮电设计技术，2019 （11）：11-15.

［41］ CHANG，YEN-YU，et al. A memory-network based solution for multivariate time-series forecasting ［J］．arXiv preprint arXiv：1809. 02105 （2018）．

［42］ SEN，RAJAT，HSIANG-FU YU，INDERJIT S. DHILLON. Think globally，act locally：A deep neural network approach to high-dimensional time series forecasting. ［J］ Advances in Neural Information Processing Systems. 2019.

［43］ YAO R，LIU C，ZHANG L，et al. Unsupervised Anomaly Detection Using Variational Auto-Encoder based Feature Extraction ［C］//2019 IEEE International Conference on Prognostics and Health Management （ICPHM）. IEEE，2019：1-7.

［44］ Ren H，Xu B，Wang Y，et al. Time-Series Anomaly Detection Service at Microsoft ［C］//Proceedings of the

25th ACM SIGKDD International Conference on Knowledge Discovery & Data Mining. 2019：3009-3017.

［45］ PARK D, HOSHI Y, KEMP CC. A multimodal anomaly detector for robot-assisted feeding using an lstm-based variational autoencoder［J］. IEEE Robotics and Automation Letters，2018，3（3）：1544-1551.

［46］ 张双江. 基于 XGBoost 和 LSTM 的智能监控系统的设计与实现［D］. 南京大学，2019.

［47］ EMADI H S, MAZINANI S M. A novel anomaly detection algorithm using DBSCAN and SVM in wireless sensor networks［J］，Wireless Pers. Commun，vol. 98，no. 2，pp. 2025-2035，2018.

［48］ MISHRA S, CHAWLA M，A comparative study of local outlier factor algorithms for outliers detection in data streams［J］，in Emerging Technologies in Data Mining and Information Security. Singapore：Springer，2019，pp. 347-356.

［49］ ZHOU Y，FADLULLAH Z M, MAO B, et al. A Deep-Learning-Based Radio Resource Assignment Technique for 5G Ultra Dense Networks［J］. IEEE Network，2019（8）：37-44.

［50］ LI X, LI M, GONG Y J, et al. T-DesP：Destination Prediction Based on Big Trajectory Data［J］. 2016，17（8）：2344-2354.

［51］ 张玲玉. AIOps 中异常检测及根因分析算法研究［D］. 南京大学，2020.

［52］ 肖开发. 多维时序数据根因定位关键技术的研究［D］. 大连理工大学，2020.

［53］ LI Z Y, et al. Generic and robust localization of multi-dimensional root causes［J］. 2019 IEEE 30th International Symposium on Software Reliability Engineering（ISSRE）. IEEE，2019.

［54］ SUN Y Q, et al. Hotspot：Anomaly localization for additive kpis with multi-dimensional attributes［J］. IEEE Access 6（2018）：10909-10923.

［55］ LIN Q W, et al. iDice：problem identification for emerging issues［J］. Proceedings of the 38th International Conference on Software Engineering. 2016.